新一代信息软件技术丛书

中慧云启科技集团有限公司校企合作系列教材

曹慧 艾迪◉主 编

朱虎平 黄珍 黎利红◉副主编

Java Web 应用开发

图书在版编目（CIP）数据

Java Web应用开发 / 曹慧，艾迪主编. -- 北京 : 人民邮电出版社，2022.9(2024.7重印)
（新一代信息软件技术丛书）
ISBN 978-7-115-59460-0

Ⅰ. ①J… Ⅱ. ①曹… ②艾… Ⅲ. ①JAVA语言—程序设计 Ⅳ. ①TP312.8

中国版本图书馆CIP数据核字(2022)第103476号

内 容 提 要

本书将 Java Web 开发的基础知识与实例有机地结合在一起，系统地介绍 Java Web 应用开发过程中的一些实用技术、系统设计与编程思想。本书主要内容包括 Java Web 开发基础、Servlet 入门、Servlet 应用、JSP 应用开发、JDBC 数据库应用开发、EL 表达式与 JSTL 标签、基于 Web MVC 框架的项目实践。全书不仅介绍理论基础，更强调实际应用。

本书可作为普通高等院校计算机相关专业的教材，也可作为程序开发人员的参考书。

◆ 主　　编 曹　慧　艾　迪
副 主 编 朱虎平　黄　珍　黎利红
责任编辑 王海月
责任印制 马振武
◆ 人民邮电出版社出版发行　北京市丰台区成寿寺路 11 号
邮编 100164　电子邮件 315@ptpress.com.cn
网址 https://www.ptpress.com.cn
三河市君旺印务有限公司印刷
◆ 开本：787×1092　1/16
印张：20　　2022 年 9 月第 1 版
字数：495 千字　　2024 年 7 月河北第 5 次印刷

定价：69.80 元

读者服务热线：(010)53913866　印装质量热线：(010)81055316
反盗版热线：(010)81055315
广告经营许可证：京东市监广登字 20170147 号

编辑委员会

主　　编　曹　慧　艾　迪

副 主 编　朱虎平　黄　珍　黎利红

编写组成员　梁亚歌　陶亮亮　袁平梅　连　飞
侯仕平　薛玉花

前言 FOREWORD

本书详细讲解了 JSP、Servlet 及 MVC 模型的基础知识和实际应用。每章通过实际案例引出问题，再结合知识点和关键技术介绍相关内容，并通过案例实操解决问题，最后总结本章内容重点与难点，同时安排了有针对性的练习题，帮助读者巩固所学知识，提高读者实际动手能力。本书的主要特点如下。

1. 内容丰富、结构合理

本书在内容组织和实例设计中充分考虑初学者的特点，由浅入深，循序渐进。无论读者是否接触过 Java Web，都能从本书中找到合适的起点。

2. 案例新颖、针对性强

本书结合实际工作中的应用案例逐一讲解 Java Web 的相关知识和技术，在实战演练部分以 MVC 模型来总结贯通本书的知识，使读者在实践中掌握这些知识，轻松掌握项目开发技能。

3. 风格多样，资源丰富

本书由经验丰富的一线骨干教师编写，他们不仅积累了丰富的 Java Web 教学经验，还参与过很多基于 Java Web 的开发项目，实践经验丰富。本书配备了丰富的教学资源，包括教学 PPT、习题答案和源代码，读者可通过访问 https://exl.ptpress.cn:8442/ex/l/d7cf1dbd 或扫描下方二维码免费获取相关资源。

本书虽经过编写团队多次集体讨论、修改、补充和完善，但疏漏和不足之处在所难免，敬请读者批评指正。

编者

目录 CONTENTS

第1章

第2章

第 4 章

第 5 章

第 6 章

第 7 章

第1章 Java Web开发基础

01

▶ 内容导学

本章主要讲解 Web 应用程序概述、HTTP 相关概念及常用的调试工具。学习本章，读者可以对 HTTP 有进一步的理解，为 Java Web 应用开发打下坚实的理论基础。

▶ 学习目标

① 了解 Java Web 的运行原理。
② 理解 HTTP。
③ 掌握 URL 格式和 HTTP 报文格式。
④ 熟悉 HTTP 请求方法和会话管理。
⑤ 学会使用 HTTP 的常用调试工具。

1.1 Web 应用程序概述

随着中国软件产业的普及和推广，人们的生活正在被网络悄然改变。如今，充话费、电费可以直接通过网络办理，付款可以通过扫描二维码完成……这些业务都需要使用 Web 技术才能实现，本节将对用户访问网络资源的流程进行详细讲解。

【提出问题】

我们打开浏览器，在浏览器地址栏输入正确的网络地址就可以浏览网页，这是如何做到的？想播放影视剧，有时可以直接在网页内打开，有时又需要打开专门的播放器软件，这两种方式有什么区别？

【知识储备】

1.1.1 Web 应用程序的工作原理

万维网（WWW，World Wide Web），也常常简称为 Web。这是一个巨大的资源集合，由基于客户机/服务器方式的信息发现技术和超文本技术的集合构成，用户访问资源的一般步骤如下。

（1）在浏览器地址栏输入网址。

（2）浏览器向目标服务器发出请求。

（3）服务器接收到请求后进行业务处理，生成处理结果。

（4）服务器将处理结果返回给浏览器。

（5）浏览器以网页的形式将结果展示给用户。

其中，用户输入的网址称为统一资源定位符（URL）,是资源存放在网络上的唯一地址。浏览器和服务器之间的交互方式需要遵循超文本传输协议（HTTP）,协议指定浏览器发送给服务器什么请求及得到什么响应。具体的工作原理如图 1-1 所示。

图 1-1　Web 应用程序的工作原理

1.1.2　C/S 架构和 B/S 架构

C/S 架构和 B/S 架构是目前 Web 开发中最流行的两种基本架构。

C/S 架构，即客户/服务器（Client/Server）架构，是早期出现的一种分布式架构。在这种架构中，多个客户端可以同时访问同一个数据库服务器。应用程序也分为客户端程序和服务端程序，服务端程序负责管理和维护数据资源，并接受客户端的服务请求，向客户端提供其所需的数据或服务。客户端需安装专用的客户端软件，负责计算数据并将结果呈现给用户。C/S 架构的主要特点是交互性强、具有安全的存取模式、响应速度快，但是缺少通用性，系统维护、升级需要重新设计和开发。

B/S 架构，即浏览器/服务器（Browser/Server）架构，是对 C/S 架构的一种改进。在这种架构下，客户端不需要开发专门的用户界面，也无须安装专门的客户端程序。用户使用浏览器（如 Chrome、IE）向服务器发出请求，服务器接受用户请求并对此做出响应，将有关信息发送给用户的浏览器，由浏览器负责显示和交互处理。与 C/S 架构相比，B/S 架构中用户操作的界面是由 Web 服务器创建的，当需要修改用户界面时，只修改服务端相应的网页文档即可。

1.2　HTTP

HTTP 是一个应用层协议，主要用于实现万维网上的各种连接，它使用传输控制协议（TCP，Transmission Control Protocol）连接进行可靠的数据传送。本节将对 HTTP 进行简要的介绍，使读者理解 Web 开发所要解决的基本问题。

【提出问题】

怎样标识分布在整个因特网上的资源？客户端发出的请求包含哪些信息？服务器又会返回什么响应信息？

【知识储备】

1.2.1　HTTP 概述

超文本传输协议（HTTP，Hyper Text Transfer Protocol）定义了浏览器向服务器请求文档、服务器将文档传送给浏览器的通信规则。HTTP 允许将超文本标记语言（HTML，Hyper Text Markup Language）文档从服务器端传送到客户端，是万维网上能够可靠地交换文件（包括文本、声音、图像等各种多媒体文件）的重要基础。

HTTP 主要由请求和响应构成，如图 1-2 所示。客户端在和服务器建立连接后可以发起请求，请求通常会包含请求方式和资源路径，每种请求方式都规定了客户端与服务器联系的具体形式。服务器接收到请求后会做出响应，可以根据请求找到相应的资源进行处理：若为静态资源，则直接将资源的内容发送给客户端；若为动态内容和程序，则进行执行，把处理后的结果以 HTML 的形式发送给客户端。

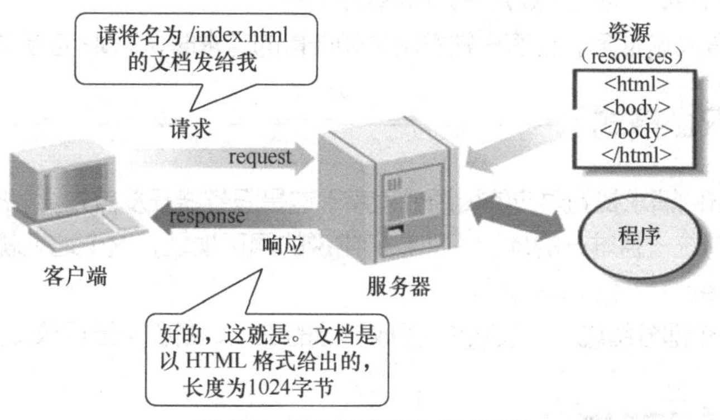

图 1-2　HTTP 的请求-响应模型

本书中使用的是 HTTP 1.1 版本。

提示　HTTP 与 TCP/IP

TCP/IP（传输控制协议/互联网协议）是不同的通信协议的大集合，浏览器和服务器均使用其来连接因特网。TCP/IP 自下而上将整个通信网络的功能分成 7 层。

HTTP 是基于 TCP/IP 的应用层协议，它的实现建立在下层协议的服务之上。

HTTP 的请求/响应过程如图 1-3 所示。

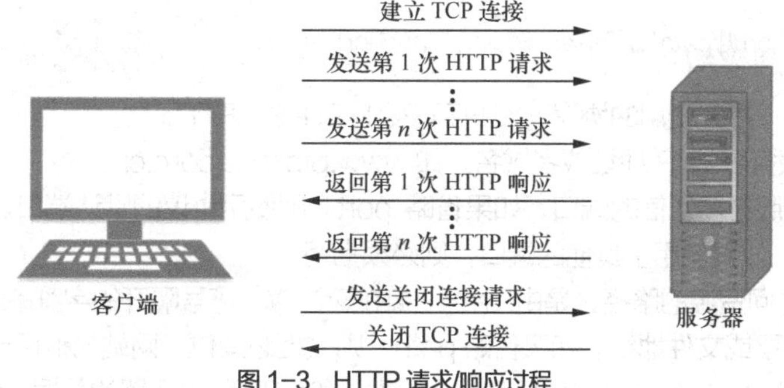

图 1-3　HTTP 请求/响应过程

（1）客户端连接到 Web 服务器

一个 HTTP 客户端通常是网页浏览器，可以与 Web 服务器的 HTTP 端口（默认为 80）建立一个 TCP 连接。

（2）通过建立起的连接向服务器发送 HTTP 请求

通过 TCP 连接，客户端向 Web 服务器发送一个文本的请求报文，请求获取某个 Web 页面。

（3）服务器接收请求并返回 HTTP 响应

Web 服务器解析请求，定位请求资源，将资源复本通过该连接发送给客户端。

（4）客户端解析 HTML 内容

客户端解析返回的响应报文。首先解析状态行，通过状态码查看请求是否成功。然后解析响应消息头，响应消息头包含服务器名称、页面资源的内容长度等信息。最后读取响应数据，根据 HTML 的语法对其进行格式化，在浏览器窗口中显示资源页面。

（5）释放 TCP 连接，通信的双方断开所建立的连接

在传输若干个请求/响应后，当客户端发出关闭连接的请求时，TCP 连接关闭。

1.2.2 URL 格式

如何根据客户端的请求找到对应的资源或程序？这是服务器开发首先要解决的问题。在万维网上，每一个资源都有统一且唯一的地址，即我们常说的网页地址，这个地址就是统一资源定位符（URL，Uniform Resource Locator）。

URL 主要由 3 个部分组成：资源类型、存放资源的主机域名和资源存放路径，如图 1-4 所示。

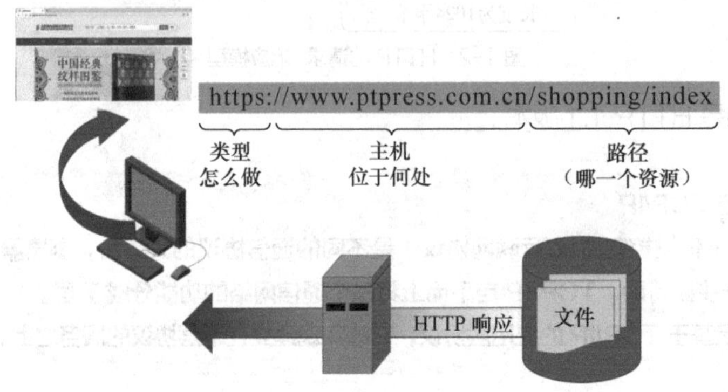

图 1-4　URL 格式与组成

URL 的语法格式如下。

```
schema://host[:port#]/path/.../[?query-string][#anchor]
```

（1）schema：指定使用的协议，如 HTTP、HTTPS、FTP。

（2）host：服务器的 IP 地址或者域名，如 www.ptpress.com.cn。

（3）port：与服务器通信的端口，如果省略 port，则使用协议的默认端口。例如，HTTP 默认的端口号是 80，如果使用了其他的端口，则必须指明。

（4）path：访问资源的路径，是由 0、1 或由多个“/”符号隔开的字符串组成，一般用来表示主机上的一个目录或文件地址。如果省略 path，则文档必须位于网站的根目录中。

（5）query-string（查询字符串）：可选，是发送给 HTTP 服务器的数据，用于给动态网页传递参数。

（6）anchor（锚）：页内显示的锚点。例如，如果一个网页中有多个名词解释，可使用 anchor 直接定位到某一名词解释。

下面是一个完整的 URL 地址示例。

```
https://www.ptpress.com.cn/shopping/index
```

1.2.3 HTTP 报文格式

HTTP 报文是客户端和服务器相互通信时发送的数据块。

HTTP 报文有两类。

（1）请求报文：从客户端向服务器发送请求的报文。

（2）响应报文：从服务器向客户端回答请求的报文。

下面通过图 1-5 来了解客户端和服务器在相互通信时对 HTTP 报文的处理过程。

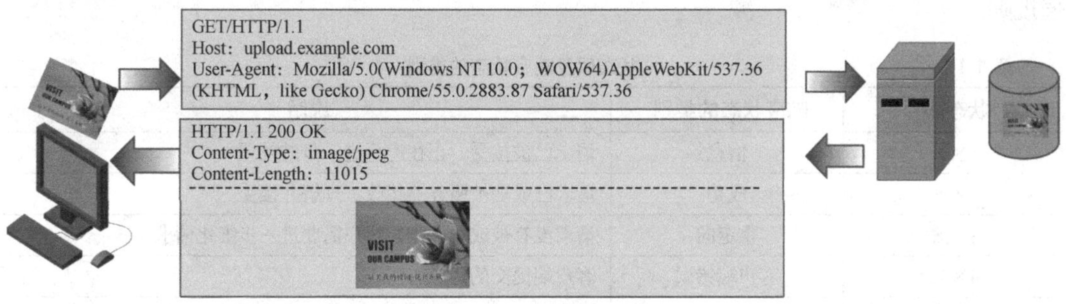

图 1-5　HTTP 请求/响应报文

首先客户端向服务器发送 HTTP 请求报文，请求报文（第一部分）的第一行说明了请求方式（GET）、使用的通信协议（HTTP）和版本号（1.1），这是 HTTP 请求行。其余部分采用键/值对的形式发送，包含了 URL 等信息，我们称之为请求头。

服务器在接收到信息后，根据 URL 找到图片文件，并将其发送给客户端。HTTP 响应报文（第二部分）的第一行说明了采用的是协议 HTTP、版本号为 1.1；“200 OK”表示本次请求正常处理，这是 HTTP 响应状态行；其余部分称为响应头，服务器可以在这部分向客户端传递附加信息，例如，Content-Type 用来说明资源的类型，Content-Length 用来指明资源的长度。

第三部分内容是响应体，这里服务器向客户端响应的是一张图片。客户端在接收到响应报文后，将响应体的内容呈现给用户。

通过以上过程的描述可以发现，HTTP 请求报文主要由请求行、请求头和请求体组成，如图 1-6 所示。

图 1-6　HTTP 请求报文的组成

（1）请求行。位于请求报文的第一行，对报文进行描述，由请求方法、资源路径和协议版本组成。请求方法包括 GET、POST 等，它告诉服务器要执行怎样的操作。资源路径是指服务器根目录下的相对目录。

（2）请求头。由键/值对组成，每行一对，键和值用冒号“:”（英文）分隔，可以有多行键/值对，也可以不使用。请求头用于向服务器传递附加信息，如请求正文的长度、浏览器的类型等。

（3）请求体。包含请求数据。若采用 GET 方式，则没有请求体；若采用 POST 方式，则包含请求体。POST 方式常用于需要客户填写表单的场合，用户数据将作为请求体发送给服务器。

HTTP 响应报文主要由状态行、响应头和响应体组成。

（1）状态行。位于响应报文的第一行，由 HTTP 版本号、状态码和状态消息组成。状态码反映了服务器对客户端请求的响应状态，可以表示请求是否被理解、满足。状态码由 3 位数字组成，其中首位数字规定了响应状态的类别。表 1-1 列举了 5 种响应状态的类别及状态码首位取值规则。

表 1-1　　状态码及响应状态的类别

状态码	响应状态的类别	说明
1××	信息	请求已被接受，正在进行进一步的处理
2××	成功	请求已成功被服务器接收、理解并接受
3××	重定向	请求没有被成功接收，客户需要进一步细化请求
4××	客户端错误	客户端提交的请求有错误
5××	服务器端错误	服务器出现错误，不能完成对请求的处理

其中比较常见的几个状态码的含义如下。

① 200（成功）：表示客户端的请求成功，请求所希望的响应头、数据体将在本响应消息中返回。

② 301（永久移动）：指出请求的资源已经被移动到新的 URL，响应信息会包含新的 URL，客户端会自动定向到新的 URL。

③ 404（找不到）：服务器无法找到客户端请求的资源。

④ 500（服务器内部错误）：服务器遇到错误，无法处理请求。

（2）响应头。与请求头类似，是一个键/值对的列表，为响应报文添加一些附加信息。例如，被请求资源需要的认证方式、页面资源的最后修改时间等。

（3）响应体。服务器返回给客户端的文件、数据等。如果客户端请求的是网页，那么响应体就是 HTML 代码。

1.2.4　HTTP 请求方法

HTTP 请求方法规定了客户端操作服务器资源的方式，这有点儿像快递系统，如果要给远方的朋友送个礼物，我们可以选择顺丰、中通、邮政特快专递或者其他快递服务来完成这个工作。

1. 常见的请求方法

HTTP 发送请求时同样可以选择不同的请求方法，目前 HTTP 1.1 版本支持 8 种请求方法，如表 1-2 所示。

表 1-2　　HTTP 请求方法

方法	描述	是否包含请求体
GET	从服务器获取一份文档	否
HEAD	只从服务器获取响应的请求头信息	否
POST	向服务器发送要处理的数据	是
PUT	将请求体存储到服务器上	是
DELETE	从服务器上删除一份文档	否
TRACE	对可能经过代理服务器传送到服务器上的报文进行追踪	否
OPTIONS	决定可以在服务器上执行哪些请求方法	否
CONNECT	请求服务器代替客户端去访问其他资源	否

（1）GET 方法

GET 方法是最常用的请求方法，通常用于请求服务器发送某个资源。当用户在浏览器地址栏中直接输入某个 URL 或单击网页上的一个超链接时，浏览器将采用 GET 方法发送请求。

GET 请求方法的特点是没有请求体。用户的请求参数将通过 URL 查询字符串进行传递。例如，在网页 https://www.ptpress.com.cn/的搜索栏中输入“爱国”，然后进行搜索，弹出页面的 URL 如下。

```
https://www.ptpress.com.cn/search?keyword=爱国&jc=
```

该地址中“?”后面的内容是参数信息，是由参数名和参数值组成的，中间使用“=”连接。如果有多个参数，那么参数之间使用“&”分隔。

（2）POST 方法

POST 方法最初是用来向服务器输入数据的，通常用来向指定资源提交数据以处理请求，如提交表单数据、上传文件等。数据被包含在请求体中。POST 请求方法可能会导致新的资源的建立和/或已有资源的修改。

下面通过图 1-7 描述的某次用户登录操作来进一步了解 POST 请求过程。

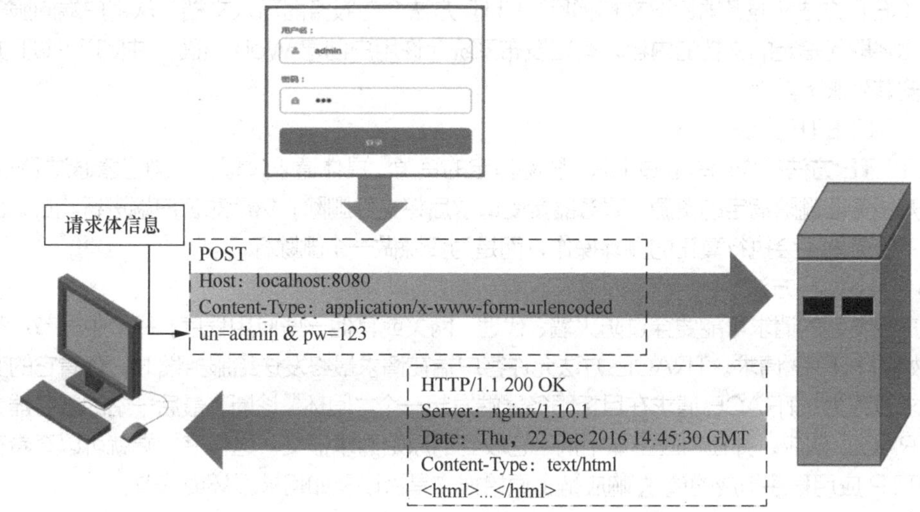

图 1-7　采用 POST 方法发送请求

首先通过 Form 表单输入用户名和密码，然后单击“提交”按钮，向服务器发送请求，输入的数据就会通过请求体的内容发送到服务器。在请求头中，Content-Type 指定了请求体的内容为 Form 表单，同时将 Form 表单中的信息（un=admin&pw=123）封装在请求体中。这样服务器就可以获取该请求，并进行相应的处理，最后将处理后的结果以 HTML 的形式回送给浏览器。

一般来说，我们会使用 GET 方法来完成单纯的数据获取，而涉及提交数据方面的请求都使用 POST 方法来完成，因为 POST 方法传递的参数是隐藏在请求体中发送的，用户是看不到的，而 GET 方法的参数信息都会在 URL 栏明文显示。

（3）HEAD 方法

HEAD 方法与 GET 方法类似，但服务器在响应中只返回响应头信息，不会返回响应体内容，如图 1-8 所示。这就允许客户端在未获取实际资源的情况下通过对响应头信息进行检查，从而判断该请求资源的状态。也就是说，使用 HEAD 方法，可以在不获取资源的前提下，通过查看响应中的状态码来检查资源是否存在，或测试资源是否被修改。通常，该方法在 Web 应用开发中使用较少。

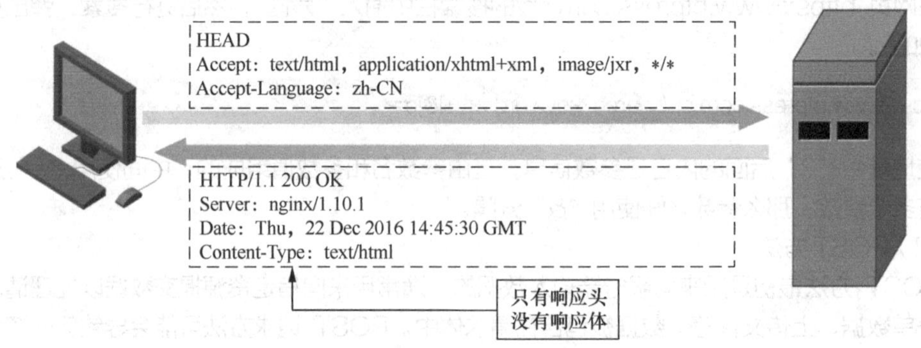

图 1-8　采用 HEAD 方法发送请求

（4）PUT 方法

与 GET 方法从服务器读取文档相反，PUT 方法会向服务器写入文档，从客户端向服务器传送的数据将取代指定的文档的内容。有些发布系统允许用户创建 Web 页面，并使用 PUT 方法直接将其安装到服务器上。

（5）DELETE 方法

DELETE 方法的作用是通过 URL 删除指定的资源，具体请求过程为：浏览器通过 DELETE 方法通知服务器删除指定的资源，服务器接受请求后将文件删除，然后对客户端进行响应。但是一般情况下服务器不会执行真正的删除操作，而是为资源做一个删除标记。

（6）TRACE 方法

客户端发起的请求可能要穿过防火墙、代理、网关或其他一些应用程序，每个中间节点都可能修改原始的 HTTP 请求。TRACE 方法允许客户端在请求最终发送给服务器时，查看它的变化，具体请求过程为：TRACE 请求在目标服务器端发起一个“回环”诊断，最后一站的服务器会弹回一条 TRACE 响应，并在响应主体中携带它收到的原始请求报文。这样客户端就可以查看在所有中间 HTTP 应用程序组成的请求/响应链上原始报文是否以及如何被毁坏或修改。

（7）OPTIONS 方法

OPTIONS 方法会请求 Web 服务器告知浏览器其所支持的请求方法。返回服务器针对特定资源所支持的 HTTP 请求方法，也可以使用“*”向服务器询问它所支持的可用于所有资源的 HTTP 请求方法。

（8）CONNECT 方法

CONNECT 方法是 HTTP 1.1 协议预留的方法，当服务器为客户端和另一台远程服务器建立一条特殊的连接隧道时，Web 服务器在中间充当了代理的角色。CONNECT 方法通常用于安全套接层（SSL，Secure Sockets Layer）加密服务器的连接与非加密的 HTTP 代理服务器的通信。

2. 请求重定向

有时我们会遇到这样一种情况，输入网址访问一个网站，网页在打开的过程中 URL 自动改变了，虽然最终仍然可以访问网站，但是地址栏中的地址已经不是最初输入的地址了，这种情况是发生了请求重定向，具体过程为：客户端向服务器发送请求，服务器接收该请求后返回包含需要重新访问的 URL 的响应消息，客户端再使用收到的新的 URL 发送第二次请求，最终访问到目标资源。这个过程就好比我们找甲广告公司设计名片，甲公司明确说明他们不会设计，并向我们推荐乙公司，最终我们找到乙公司设计好了名片。所以我们会对外宣称是乙公司设计的名片。

在请求重定向的过程中：

（1）客户端发出了两次请求；

（2）地址栏会发生改变；

（3）客户端清楚服务器地址改变的事实。

请求重定向一般是同时使用响应头和状态码实现的。浏览器向服务器发送 GET 请求，服务器接收该请求后向浏览器发送 301 代码，同时通过响应头中的 location 指定下一次要跳转的地址，浏览器接收到响应后查看到状态码为 301，知道需要进一步细化请求，因此会向 location 所指定的地址再一次发出请求，服务器继续对该请求进行处理，最终打开所需页面。

1.2.5 HTTP 会话管理

回顾 HTTP 请求-响应的过程可以发现，服务器会对客户端的每次请求进行响应,但是并没有保存过程中产生的请求、响应数据，这意味着 HTTP 不会为了下次请求的需要而保存本次请求过程中传输的数据。这就带来一个问题，当有多个用户同时访问服务器时，服务器如何区分他们呢？例如，用户甲和用户乙同时浏览一个购物网站，用户甲想要购买一箱牛奶，用户乙想要购买一部手机，当他们进行商品结算时，服务器需要知道发起请求的用户的身份才能区分他们分别购买的是哪件商品。

为了识别不同的用户及为同一个用户提供持久的服务，服务器通常需要对用户的状态进行跟踪，这就需要用到会话技术。以日常生活中打电话为例，从拨通电话开始到挂断电话之间发生的一连串的你问我答的完整过程就是一次会话。再比如，王女士去某商场购物，从她进入商场开始，其间可能有过咨询商品详细信息、试衣服、将某商品买下来等多种行为，直到最后王女士走出商场为止，这一过程也可以称为一次会话。

在 Web 开发中，会话是指客户端和服务器在一段时间内发生的一系列请求和响应过程。例如，某用户登录一个论坛并发帖的整个过程、某用户在一个电子商务网站购物的完整过程，都是一个会话。

在会话技术中，主要使用 Cookie 和 Session 对象保存会话数据。Cookie 对象将会话数据保存在客户端，这些会话数据用于服务器识别用户身份。Session 对象将会话数据保存在服务器端，以在服务器上记录与用户对应的信息。

Cookie 对象保存会话数据的实现机制如图 1-9 所示。当客户端第一次向服务器发出请求时，服务器发现用户没有带来用于会话的 Cookie，响应时就会在 HTTP 响应头中增加字段 Set-cookie，其中包含信息，如 id=“34294”。客户端会把 Cookie 保存到本地，当用户再次向该服务器发送请求时，浏览器就会在请求头中将 Cookie 信息一同发送给服务器，如 id=“34294”。通过这种方式，服务器就可以识别用户的身份，跟踪用户在该网站上的活动，并为该用户提供持久的服务。

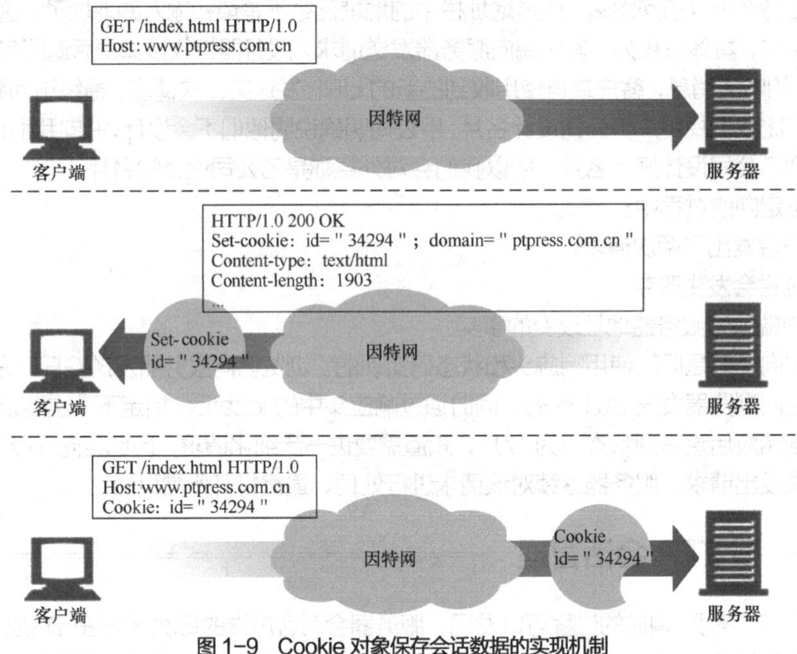

图 1-9　Cookie 对象保存会话数据的实现机制

【梳理回顾】

本节介绍了 HTTP 的主要内容和 Web 开发需要解决的基本问题，其中 HTTP 报文格式、请求方法是学习的重点。

1.3 常用的调试工具

【提出问题】

有没有可以帮助我们分析 HTTP 请求和响应的实用工具?

【知识储备】

1.3.1 Fiddler 抓包工具

Fiddler 是一款免费的 HTTP 数据包抓取软件。它的特点是灵活、功能强大，支持众多的 HTTP 调试任务，是 Web 应用、移动应用开发的调试利器。这款软件可以记录所有客户端和服务器之间的 HTTP 请求，具有监视、设置断点、修改输入/输出数据等功能。Fiddler 工具能够帮助开发者或测试人员进一步了解 HTTP，其他相同类型的工具有 HttpWatch、Firebug、Wireshark 等。

Fiddler 的工作原理如图 1-10 所示，它是以代理 Web 服务器的形式工作的，使用的代理地址为 127.0.0.1，端口为 8888。对于客户端来说，Fiddler 代理扮演的是服务器的角色，可以接收 HTTP 请求，返回 HTTP 响应。对于 Web 服务器来说，Fiddler 扮演的是客户端的角色，可以发出请求和接收响应。当正常关闭 Fiddler 时，它会自动注销，是不会影响其他程序正常运行的。如果 Fiddler 非正常退出，这时因为 Fiddler 没有自动注销，会产生网页无法访问的问题，这可以通过重新启动 Fiddler 的方式来解决。

安装 Fiddler 之后就可以进行抓包了。在 Fiddler 打开的状态下，当我们通过浏览器访问网页时，可以在 Fiddler 的工作界面内看到所有抓包内容，如图 1-11 所示。其中，左侧区域是抓取到的数据包列表，右侧区域通过多个标签页的形式显示各种类型的信息，其中最常用的标签页是 Inspectors，单击数据包列表中的任意一行可以查看抓取到的请求和响应的详细内容。

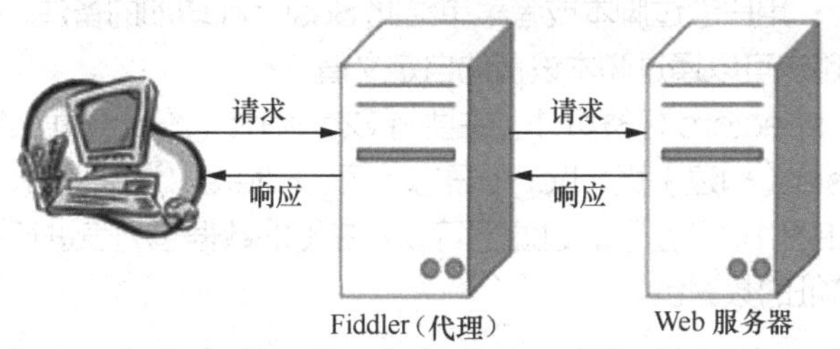

图 1–10　Fiddler 的工作原理

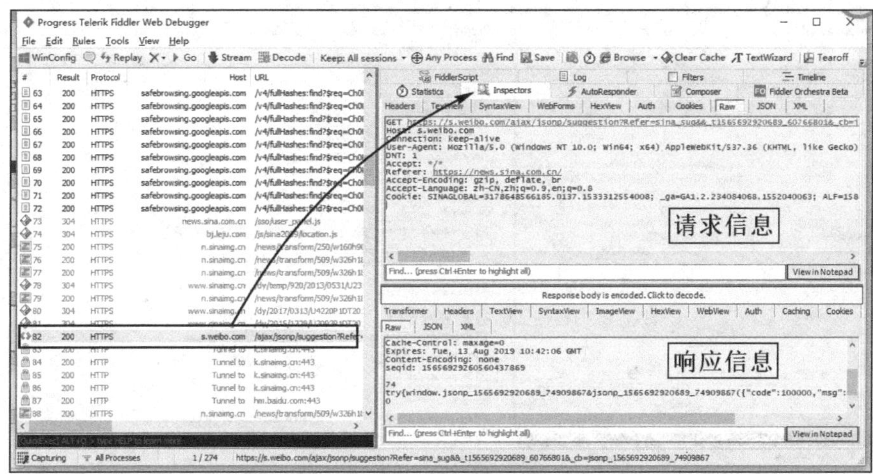

图 1–11　Fiddler 工作界面

左侧区域的数据包列表包含若干个字段，如图 1–12 所示，要分析数据包首先需要了解这些字段的含义。

Telerik Fiddler Web Debugger

#	Result	Protocol	Host	URL	Body	Caching	Content-Type	Process	Comments	Custom
70	200	HTTP	Tunnel to	www.baidu.com:443	0			firefox:...		
71	200	HTTP	Tunnel to	www.baidu.com:443	0			firefox:...		
72	200	HTTP	Tunnel to	www.baidu.com:443	0			firefox:...		
73	200	HTTP	Tunnel to	www.baidu.com:443	652			firefox:...		
74	200	HTTP	Tunnel to	www.baidu.com:443	652			firefox:...		
75	200	HTTP	Tunnel to	www.baidu.com:443	0			firefox:...		
76	200	HTTP	Tunnel to	www.baidu.com:443	652			firefox:...		
77	200	HTTP	Tunnel to	www.baidu.com:443	652			firefox:...		

图 1–12　Fiddler 左侧面板

（1）#：HTTP 请求的顺序，从 1 开始，按照页面加载请求的顺序递增。

（2）Result：HTTP 响应的状态，即 HTTP 响应报文中的状态码。

（3）Protocol：请求使用的协议（如 HTTP/HTTPS）。

（4）HOST：请求地址的域名/IP。

（5）URL：请求的服务器路径和文件名，也包含 GET 参数。

（6）BODY：请求的大小，以 byte 为单位。

（7）Caching：请求的缓存过期时间或缓存控制 header 的值。

（8）Content-Type：请求响应的类型。

（9）Process：发出此请求的 Windows 进程及进程 ID。

（10）Comments：用户通过脚本或者菜单给此 Session 增加的备注。

（11）Custom：用户可以通过脚本设置的自定义值。

右侧的面板除了 Inspectors 标签页外，主要有 Statistics（统计）页、AutoResponder（自动响应）页、Composer（构建）页、Log（日志）页、Filters（过滤）页、Timeline（时间轴）页等。其中 Filters 页如图 1-13 所示，过滤器可以对左侧的数据包列表进行过滤，我们可以标记、修改或隐藏具有某些特征的数据包。

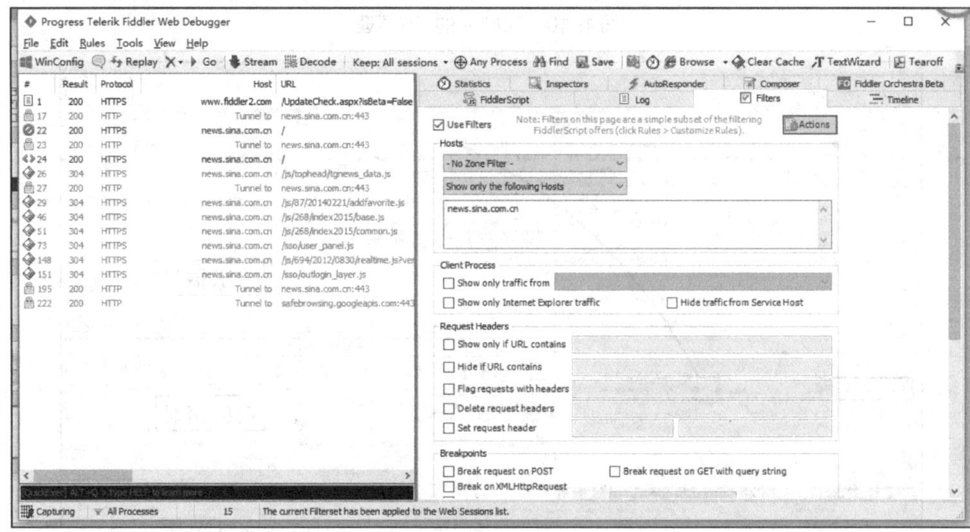

图 1-13　Filters 页

Fiddler 软件中的 AutoResponder（自动响应）页非常实用，AutoResponder 允许用户拦截指定规则的请求，并返回本地资源或 Fiddler 资源，从而代替服务器响应。这个功能在开放调试中是很有用的。例如，在前端开发中，如果发现服务器上某个样式或动作脚本文件有问题，直接修改会影响生产环境的稳定。利用 Fiddler 的 AutoResponder 功能，可以将需要修改的文件重定向到本地文件上，这样就可以基于生产环境进行修改并验证，确认后再发布。再比如服务器端提供了接口和数据格式给前端调用，可能由于某些原因，接口还未开发完毕，或者返回数据有异常，为了不影响开发进度，前端仍然可以继续调用这个接口，然后通过 Fiddler 将请求转向本地的数据文件。

1.3.2　Chrome 开发者工具

在谷歌浏览器 Chrome 中使用功能键［F12］可以打开开发者工具，它是为前端开发者提供的用来调试和分析前端应用的工具。开发者工具的功能模块包括元素（Elements）检视器、移动终端模拟、控制台（Console）、资源查看器、网络、源代码（Sources）、性能分析、内存使用情况分析、前端应用、安全、审计。

Chrome 开发者工具最常用的 4 个功能模块是元素检视器、控制台、源代码、网络。

（1）元素检视器：用户查看或修改 HTML 元素的属性、CSS 属性、监听事件、断点等。CSS 可以即时修改、即时显示，方便开发者调试页面。如图 1-14 所示，单击开发者工具中左上角的箭头图标（或按快捷键【Ctrl】+【Shift】+【C】）进入选择元素模式，然后从页面中选择需要查看的元素，可以在开发者工具元素（Elements）一栏中定位到该元素源代码的具体位置。定位到元素的源代码之后，可以从源代码中读出该元素的属性。

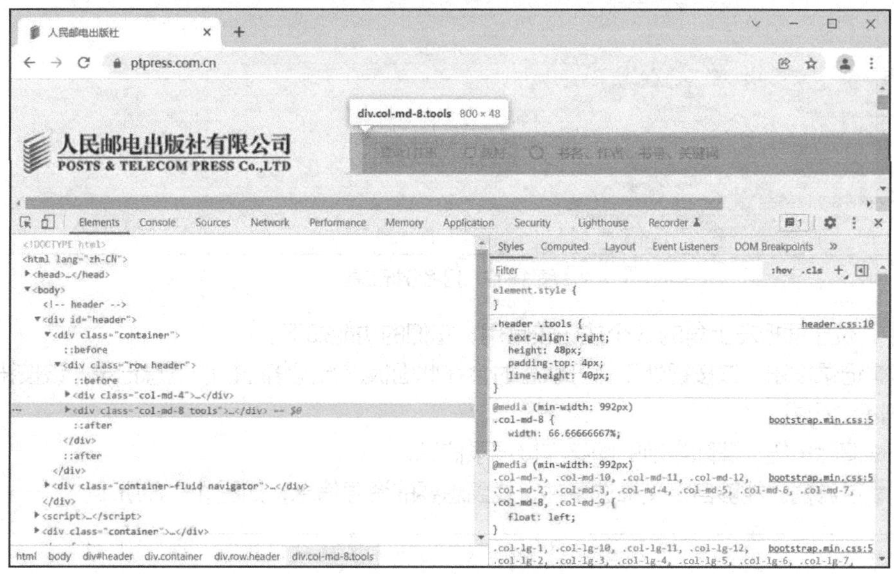

图 1-14　元素检视器

（2）控制台：一般用于执行一次性代码，查看 JavaScript 对象、调试日志信息或异常信息，如图 1-15 所示；它还可以当作 JavaScript API 使用，例如要查看 Console 有哪些方法和属性，可以直接在 Console 中输入“console”并执行。

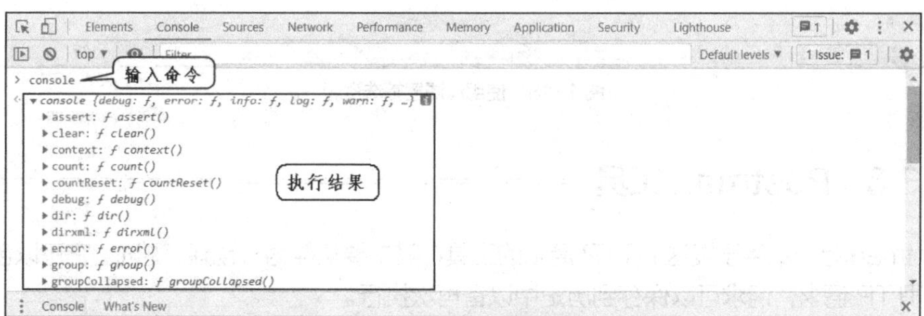

图 1-15　控制台

（3）源代码：用于查看页面的 HTML 文件源代码、JavaScript 源代码、CSS 源代码，如图 1-16 所示。此外，最重要的是，它还可以调试 JavaScript 源代码、为 JavaScript 代码添加断点。

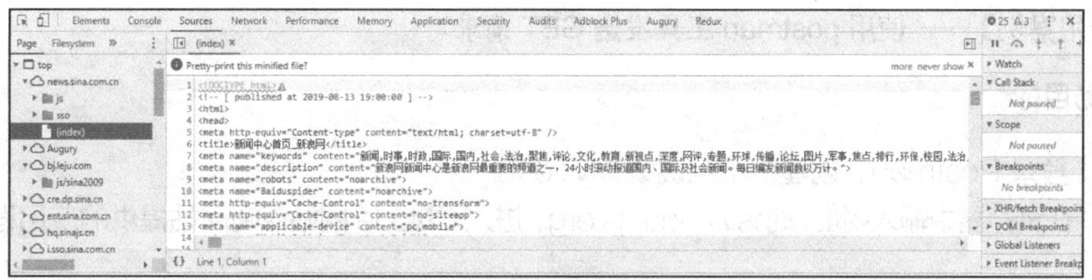

图 1-16　资源查看器

（4）网络：该模块主要用于查看 Headers 等与网络连接相关的信息，如图 1-17 所示。

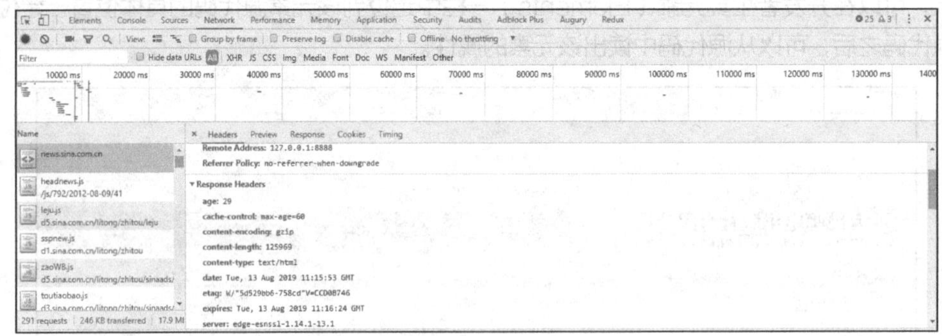

图 1-17　网络分析工具

其中，位于面板左上角的 3 个按钮较常用，它们的功能如下。

① ● 记录按钮：该按钮处于打开状态时会在此面板进行网络连接的信息记录，该按钮处于关闭状态则不会记录。

② ⦸ 清除按钮：清除当前的网络连接记录信息。

③ 过滤器：能够自定义筛选条件，找到想要的资源信息，如图 1-18 所示。

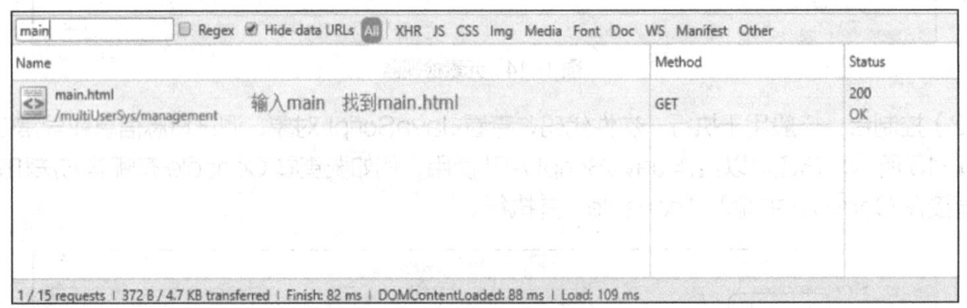

图 1-18　使用过滤器筛选资源

1.3.3　Postman 工具

Postman 是一款用于发送 HTTP 请求的工具，其主要功能为：创建+测试。它可以创建和发送任何 HTTP 请求，请求可以保存到历史中以备再次执行。

Postman 的界面分为左、右两部分，如图 1-19 所示。左边是侧边栏，这里可以记录历史（History）请求，还可以根据项目需求将若干请求组装起来进行测试。右边是核心工作区，这里是创建请求的地方，上半部分可以编辑请求参数，主要分为 4 个部分：URL、请求方法、请求头、请求体；下半部分可以显示响应结果，包括响应状态码、响应体。

【应用案例】——使用 postman 工具发送 GET 请求

任务目标

（1）登录 Postman，创建一个测试集 MyTest。

（2）在浏览器中输入网址 https://cnodejs.org，进入 CNode 网站查阅网站提供的应用程序接口（API）。

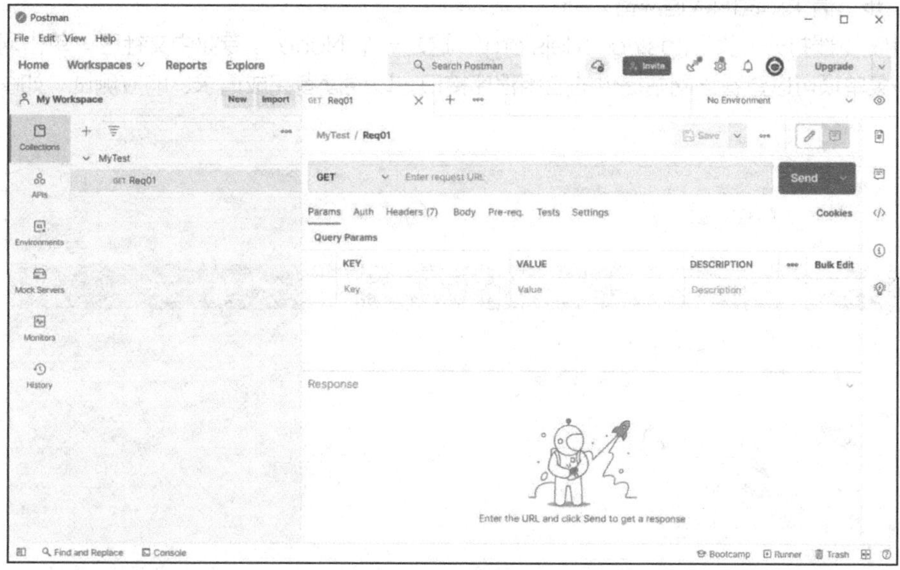

图 1-19　Postman 工具的操作界面

（3）在测试集 MyTest 中创建一个请求 Req01，使用 GET 请求方式，查看地址 https:// cnodejs.org/api/vl/topics 的响应结果。

（4）根据 CNode 网站提供的应用程序接口，在请求中添加参数。

实现步骤

第一步：Postman 工具准备。

打开 Postman 软件，分别单击右上角的“Create Account”和“Sign in”按钮，注册并登录账号，然后创建一个工作空间，再创建一个测试集，如图 1-20 所示。

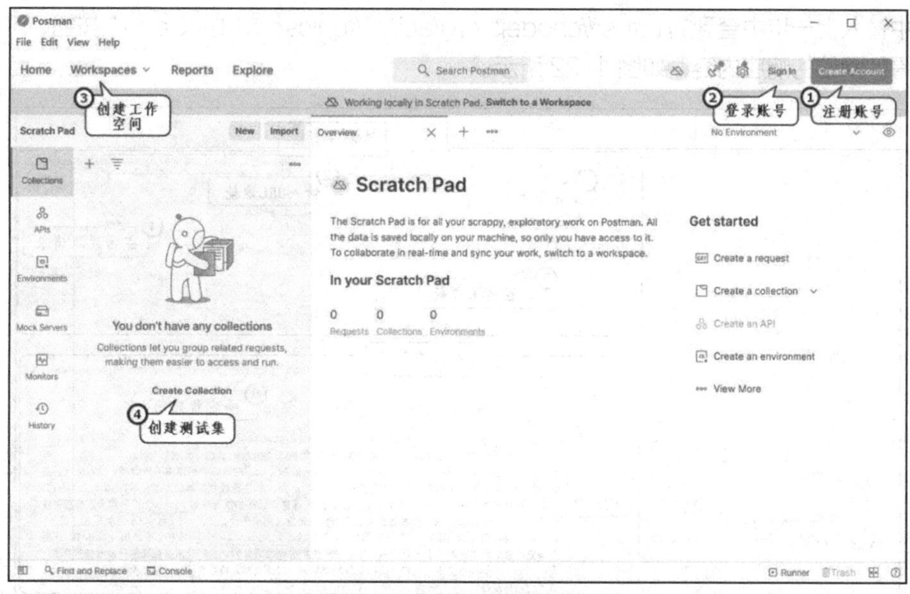

图 1-20　Postman 使用准备

第二步：请求测试的数据准备。

使用浏览器打开网页 https://cnodejs.org/，这是一个 Node.js 专业中文社区。单击网站顶部的 API 菜单项可以查看该网站提供的应用程序接口，以便读者完成请求、响应测试，如图 1-21 所示。

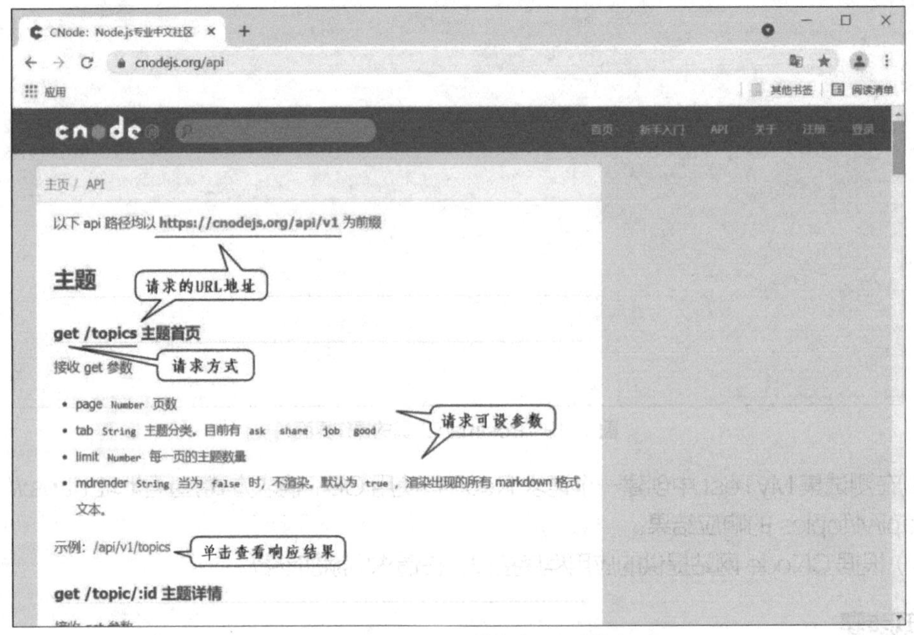

图 1-21　CNode 网站的应用程序接口

第三步：发送一个 GET 请求。

在测试集 MyTest 中创建一个请求，通过右键快捷菜单 Rename 修改请求的名称为 Req01。单击请求 Req01，可以在右侧工作区的上半部分编辑请求信息。请求方法保持默认选项 GET，在地址栏中输入上一步中查到的 https://cnodejs.org/api/v1/topics，单击“Send”按钮，可以在下半部分看到网站的响应内容，如图 1-22 所示。

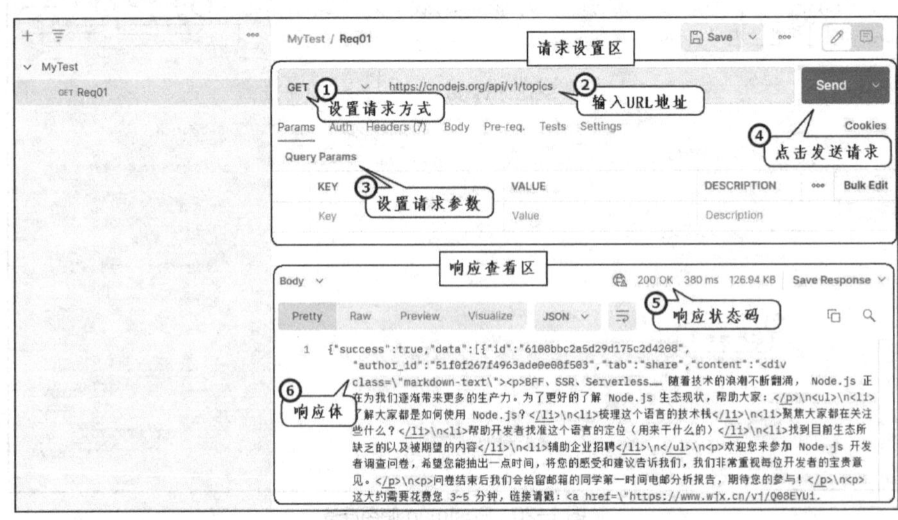

图 1-22　发送请求与查看响应

第四步：为请求设置参数。

请求参数是采用键/值对的形式来编辑的，可以根据网站提供的应用程序接口的说明来进行设置。根据任务要求可以设置如下请求参数。

（1）KEY：page，VALUE：1，表示查看第 1 页的主题。

（2）KEY：tab，VALUE：ask，表示查看问答板块主题。

（3）KEY：limit，VALUE：2，表示显示 2 个主题。

在设置参数的同时，地址栏会随输入的参数实时更新，最终形成一条完整的请求连接。完成参数设置后，单击“Send”按钮，响应区会按照参数要求重新返回响应，如图 1-23 所示。

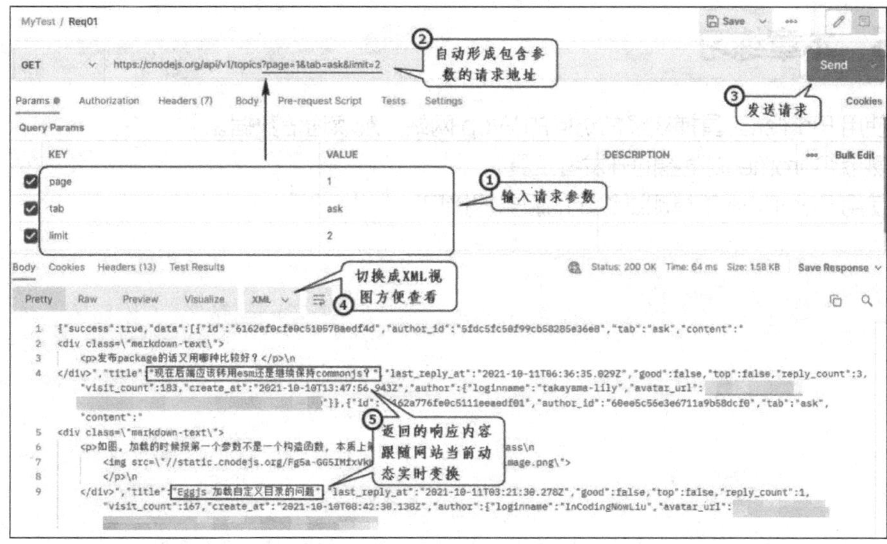

图 1-23　为请求设置参数

进入 CNode 技术社区问答板块，查看 Postman 中得到的响应结果与网站内容是否一致，如图 1-24 所示。

图 1-24　尝试在网站中找到响应结果

【梳理回顾】

本节介绍了 3 款常用的 HTTP 工具——Fiddler、Chrome 开发者工具和 Postman，引导读者利用这些工具辅助 Web 开发。

1.4 本章小结

本章主要对 Java Web 进行了一些概念性介绍，主要内容包括软件开发架构、HTTP 报文的组成、HTTP 会话管理、常用的开发者工具等。

1.5 本章练习

1. 使用 Fiddler 工具捕获经常访问的 Web 网站，观察通信数据。
2. 熟悉 Chrome 浏览器的开发者工具。
3. 使用 Postman 工具测试给定的服务器接口。

第 2 章 Servlet入门

02

▶ 内容导学

本章主要介绍 Java Web 开发环境的安装与配置方法，以及如何使用 Servlet 完成基本的请求和响应。学习本章，读者可以初步掌握 Servlet 技术。

▶ 学习目标

① 掌握 Java Web 开发环境的安装与配置方法。
② 理解 Servlet 的工作流程。
③ 掌握 Servlet 数据获取方法。
④ 掌握 Servlet 响应设置方法。
⑤ 了解 Web 会话管理。

2.1 开发环境的安装与配置

开发和运行 Java Web 应用程序需要多种工具和技术，本节将介绍 JDK、Tomcat 和 Eclipse 的安装与配置方法。

【提出问题】

实现动态的 Web 资源需要什么样的开发环境?

【知识储备】

2.1.1 Java Web 环境介绍

静态网页的开发环境非常简单，使用记事本即可完成网页代码的编写工作。而开发一个动态的 Web 资源则需要多种开发环境的支持。首先，需要一个 Web 服务器，即用来运行和发布 Web 应用的容器，资源只有发布到 Web 服务器中才能被用户访问。Tomcat 是一款比较流行的 Web 应用服务器，本书将对 Tomcat 9.0 进行讲解。此外，开发 Java Web 应用程序还需要 JDK 环境，而 Eclipse 作为一款软件集成开发工具，既提供了编程环境，又可以集成 Web 服务器。Java Web 应用程序的开发环境如图 2-1 所示。

简单来说，搭建 Java Web 开发环境的过程是：首先需要安装开发工具包 JDK，然后安装 Tomcat 服务器和 Eclipse 开发环境。这时，Java Web 应用的开发环境就搭建完成了。为了提高开发效率，我们还应该集成开发环境，即在 Eclipse 中配置 Tomcat 服务器。

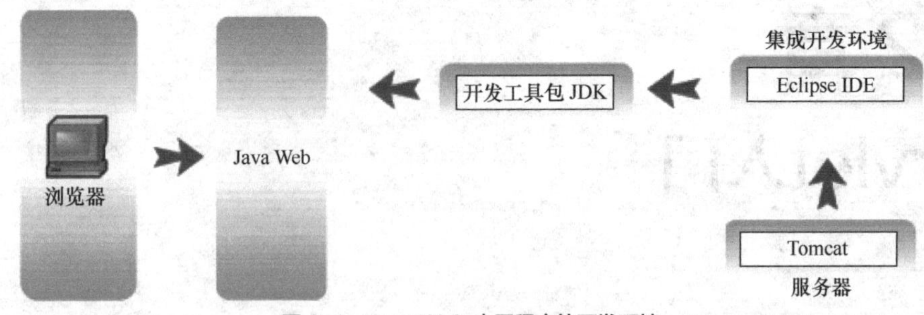

图 2-1 Java Web 应用程序的开发环境

2.1.2 JDK 的安装

JDK 是 Sun 公司（已被甲骨文公司收购）提供的一套针对 Java 程序员的软件开发工具包。甲骨文官方网站提供了适用多种操作系统的不同版本的 JDK，用户可以根据自己使用的操作系统下载相应的 JDK 安装文件。

下面以 64 位的 Windows 10 系统为例来演示 JDK 8.0 的安装和配置过程，具体步骤如下。

1. 准备 JDK 安装文件

（1）确定操作系统的版本。右键单击桌面“此电脑”图标，在弹出的快捷菜单中选择“属性”菜单项，打开“系统”窗口，查看系统类型，如图 2-2 所示。

图 2-2 确定操作系统版本界面

（2）下载 JDK 安装文件。进入甲骨文官方网站进行下载，在“开发人员”→“开发人员资源中心”查找并下载与操作系统版本相匹配的 Java SE 8 安装包，如图 2-3 所示。

2. 安装 JDK

（1）双击下载好的安装文件，进入 JDK 安装界面，如图 2-4 所示。

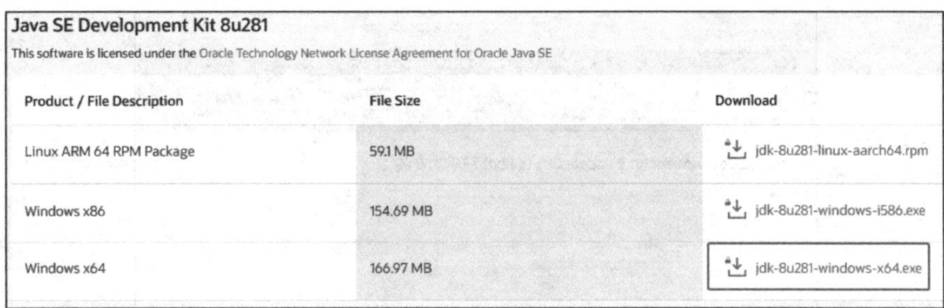

Java SE Development Kit 8u281

This software is licensed under the Oracle Technology Network License Agreement for Oracle Java SE

Product / File Description	File Size	Download
Linux ARM 64 RPM Package	59.1 MB	jdk-8u281-linux-aarch64.rpm
Windows x86	154.69 MB	jdk-8u281-windows-i586.exe
Windows x64	166.97 MB	jdk-8u281-windows-x64.exe

图 2-3　甲骨文官网下载界面

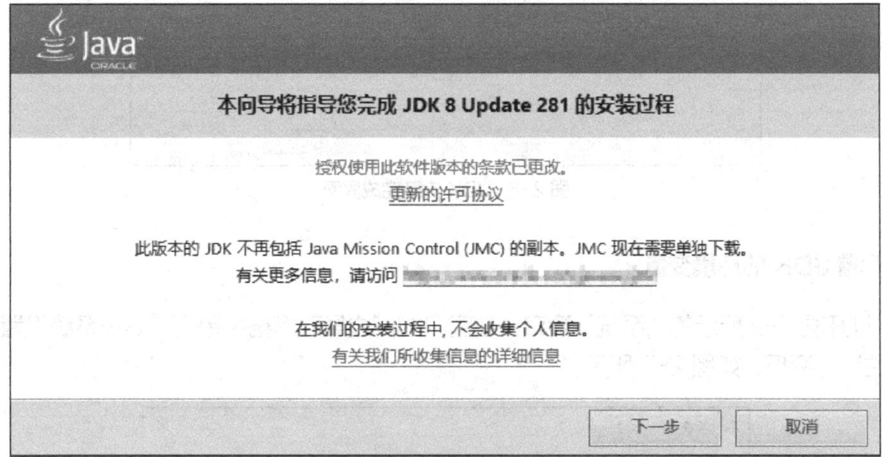

图 2-4　JDK 安装界面

（2）单击“下一步”按钮，进入 JDK 的定制安装界面，如图 2-5 所示。单击“更改”按钮可以选择 JDK 的安装路径。注意，请记录此处选择的安装路径，后续设置环境变量时会使用该路径。

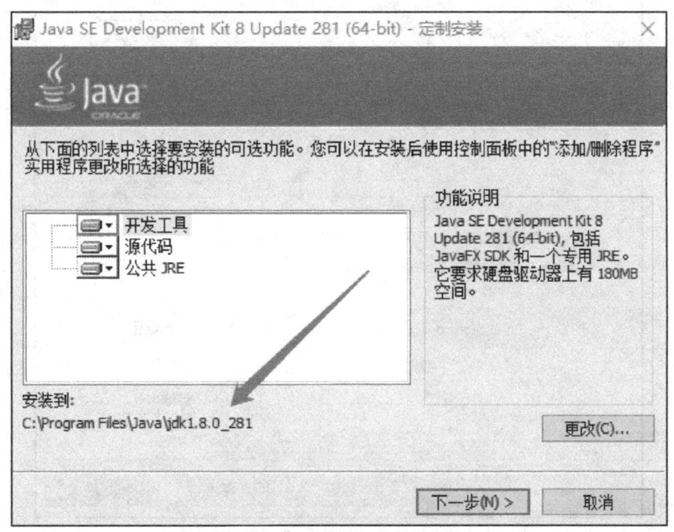

图 2-5　JDK 定制安装界面

（3）连续单击“下一步”按钮，安装完毕将进入安装完成界面，如图 2-6 所示。单击“关闭”按钮，即可完成 JDK 的安装。

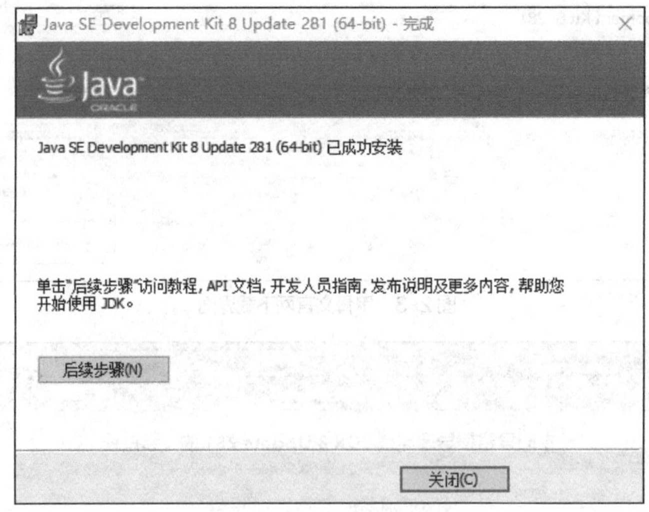

图 2-6　JDK 安装完成界面

3. 配置 JDK 的环境变量

（1）打开图 2-2 所示的“系统”窗口，在窗口的侧边导航窗格中单击“高级系统设置”，打开“系统属性”对话框，如图 2-7 所示。

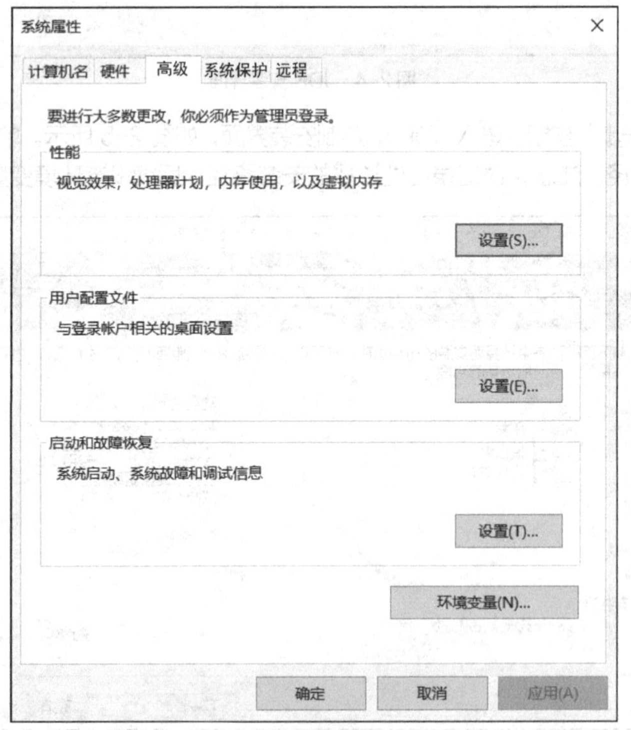

图 2-7　“系统属性”对话框

（2）在“系统属性”对话框中单击“环境变量”按钮，打开“环境变量”对话框，如图 2-8 所示。

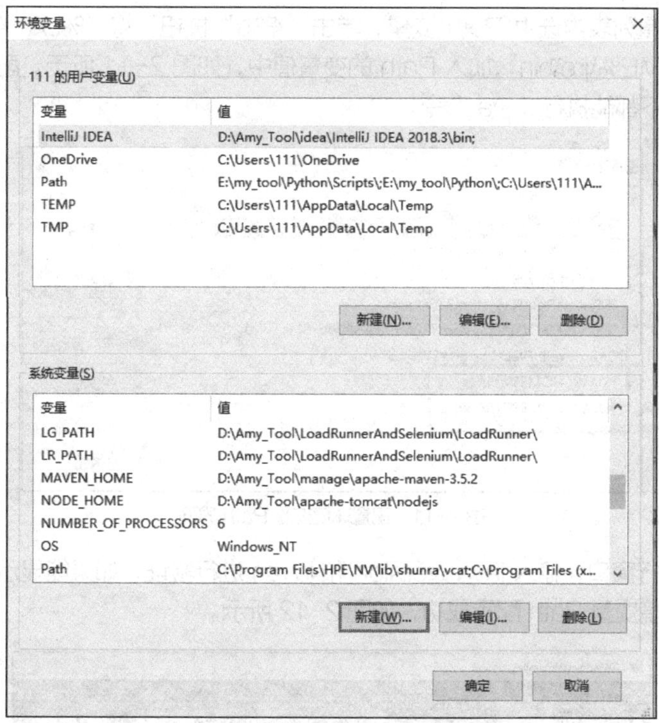

图 2-8 “环境变量”对话框

（3）在“环境变量”对话框中的“系统变量”区域单击“新建”按钮，创建一个系统变量 JAVA_HOME，变量值是 JDK 的安装路径，如图 2-9 所示。

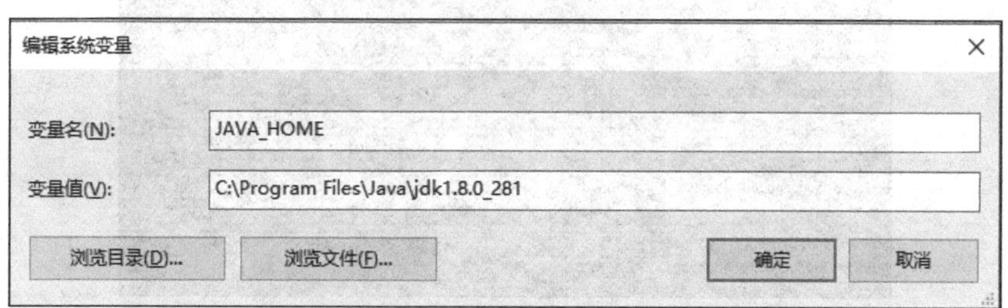

图 2-9 创建系统变量 JAVA_HOME 界面

（4）继续创建系统变量 CLASSPATH（JDK 1.5 之后版本可以不设置该变量），用于指定 Java 类的加载路径，变量的值是“.;%JAVA_HOME%\lib\dt.jar;%JAVA_HOME%\lib\tools.jar;”，如图 2-10 所示。

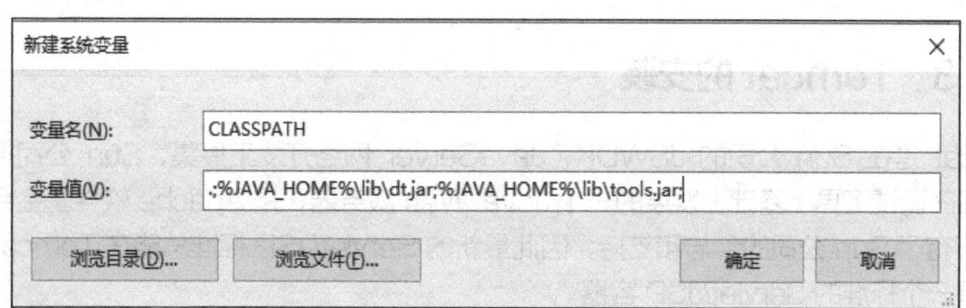

图 2-10 配置环境变量 CLASSPATH 界面

（5）在系统变量列表内选中 Path 变量，单击“编辑”按钮，将“%JAVA_HOME%\bin”和“%JAVA_HOME%\jre\bin”加入 Path 的变量值中，如图 2-11 所示。配置 Path 变量可以让用户在任何路径下都能执行 Java 命令。

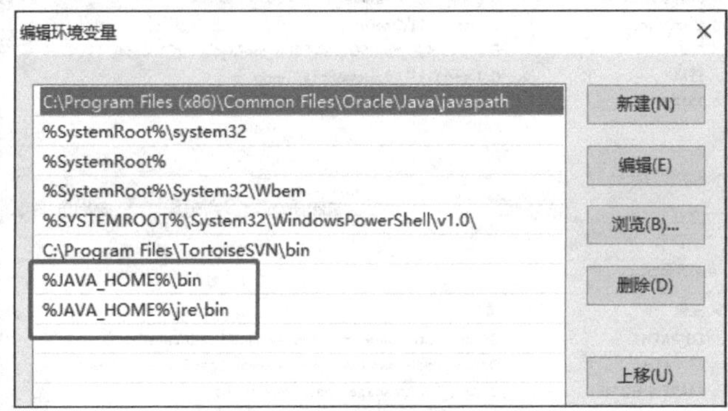

图 2-11　配置环境变量 Path 界面

（6）打开命令行窗口，输入 java-version 和 javac 进行验证，如果能显示 Java 的版本号和帮助信息，说明环境变量 Path 配置成功，如图 2-12 所示。

图 2-12　验证环境变量 Path 是否配置成功界面

提示　**如果环境变量配置失败，建议检查设置环境变量时使用的字符是否为英文字符、环境变量中 JDK 的路径是否正确，以及 JDK 版本是否与操作系统的版本相匹配。**

2.1.3 Tomcat 的安装

Tomcat 是在 Sun 公司的 JSWDK（JavaServer 网络开发工具集，Sun 公司推出的小型 Servlet/JSP 调试工具）基础上发展的一个 Java Web 服务器，是 Apache 软件基金会的一个子项目。由于有了 Sun 公司的参与和支持，因此最新的 Servlet/JSP 标准总能在 Tomcat 中体现，Tomcat 是一个标准的 Servlet/JSP 容器。

本书以 Tomcat 9.0 版本为例，读者可以到 Tomcat 官方网站下载。Tomcat 的下载和安装流程如下。

1. 下载 Tomcat

（1）进入 Apache Tomcat 官网首页，如图 2-13 所示。

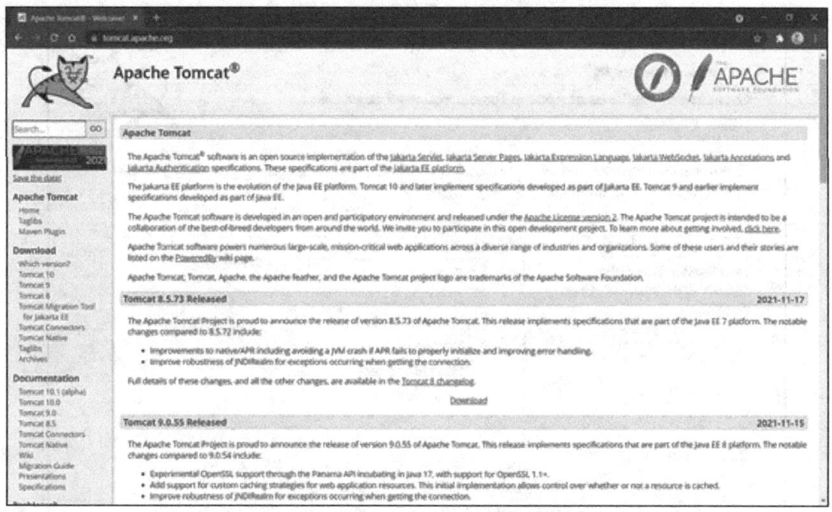

图 2-13　Apache Tomcat 官网首页

（2）在页面左侧导航栏的 Download 列表中有 Tomcat 各种版本的下载链接，单击 Tomcat 9.0，进入下载页面，如图 2-14 所示。读者可以根据自己的操作系统下载相匹配的版本。

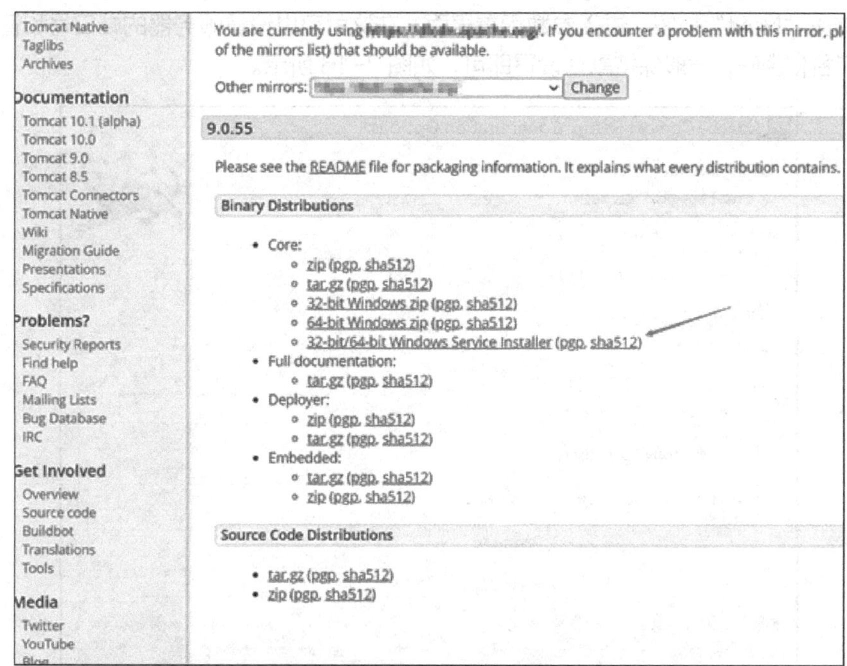

图 2-14　Tomcat 的下载界面

2. 安装 Tomcat

Tomcat 官网提供的安装文件有 zip 和 exe 两种格式，其中 zip 是免安装版本，解压后可以直接使用；exe 是安装版本。本书以 exe 安装版为例介绍 Tomcat 的安装过程。

（1）双击 exe 安装文件，在弹出的安装对话框中依次单击“Next”→“I Agree”按钮，进入安装组件选择界面。一般采用默认的 Normal 模式即可，如图 2-15 所示。

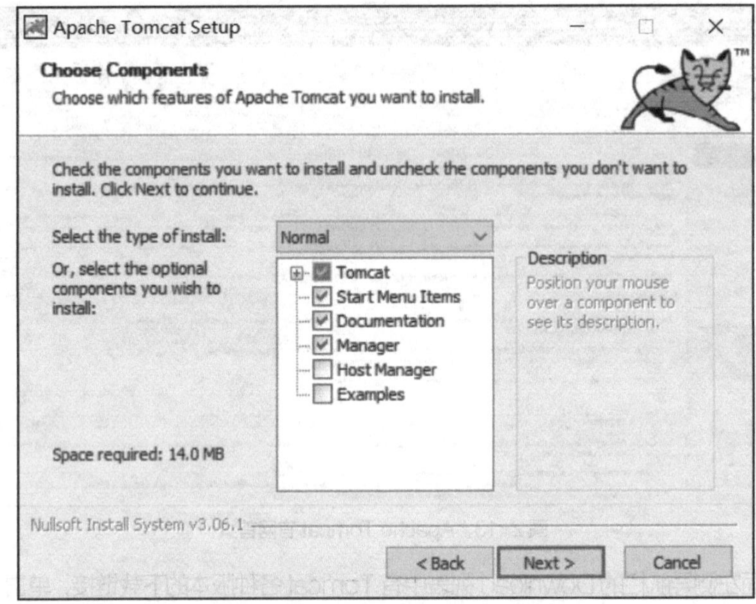

图 2-15　Tomcat 自定义安装界面

（2）单击“Next”按钮，进入参数配置界面，在这里可以设置服务器的端口号和管理服务器所需的用户名和密码，一般保持默认设置即可，如图 2-16 所示。

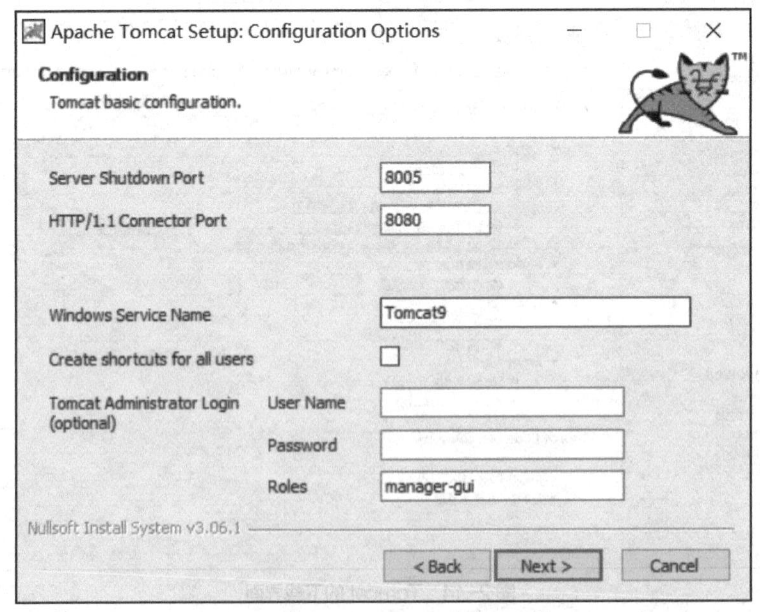

图 2-16　Tomcat 安装参数配置界面

（3）单击“Next”按钮，进入虚拟机路径设置界面，安装程序会自动定位到 JRE（Java

运行环境）的位置，如图 2-17 所示。如果用户没有安装 JRE，可以手动修改使其指向 JDK 目录。

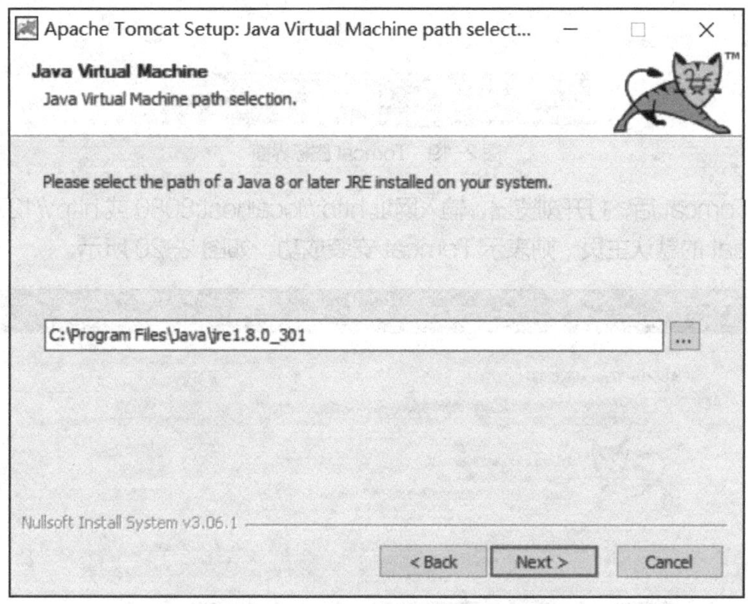

图 2-17　Tomcat 安装虚拟机路径设置界面

（4）单击“Next”按钮将开始安装。等待安装完毕，单击“Finish”按钮，可以完成安装并启动 Tomcat 服务器，如图 2-18 所示。

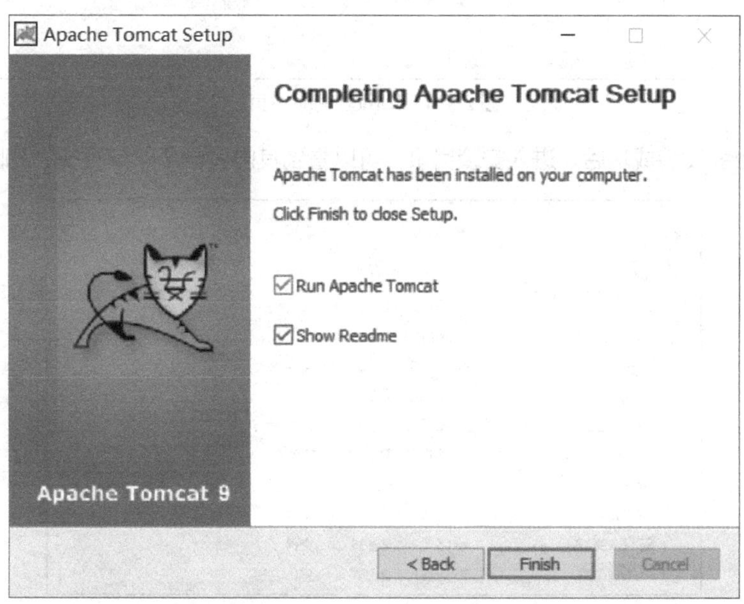

图 2-18　Tomcat 安装完成界面

3. Tomcat 的启动和关闭

（1）安装 Tomcat 之后，可以在“计算机管理”→“服务”中找到并启动 Tomcat。开启

Tomcat 后任务栏中将会出现服务器图标，在实际界面中，绿色表示运行，红色表示停止，如图 2-19 所示。

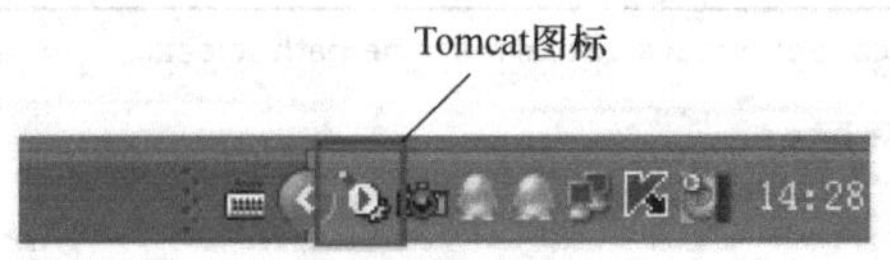

图 2-19　Tomcat 图标界面

（2）启动 Tomcat 后，打开浏览器，输入网址 http://localhost:8080 或 http://127.0.0.1:8080，如果出现 Tomcat 的默认主页，则表示 Tomcat 安装成功，如图 2-20 所示。

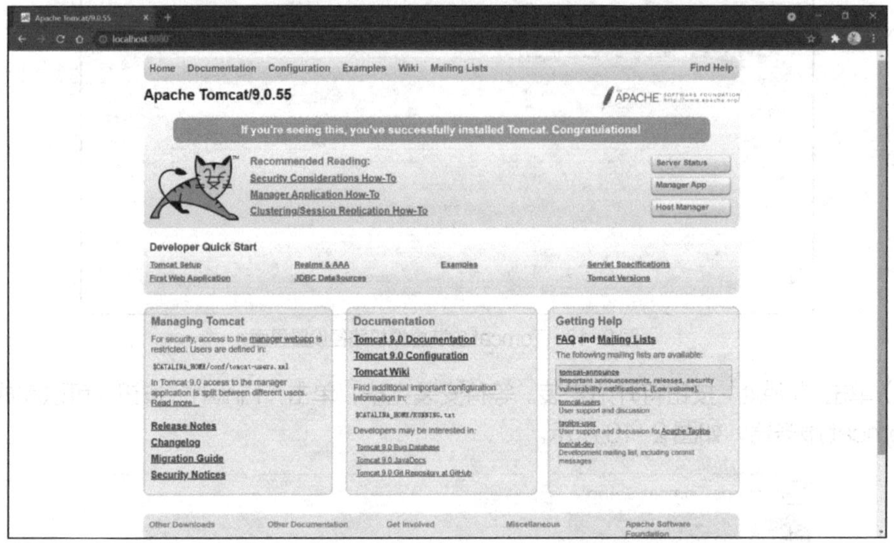

图 2-20　Tomcat 默认主页

（3）Tomcat 安装成功后，进入安装目录，可以看到其内包含 7 个文件夹，如图 2-21 所示。

名称	修改日期	类型	大小
bin	2016/5/6 22:14	文件夹	
conf	2016/6/8 22:26	文件夹	
lib	2016/1/8 10:00	文件夹	
logs	2016/8/8 17:50	文件夹	
temp	2016/8/8 19:06	文件夹	
webapps	2016/8/8 17:54	文件夹	
work	2016/1/8 10:18	文件夹	
LICENSE	2015/12/1 22:31	文件	57 KB
NOTICE	2015/12/1 22:31	文件	2 KB
RELEASE-NOTES	2015/12/1 22:31	文件	7 KB
RUNNING	2015/12/1 22:31	文本文档	17 KB

图 2-21　Tomcat 目录结构界面

这些子目录的功能如下。

- bin 目录：存放启动和关闭 Tomcat 的文件。
- conf 目录：存放 Tomcat 的各种配置文件。

- lib 目录：存放 Tomcat 运行所需的类库。
- logs 目录：存放 Tomcat 的日志文件。
- temp 目录：存放 Tomcat 的各种临时文件。
- webapps 目录：存放部署的 Web 应用。
- work 目录：存放动态网页文件转换出来的 Java 文件（包括*.java 和*.class 文件），这些文件由 Tomcat 自动生成。

打开 bin 目录，双击 startup.bat 文件，同样可以启动 Tomcat 服务器。

提示　很多用户安装 Tomcat 后无法启动，可能是安装时设置的端口被占用（例如本书中使用的是 8080 端口），可以在 CMD 窗口中输入“netstat -ano”查看端口占用的情况。

2.1.4　Eclipse 与 Tomcat 的集成

实际上，Java Web 应用程序的编写不需要任何特定工具，能够编写文本文件的任意编辑器都可以实现，但是为了提高开发效率，我们一般使用一些集成编辑环境来加快开发速度。常见的编辑工具有 Eclipse、NetBean、IntelliJ IDEA 等，如图 2-22 所示。本书将选用 Eclipse 作为开发工具。

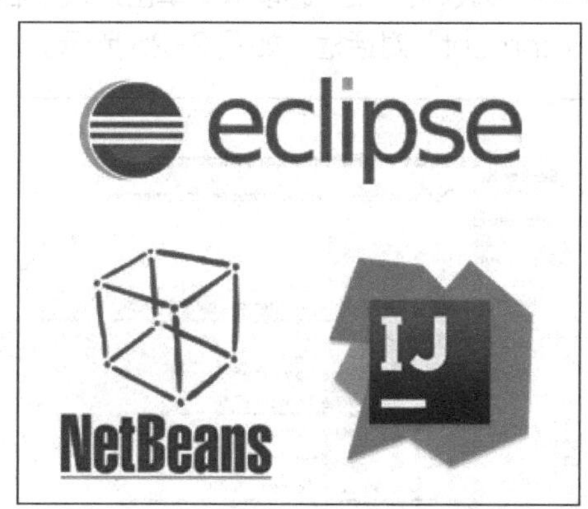

图 2-22　常见的集成开发工具

1. Eclipse 的下载与安装

（1）进入 Eclipse 官方网站下载安装文件，然后选择“Eclipse IDE for Java EE Developers”开始安装，如图 2-23 所示。

图 2-23　Eclipse 版本选择界面

（2）安装完成后，首次打开 Eclipse 时需要设置工作区路径，可以选择默认路径，也可以将工作区保存到指定路径。若勾选“Use this as the default and do not ask again”复选框，如图 2-24 所示，再次打开 Eclipse 时将不再弹出这个对话框。设置完成后单击“Launch”按钮进入主界面。

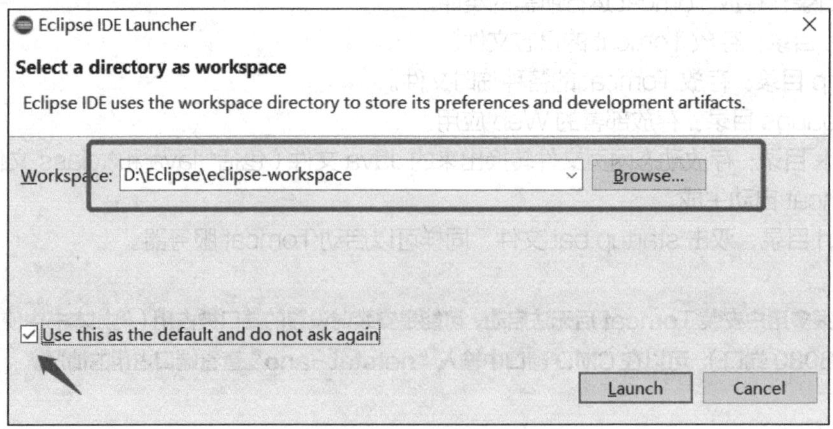

图 2-24　工作区路径设置

2. 在 Eclipse 上集成 Tomcat

（1）在 Eclipse 的菜单栏中选择“Windows”→“Preferences”菜单项，打开 Preferences 窗口。在窗口左侧的列表中选择 Server 节点下的“Runtime Environment”选项，此时在窗口的右侧会显示“Server Runtime Environment”选项卡。单击选项卡右侧的“Add”按钮，将弹出“New Server Runtime Environment”对话框，如图 2-25 所示。

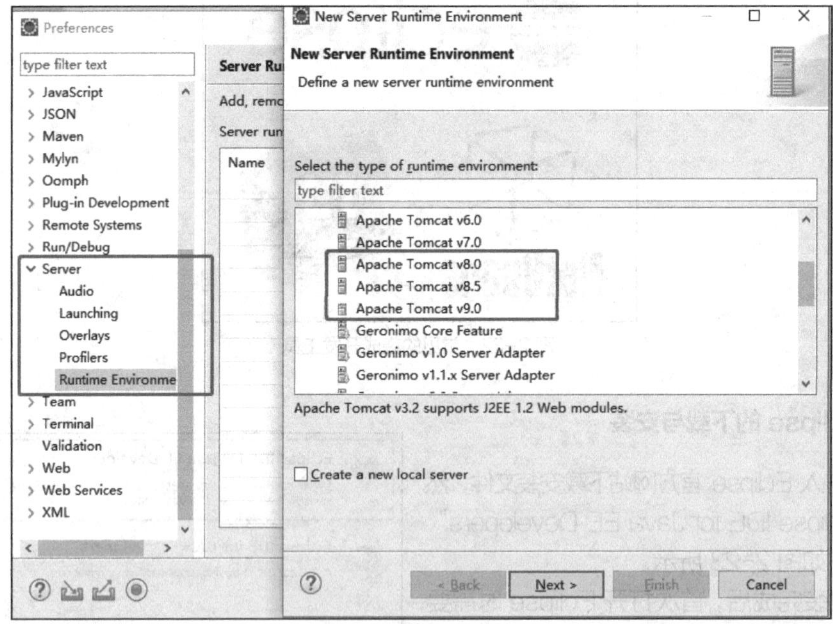

图 2-25　New Server Runtime Environment 对话框

（2）在图 2-25 所示的对话框内找到 Apache 节点，在它的展开列表中选择“Apache Tomcat v9.0”选项，单击“Next”按钮进入下一步。继续单击“Browse”按钮定位到 Tomcat v9.0 的安装路径，如图 2-26 所示。最后单击“Finish”按钮完成配置。

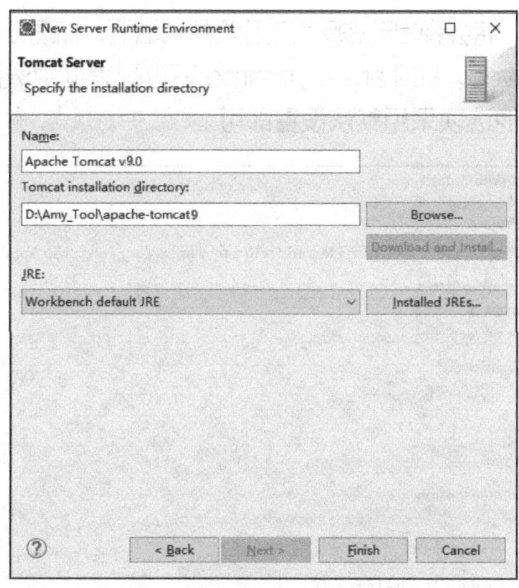

图 2-26　设置 Tomcat 安装路径界面

【应用案例】开发并发布第一个 Java Web 应用

任务目标

（1）新建 Web 工程 firstweb。
（2）新建并编写 JSP 页面 helloworld.jsp，页面显示“我的第一个 Java Web 应用”。
（3）将 Web 工程发布到 Tomcat 服务器，使用浏览器访问编写好的 JSP 页面。

实现步骤

第一步：新建 Web 工程。

（1）打开 Eclipse，选择“File”→“New”→“Project”菜单项，打开新建项目对话框，如图 2-27 所示。在对话框的 Wizards 列表框内选择 Web 节点下的 Dynamic Web Project，创建一个动态网页工程。

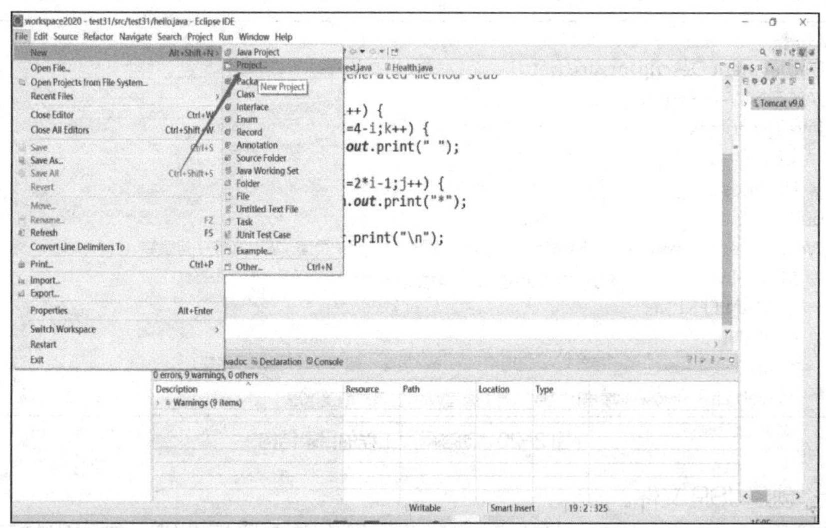

图 2-27　新建项目对话框

（2）单击“Next”按钮，将会弹出动态网页工程设置对话框，如图2-28所示。在Project name文本框中输入项目名称firstweb，在Target runtime下拉列表框中选择已经配置好的服务器，即Apache Tomcat v9.0。其他选项采用默认设置即可。

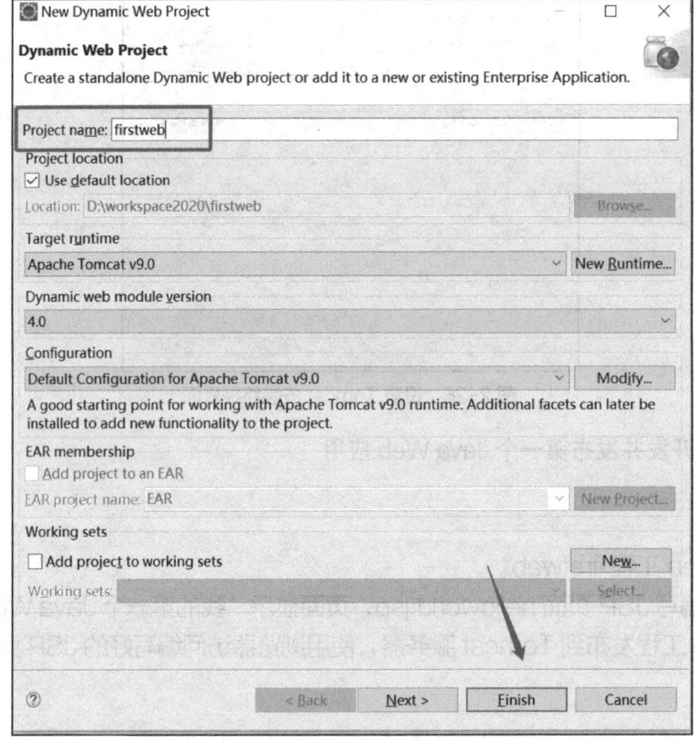

图2-28　动态网页工程设置对话框

（3）单击“Finish”按钮，完成项目的创建。此时，在Eclipse工作台左侧的Project Explorer窗格中可以看到新建的firstweb工程。展开工程firstweb，可以查看工程的目录结构，如图2-29所示。

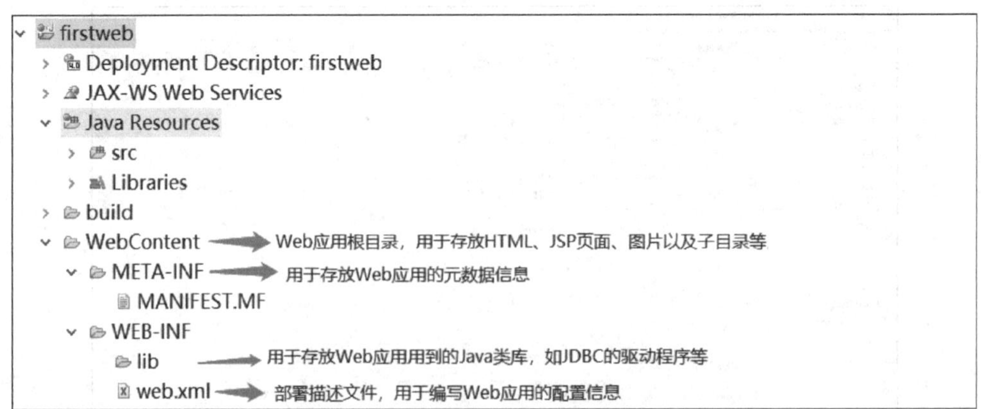

图2-29　动态网页工程的目录结构

第二步：创建JSP文件。

（1）在工程 firstweb 中的 WebContent 目录上单击鼠标右键，在弹出的菜单中选择

“New”→“JSP File”菜单项，打开新建 JSP 对话框，如图 2-30 所示。动态网页 JSP 将在第 4 章详细介绍。

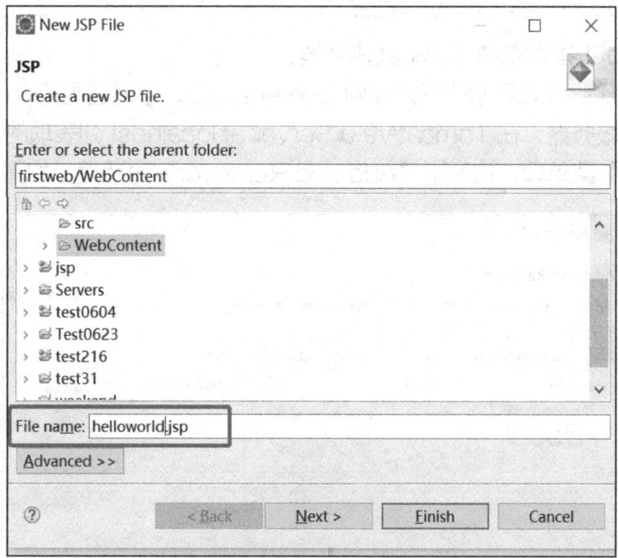

图 2-30 新建 JSP 对话框

（2）在 File name 文本框中输入文件名称 helloworld.jsp，单击“Finish”按钮，返回 Eclipse 主界面，此时可以看到新建文件的代码编辑窗口已经被自动打开了，如图 2-31 所示。

```
<%@ page language="java" contentType="text/html; charset=ISO-8859-1"
    pageEncoding="ISO-8859-1"%>
<!DOCTYPE html>
<html>
<head>
<meta charset="ISO-8859-1">
<title>Insert title here</title>
</head>
<body>

</body>
</html>
```

图 2-31 Eclipse 开发界面

（3）在代码编辑窗口中稍作修改。在<body>和</body>标签中间加入一行代码“<h3>我的第一个 Java Web 应用</h3>”。并将字符编码从原来的“ISO-8859-1”改为“UTF-8”，使网页可以显示中文。代码如下。

```
<%@ page language="java" contentType="text/html; charset=UTF-8"   pageEncoding="UTF-8"%>
<html>
<head>
<meta charset ="UTF-8">
<title>helloworld</title>
</head>
<body>
```

```
    <h3>我的第一个 Java Web 应用</h3>
  </body>
  </html>
```

第三步：将 Web 工程发布到 Tomcat 服务器。

（1）在 Eclipse 代码编辑界面的下方找到 Servers 窗口，可以看到 Servers 窗口内列出了部署好的 Tomcat 9.0 服务器，在 Tomcat v9.0 Server at localhost 列表项的右键快捷菜单中选择“Add and Remove”菜单项，将弹出“Add and Remover”对话框，如图 2-32 所示。

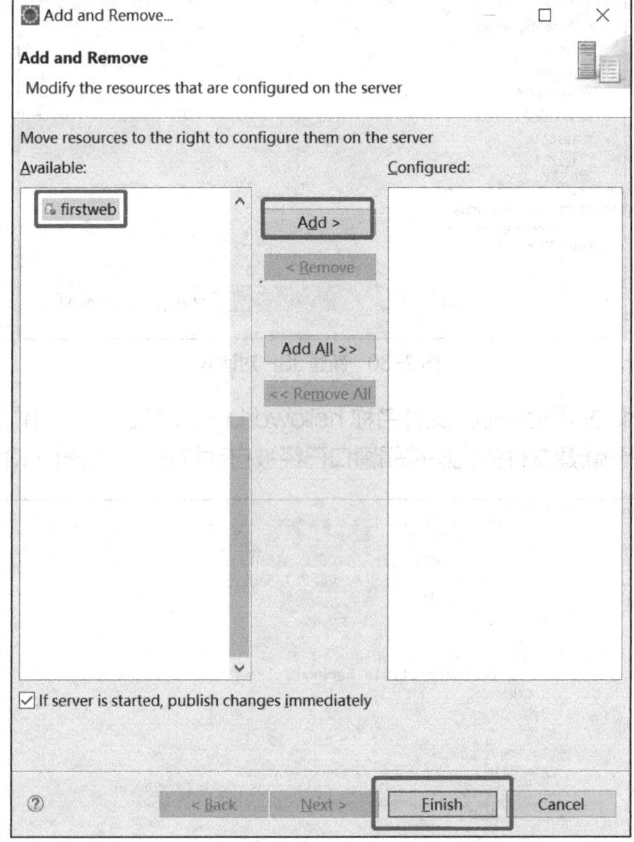

图 2-32　Add and Remove 对话框

（2）在对话框中选择我们创建的项目 firstweb，单击“Add”按钮，将项目移至右侧，单击“Finish”按钮完成设置，该项目即被添加到 Tomcat 服务器中。此时，在 Servers 窗口中的 Tomcat v9.0 列表下可以看到工程 firstweb，如图 2-33 所示。

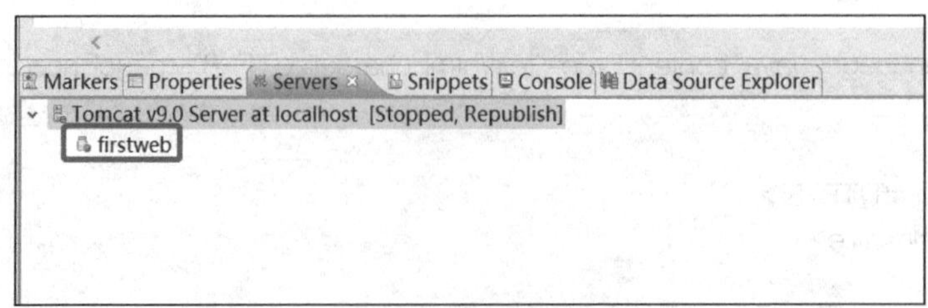

图 2-33　完成添加项目的 Servers 窗口

（3）单击 Servers 窗口右上方的运行按钮启动 Tomcat 服务器，启动后，在浏览器地址栏输入访问地址 http://localhost:8080/firstweb/helloworld.jsp，如果看到图 2-34 所示的页面，那么说明工程 firstweb 发布成功。

图 2-34 helloworld.jsp 页面效果

【梳理回顾】

本节讲解了 Java Web 开发的基础内容——环境搭建。首先介绍了 Java Web 应用所需要的开发环境，然后具体地讲解了 JDK、Tomcat、Eclipse 的安装与配置方法，并完成了 Eclipse 与 Tomcat 的集成，最后以一个工程从创建到发布的全过程为例测试了开发环境是否搭建成功。

2.2 Servlet 概述

Servlet 是一种开发动态网页的技术，是运行在 Web 服务器上的小程序。通常，它可以被 Web 服务器编译、加载和运行，最后生成动态的资源。

【提出问题】

客户端和服务器端代码是如何进行交互的？Servlet 提供了一种解决方案，那么 Servlet 是什么？Servlet 又是如何执行的？

【知识储备】

2.2.1 Servlet 生命周期

1. Servlet

Servlet 是运行在服务器上的小程序，主要用于处理客户端传来的 HTTP 请求，它可以访问服务器的资源，如文件、数据库等，再根据请求完成相应的业务逻辑处理后返回响应。Servlet 的执行过程主要有以下几个步骤。

（1）客户端发送请求，服务器将客户端的请求封装成请求对象，同时生成针对客户端的响应对象。

（2）服务器根据客户端的请求 URL，在底层 web.xml 文件中找到相应的 Servlet 类。

（3）Servlet 从请求对象中取得各种请求信息，并完成业务逻辑的处理。

（4）Servlet 将处理结果封装在响应对象中输出给服务器。

（5）服务器将 Servlet 生成的响应对象解析成响应报文输出给客户端的浏览器。

2. 生命周期

Servlet 的生命周期是指一个 Servlet 对象从创建到销毁的过程，它定义了一个 Servlet 被初始化、销毁，以及接收请求、响应请求、提供服务的具体规则。

按照功能的不同，Servlet 的生命周期大致可以分成 3 个阶段，分别是 Servlet 对象的初始化、Servlet 对象提供服务和 Servlet 对象的销毁。

（1）Servlet 对象的初始化：init()方法

在默认情况下，服务器在第一次接收到客户端发送的请求时，会解析请求并创建对应的 Servlet 对象。创建 Servlet 对象之后，服务器会调用 init()方法对其进行初始化。需要注意的是，一个 Servlet 对象无论被请求多少次，只会被创建一次。也就是说，在 Servlet 的整个生命周期中，init()方法只会被执行一次。

（2）Servlet 对象提供服务：service()方法

完成 Servlet 对象的初始化之后，服务器会调用 service()方法处理请求，同时会创建一个请求（ServletRequest）对象和一个响应（ServletResponse）对象，并把它们作为参数传入 service()方法。service()方法可以通过 ServletRequest 对象获取客户端的各种请求信息，从而根据请求类型调用 doGet()或者 doPost()等方法。完成业务逻辑的处理之后，service()方法继续通过 ServletResponse 对象来设置响应信息。Servlet 每次收到用户请求都会调用 service()方法，也就是说，在 Servlet 的整个生命周期中，service()方法可以被执行多次。

（3）Servlet 对象的销毁：destroy()方法

Web 应用在卸载或服务器停止执行时会销毁 Servlet 对象，销毁之前服务器会调用 destroy()方法执行诸如释放缓存、关闭连接、保存数据等操作。在 Servlet 的整个生命周期中，destroy()方法也只会被执行一次。

Servlet 的生命周期如图 2-35 所示。

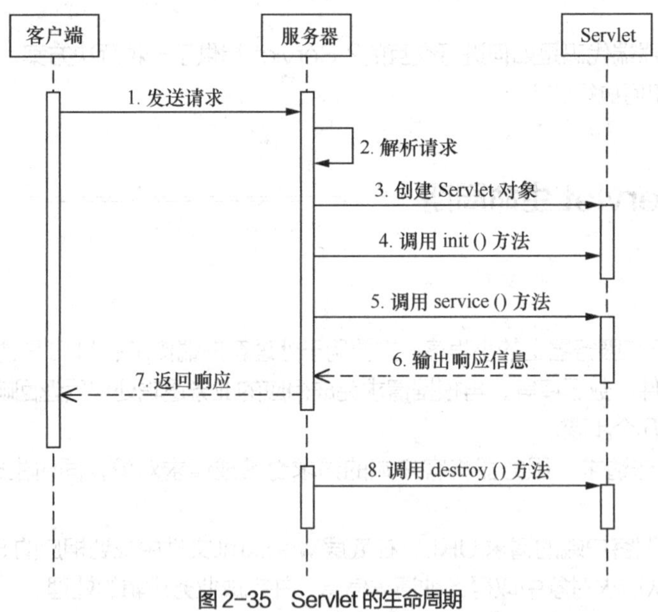

图 2-35　Servlet 的生命周期

3. Servlet 接口

Servlet 接口是编写 Servlet 应用时必须实现的一个接口，它位于 javax.servlet 包中，Servlet 接口中定义的方法如表 2-1 所示。

表 2-1　Servlet 接口定义的方法

方法声明	功能描述
void init(ServletConfig config)	服务器在创建 Servlet 对象后，就会调用此方法。该方法接收一个 ServletConfig 类型的参数，服务器通过这个参数向 Servlet 传递初始化配置信息
ServletConfig getServletConfig()	用于获取 Servlet 对象的配置信息，返回的 ServletConfig 对象可以作为服务器调用 init()方法时传递给 Servlet 对象的参数
String getServletInfo()	返回一个字符串，其中包含关于 Servlet 的信息，如作者、版本号、版权等
void service(ServletRequest req, ServletResponse res)	负责响应用户的请求。服务器接收到客户端访问 Servlet 对象的请求时，就会调用此方法。服务器会构造一个表示客户端请求信息的 ServletRequest 对象和一个用于响应客户端的 ServletResponse 对象作为参数传递给 service()方法。在 service()方法中，可以通过 ServletRequest 对象获取客户端的相关信息和请求信息，在对请求进行处理后，调用 ServletResponse 对象的方法设置响应信息
void destroy()	负责释放 Servlet 对象占用的资源。当服务器关闭时，Servlet 对象会被销毁，此时服务器会调用此方法

init()、service()和 destroy() 3 个方法是与 Servlet 生命周期相关的，它们会在某个特定的时刻被调用，具体的调用顺序如下。

（1）当一个 Servlet 被构造时，调用 init()方法完成初始化。

（2）当客户端发出请求时，调用 service()方法提供服务。

（3）当 Servlet 服务完成时，调用 destroy()方法进行销毁。

2.2.2 编写 Servlet 程序

编写 Servlet 程序主要有两个步骤：第一步是创建 Servlet（Java 类），这个类可以直接实现 Servlet 接口或者继承 Servlet 接口的实现类；第二步是配置 Servlet，需要实现 URL 到 Servlet 接口类的映射。

1. Servlet 的创建

方式一：直接实现 Servlet 接口创建 Servlet

实现 Servlet 接口需要实现接口中的所有方法。在实际开发中，一般只重写处理请求的 service()方法即可。本例为了演示 Servlet 生命周期，先定义一个抽象类 BaseServlet 来实现 Servlet 接口，在这个类中实现了除 service()方法外的所有其他方法，并重写了 init()方法和 destroy()方法，代码如下。

```
package com.example.servlet;
import java.io.IOException;
import javax.servlet.Servlet;
import javax.servlet.ServletConfig;
import javax.servlet.ServletException;
import javax.servlet.ServletRequest;
import javax.servlet.ServletResponse;

public abstract class BaseServlet implements Servlet {
    public void destroy() {
```

```
//Servlet 正在销毁
            System.out.println("destroy()方法被调用");
    }
    public ServletConfig getServletConfig() {
            // 返回 ServletConfig 对象
            return null;
    }
    public String getServletInfo() {
            //返回有关 Servlet 的信息
            return "";
    }
    public void init(ServletConfig config) throws ServletException {
            //初始化 Servlet
            System.out.println("init()方法被调用");
    }
}
```

继续定义 MyBaseServlet 类来继承 BaseServlet 类，在 service()方法中设置网页的标题和显示内容，代码如下，实现效果如图 2-36 所示。

```
package com.example.servlet;
import java.io.IOException;
import java.io.PrintWriter;
import javax.servlet.ServletException;
import javax.servlet.ServletRequest;
import javax.servlet.ServletResponse;
import javax.servlet.annotation.WebServlet;
public class MyBaseServlet extends BaseServlet {
    public void service(ServletRequest req, ServletResponse res) throws ServletException, IOException {
                res.setContentType("text/html;charset=utf-8");
                PrintWriter out= res.getWriter();
                out.println("<html>");
                out.println("<head>");
                out.println("<title>我的第一个 Servlet</title>");
                out.println("</head>");
                out.println("<body>");
                out.println("hello world");
                out.println("</body>");
                out.println("</html>");
        }
}
```

图 2-36　利用浏览器访问 Servlet 类

提示 **PrintWriter out= res.getWriter():PrintWriter 是一种打印输出流,可以通过 println() 方法按行写出字符串;res 是返回给客户端的响应对象,通过 res.get Writer()方法得到的 PrintWriter 对象可以向客户端展示信息。**

在实现过程中可以发现,采用直接实现 Servlet 接口的方式需要实现很多方法,很不方便。

方式二:继承 GenericServlet 抽象类

GenericServlet 是一个实现了 Servlet 接口的抽象类,它为 Servlet 接口提供了通用实现。我们也可以通过继承 GenericServlet 类来编写自己的 Servlet 应用,这种方式只需实现一个 service() 方法。代码如下。

```
package com.example.servlet;
import java.io.IOException;
import java.io.PrintWriter;
import javax.servlet.GenericServlet;
import javax.servlet.ServletException;
import javax.servlet.ServletRequest;
import javax.servlet.ServletResponse;
import javax.servlet.annotation.WebServlet;
public class MyGenericServlet extends GenericServlet {
    public void service(ServletRequest req, ServletResponse res) throws ServletException, IOException {
            res.setContentType("text/html;charset=utf-8");
            PrintWriter out=res.getWriter();
            out.println("<html>");
            out.println("<head>");
            out.println("<title>我的第一个 Servlet</title>");
            out.println("</head>");
            out.println("<body>");
            out.println("hello world");
            out.println("</body>");
            out.println("</html>");
    }
}
```

可以看到,上面代码中对 service()方法的实现与方式一相同,但是不需要实现另外 4 个方法。

方式三:继承 HttpServlet 抽象类

HttpServlet 类继承了 GenericServlet 类,它具有对 HTTP 请求的特殊支持。我们开发的 Web 项目一般都是遵循 HTTP 的,所以通过 HttpServlet 创建 Servlet 是最常用的方式。

HttpServlet 类对 service()方法进行了重写,该方法会判断客户端的请求方式。如果是 Get 请求方式,将调用 doGet()方法;如果是 Post 请求方式,将调用 doPost()方法,如图 2-37 所示。除了 doGet()和 doPost()这两种较为常用的方法外,HttpServlet 类也为其他请求方式提供了相应的处理方法。

一般情况下,我们定义的类继承 HttpServlet 之后,不会直接重写 service()方法,而是根据请求方式(通常是 Get 或者 Post),重写对应的 doGet()、doPost()方法,代码如下。

```
public class MyServlet extends HttpServlet{
    protected void doGet(HttpServletRequest req, HttpServletResponse resp) throws ServletException,
```

```
IOException {
                System.out.println("Get 请求");
        }
        protected void doPost(HttpServletRequest req, HttpServletResponse resp) throws ServletException,
IOException {
                System.out.println("Post 请求");
        }
}
```

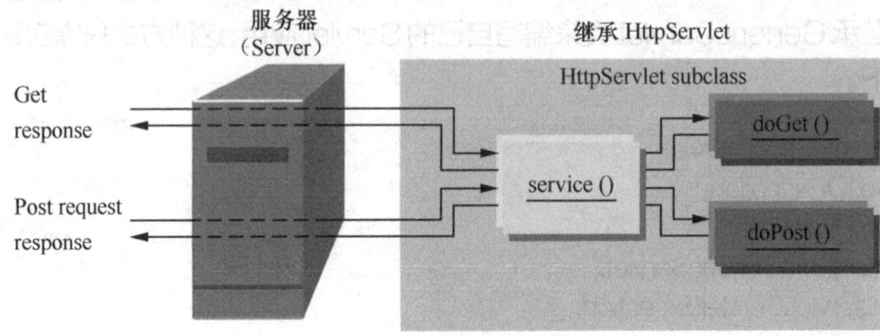

图 2-37　HttpServlet 类

本例中继承 HttpServlet 并采用 Get 方式进行访问的代码如下。

```
public class MyHttpServlet extends HttpServlet {
    protected void doGet(HttpServletRequest req, HttpServletResponse resp) throws ServletException,
IOException {
                PrintWriter out= resp.getWriter();
                out.println("<html>");
                out.println("<head>");
                out.println("<title>我的第一个 Servlet </title>");
                out.println("</head>");
        }
}
```

2. Servlet 的配置

在一个 Web 项目中，客户端需要连接服务器进而调用 Servlet，因此，需要在 Web 服务器注册我们创建好的 Servlet，并且为浏览器提供一个能访问到该 Servlet 的 URL。服务器通过这个 URL 就可以找到对应的 Servlet，从而进行业务处理，再将处理后的结果返回给请求者。通过 URL 映射到 Servlet 的配置方式有两种：传统的 XML 方式和注解方式。

（1）使用 XML 方式配置

① 声明 Servlet

使用 XML 方式配置需要在 web.xml 中进行，web.xml 文件是 Java Web 项目中的一个配置文件，主要用来配置欢迎页、过滤器等，图 2-38 描绘了 web.xml 文件在项目中的路径。

每个 Servlet 都应在 web.xml 文件中使用<servlet>标签进行声明，<servlet>标签主要有以下两个子标签。

- <servlet-name></servlet-name>：指定 Servlet 的名称。
- <servlet-class></servlet-class>：Servlet 的完整类名称。

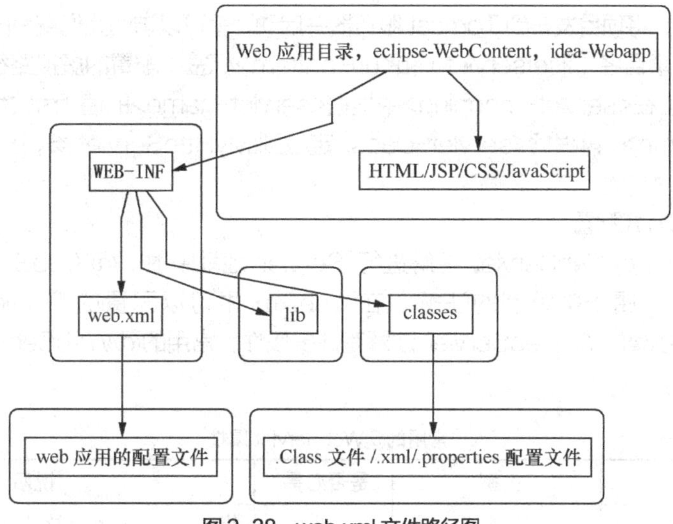

图 2-38 web.xml 文件路径图

在 web.xml 配置文件中，声明上面创建的 MyHttpServlet 类，代码如下。

```
<servlet>
    <servlet-name>first</servlet-name>
    <servlet-class>com.example.servlet.MyHttpServlet</servlet-class>
</servlet>
```

② 实现 URL 到 Servlet 的映射

可以在 web.xml 文件中使用<servlet-mapping>标签配置 URL 与 Servlet 间的地址映射，该标签的子标签如下。

- <servlet-name></servlet-name>：Servlet 的名称。
- <url-pattern></url-pattern>：指定 Servlet 所对应的 URL。

提示 **Servlet 配置时需要注意如下两点。**

① <servlet>标签必须在<servlet-mapping>标签之前。

② <servlet-mapping>中的<servlet-name>来自<servlet>标签中定义的名称。

同一个 Servlet 可以被映射成多个虚拟路径。为同一个 Servlet 配置多个<servlet-mapping>标签，或者在一个<servlet-mapping>标签下配置多个<url-pattern>子标签，都可以实现 Servlet 的多重映射。为上面声明的 MyHttpServlet 类（Servlet 的名称为 first）映射虚拟路径的代码如下。

```
<servlet-mapping>
    <servlet-name>first</servlet-name>
    <url-pattern>/fff</url-pattern>
</servlet-mapping>
<servlet-mapping>
    <servlet-name>first</servlet-name>
    <url-pattern>/demo</url-pattern>
</servlet-mapping>
```

完成映射之后，将项目发布到 Tomcat 服务器并启动，就可以访问我们编写的 Servlet 应用了。在地址栏中输入由项目名（fisetservlet）和<url-pattern>标签中配置的虚拟路径（例如/fff）构成的 URL，服务器会在<servlet-mapping>中根据<servlet-name>的值 first 找到<servlet>中同名的<servlet-name>，再根据<servlet-class>定位到 MyHttpServlet 类，运行效果如图 2-36 所示。

（2）使用注解方式配置

我们也可以利用@WebServlet 注解进行 Servlet 地址映射。@WebServlet 注解标注在 Servlet 实现类上，属于类级别的注解。在 web.xml 中可以配置的 Servlet 属性都可以在@WebServlet 中配置。@WebServlet 注解有许多属性，常用的@WebServlet 属性如表 2-2 所示。

表 2-2　常用的@WebServlet 属性

属性	类型	是否必需	说明
asyncSupported	boolean	否	指定 Servlet 是否支持异步操作模式
displayName	String	否	指定 Servlet 显示名称
initParams	WebInitParam[ ]	否	配置初始化参数
loadOnStartup	int	否	标记容器是否在应用启动时加载 Servlet
Name	String	否	指定 Servlet 名称
urlPatterns/value	String[ ]	否	这两个属性作用相同，指定 Servlet 处理的 URL

下面详细介绍 loadOnStartup、Name、urlPatterns/value 属性。

① loadOnStartup 属性：标记容器是否在启动应用时就加载 Servlet，默认不配置，属性值为负数表示客户端第一次请求 Servlet 时再加载；属性值为 0 或正数表示启动应用时加载，属性值为正数情况下，数值越小，加载该 Servlet 的优先级越高。

② Name 属性：可以指定也可以不指定，可以通过 getServletName()获取到，若不指定，则为 Servlet 的完整类名。

③ urlPatterns/value 属性：String[ ]类型，可以配置多个映射，如 urlPatterns={"/user/test", "/user/example"}。

下面是@WebServlet 的几种注解地址映射方式。

```
//方式一：
@WebServlet("/example")
public class ExampleServlet implements Servlet {
//方式二：
@WebServlet(name="example",urlPatterns="/example")
public class ExampleServlet implements Servlet {
//方式三：
@WebServlet(name="example",urlPatterns={"/example","/example2"})
public class ExampleServlet implements Servlet {
//方式四：
@WebServlet(value={"/example","/example2"})
public class ExampleServlet implements Servlet {
```

3. 路径映射规则

无论是在 XML 方式配置中使用的<url-pattern>标签，还是在@WebServlet 注解中的 urlPatterns 属性，路径的映射都遵循表 2-3 的规则。

表 2-3　　路径映射规则

格式	功能描述	举例
*.扩展名	匹配指定扩展名的请求路径	如“*.do”，匹配以.do 结尾的所有 URL
/*或/	匹配任意请求路径	任意请求
以“/”开始、以“/*”结束的字符串	匹配指定目录下的任意请求路径	指定目录 abc 下的请求，如“/abc/*”，匹配以/abc 开始的所有的 URL
其他以“/”开始的精确映射	匹配唯一的请求路径	如“/abc”，仅映射请求地址为“/abc”的 URL

需要注意的是，*.扩展名与另外几种格式不能混合使用，即类似于/user/*.do、/*.do、test*.do 这样看起来符合规则的匹配格式，在启动 Tomcat 时会报错，这是因为这样的匹配既属于路径映射，又属于扩展映射，容器无法判断。为了让读者更加清晰地了解规则的使用方法，表 2-4 中列举了对应的映射关系。

表 2-4　　对应的映射关系

Servlet	映射地址	请求地址
servlet1	/foo/bar/*	/foo/bar/index.html /foo/bar/index.bop
servlet2	/baz/*	/baz /baz/index.html
servlet3	/catalog	/catalog
servlet4	*.bop	/catalog/racecar.bop /index.bop

【应用案例】编写一个简单的 Servlet

通过学习 Servlet 基础知识，读者能够轻松编写一个简单的 Servlet。

任务目标

（1）编写一个类继承 Servlet 类。
（2）在 web.xml 文件中注册编写好的 Servlet。
（3）启动服务器，在浏览器中访问指定 URL，执行指定 Servlet。

实现步骤

第一步：创建 Servlet 类（FirstServlet.java）。

```
package com.example.servlet;
import java.io.IOException;
import java.io.PrintWriter;

import javax.servlet.ServletException;
import javax.servlet.annotation.WebServlet;
```

```
import javax.servlet.http.HttpServlet;
import javax.servlet.http.HttpServletRequest;
import javax.servlet.http.HttpServletResponse;

@WebServlet("/FirstServlet")
public class FirstServlet extends HttpServlet {
        private static final long serialVersionUID = 1L;

    public FirstServlet() {
        super();
    }

        protected void doGet(HttpServletRequest request, HttpServletResponse response) throws
ServletException, IOException {
                response.setContentType("text/html;charset=utf-8");
                PrintWriter out=response.getWriter();
                out.println("<html>");
                out.println("<head>");
                out.println("<title>我的第一个 Servlet</title>");
                out.println("</head>");
                out.println("<body>");
                out.println("hello world");
                out.println("</body>");
                out.println("</html>");
        }

        protected void doPost(HttpServletRequest request, HttpServletResponse response) throws
ServletException, IOException {
                doGet(request, response);
        }
}
```

第二步：在 web.xml 文件中注册编写的 Servlet。

```
<?xml version="1.0" encoding="UTF-8"?>
<!-- 省略<web-app>标签中部分属性 -->
<web-app>
<display-name>servlet</display-name>
<servlet>
<servlet-name>first</servlet-name>
<servlet-class>com.example.servlet.FirstServlet</servlet-class>
</servlet>
<servlet-mapping>
<servlet-name>first</servlet-name>
<url-pattern>/fff</url-pattern>
</servlet-mapping>
<welcome-file-list>
<welcome-file>index.html</welcome-file>
```

```
<welcome-file>index.htm</welcome-file>
<welcome-file>index.jsp</welcome-file>
<welcome-file>default.html</welcome-file>
<welcome-file>default.htm</welcome-file>
<welcome-file>default.jsp</welcome-file>
</welcome-file-list>
</web-app>
```

第三步：启动服务器，在浏览器地址栏输入在 web.xml 文件中注册的 URL。

运行结果如图 2-39 所示。

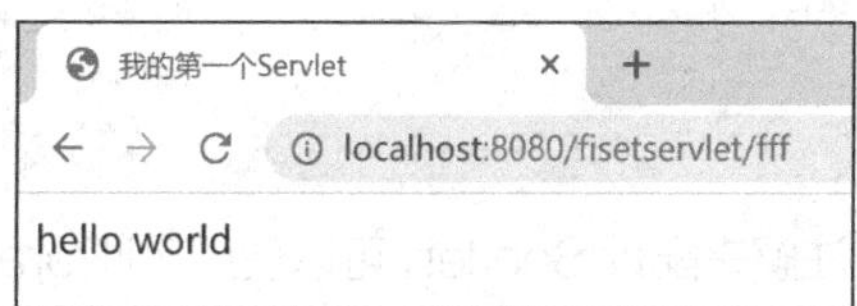

图 2-39 运行结果

在上例中，如果采用@WebServlet 注解方式进行地址映射，则不需要在 web.xml 中注册 URL，即删除上例中第二步，只需要在第一步创建的 Servlet 类的代码中添加注解方式。修改上例中 FirstServlet.java 类，部分代码如下。

```
@WebServlet("/fff")
public class FirstServlet implements Servlet {
	public void service(ServletRequest req, ServletResponse res) throws ServletException, IOException {
		System.out.println("service");
		res.setContentType("text/html;charset=utf-8");
		PrintWriter out=res.getWriter();
		out.println("<html>");
		out.println("<head>");
		out.println("<title>我的第一个 Servlet</title>");
		out.println("</head>");
		out.println("<body>");
		out.println("hello world");
		out.println("</body>");
		out.println("</html>");
	}
}
```

再次输入上例中的访问地址，可以看到输出结果一致，如图 2-39 所示。读者可根据实际开发需求选择合适的映射方式。

2.2.3 获取 Servlet 配置信息

1. 更多 Servlet 配置

配置 Servlet 地址映射的时候，可以在 web.xml 文件中为 Servlet 提供一些额外的配置信息，如配置欢迎页面、定义初始化参数、指定错误处理页面等。下面代码通过<init-param>标签配置了一组初始化参数，其作用为在 Servlet 初始化时配置编码方式为 UTF-8。

```
<web-app>
        ...
        <servlet>
                <servlet-name>initParam</servlet-name>
                <servlet-class>com.example.servlet.InitParamServlet</servlet-class>
                <init-param>
                        <param-name>encoding</param-name>
                        <param-value>UTF-8</param-value>
                </init-param>
        </servlet>
</web-app>
```

如果通过@WebServlet 注解来配置 Servlet，可以使用 initParams 属性来配置 Servlet 初始化参数，其中参数名为“encoding”,对应的参数值为“UTF-8”,效果和在 web.xml 文件中进行配置相同，代码如下。

```
@WebServlet(
      name="ParamServlet",
      urlPatterns={"/init"},
      initParams={
                @WebInitParam(
                              name="encoding",
                              //value 为值
                              value="UTF-8")
                }
)
```

2. ServletConfig

在初始化 Servlet 的时候，init()方法会接受一个 ServletConfig 类型的参数。ServletConfig 接口提供了获取初始化参数的方法，以及获取 Servlet 配置信息的方法。ServletConfig 接口的常用方法如表 2-5 所示。

表 2-5　　ServletConfig 接口的常用方法

方法声明	功能描述
String getInitParameter(String name)	获取当前 Servlet 指定名称的初始化参数的值
Enumeration getInitParameterNames()	获取当前 Servlet 所有初始化参数的名称组成的枚举
ServletContext getServletContext()	获取代表当前 Web 应用的 ServletContext 对象
String getServletName()	获取当前 Servlet 在 web.xml 中配置的名称

下面的实例可以获取 Servlet 指定名称的初始化参数的值，即 InitParamServlet 的编码方式，代码如下。

```
public class InitParamServlet extends HttpServlet {
    protected void doGet(HttpServletRequest request, HttpServletResponse response) throws
```

```
ServletException, IOException {
                //获取 ServletConfig 对象
                ServletConfig config=this.getServletConfig();
                //获取名称是 encoding 的参数对应的值
                String encoding=config.getInitParameter("encoding");
                PrintWriter out=response.getWriter();
                out.print(encoding);
        }
        protected void doPost(HttpServletRequest request, HttpServletResponse response) throws
ServletException, IOException {
                doGet(request, response);
        }
    }
```

3. Servlet 的加载顺序

通常 Servlet 在第一次调用时才进行加载，例如，当用户首次在浏览器地址栏输入 URL 时，客户端发送请求到服务器，服务器根据用户发送的 URL 在 web.xml 中进行查找，首先会在 web.xml 中<servlet-mapping>内的<url-pattern>进行匹配，检查用户输入的 URL 是否与<url-pattern>中的值一致。若匹配成功，就会根据<servlet-mapping>中<servlet-name>的值继续去匹配<servlet>中<servlet-name>的值，若再次匹配成功，就会获取<servlet-class>中的确切的类，然后通过反射加载，生成 Servlet 对象，最后进行访问。

我们也可以在 web.xml 文件中配置使 Servlet 在服务器启动时加载，代码如下。

```
<servlet>
<servlet-name>InitExample</servlet-name>
<servlet-class>com.example.servlet.InitExample</servlet-class>
<load-on-startup>1</load-on-startup>
</servlet>
```

我们还可以在注解中加入：loadOnStartup=1，标记容器在应用启动时就加载这个 Servlet，代码如下。

```
@WebServlet(value="/InitExample",loadOnStartup=1)
```

【应用案例】Servlet 信息的配置与获取

任务目标

（1）分别使用 XML 和注解方式，在 Servlet 中配置字符集编码。
（2）获取字符集编码，设置请求与响应的编码格式。
（3）在控制台输出获取的字符集编码。

实现步骤

（1）使用 XML 方式实现
第一步：创建 Servlet 类（InitParamServlet）。

```
package com.example.servlet;
import java.io.IOException;
import java.io.PrintWriter;
import javax.servlet.ServletException;
import javax.servlet.annotation.WebServlet;
import javax.servlet.http.HttpServlet;
import javax.servlet.http.HttpServletRequest;
import javax.servlet.http.HttpServletResponse;

public class InitParamServlet extends HttpServlet {
        private static final long serialVersionUID = 1L;
    public InitParamServlet() {
        super();
        System.out.println("init");
    }

        protected void doGet(HttpServletRequest request, HttpServletResponse response) throws
ServletException, IOException {
                String encoding=this.getInitParameter("encoding");
                request.setCharacterEncoding(encoding);
                response.setCharacterEncoding(encoding);
                PrintWriter out=response.getWriter();
                out.print(encoding);
        }

        protected void doPost(HttpServletRequest request, HttpServletResponse response) throws
ServletException, IOException {
                doGet(request, response);
        }
}
```

第二步：编写 web.xml，配置 Servlet 信息。

```
<?xml version="1.0" encoding="UTF-8"?>
<!-- 省略<web-app>标签中部分属性 -->
<web-app>
<display-name>initparam</display-name>
<welcome-file-list>
<welcome-file>index.html</welcome-file>
<welcome-file>index.htm</welcome-file>
<welcome-file>index.jsp</welcome-file>
<welcome-file>default.html</welcome-file>
<welcome-file>default.htm</welcome-file>
<welcome-file>default.jsp</welcome-file>
</welcome-file-list>
<servlet>
<servlet-name>initParam</servlet-name>
```

```
<servlet-class>com.example.servlet.InitParamServlet</servlet-class>
<init-param>
<param-name>encoding</param-name>
<param-value>UTF-8</param-value>
</init-param>
<load-on-startup>1</load-on-startup>
</servlet>
<servlet-mapping>
<servlet-name>initParam</servlet-name>
<url-pattern>/initParam</url-pattern>
</servlet-mapping>
</web-app>
```

第三步：运行测试。

启动服务器，输入访问路径 http://localhost:8080/initparam/initParam 进行测试。运行结果如图 2-40 所示。

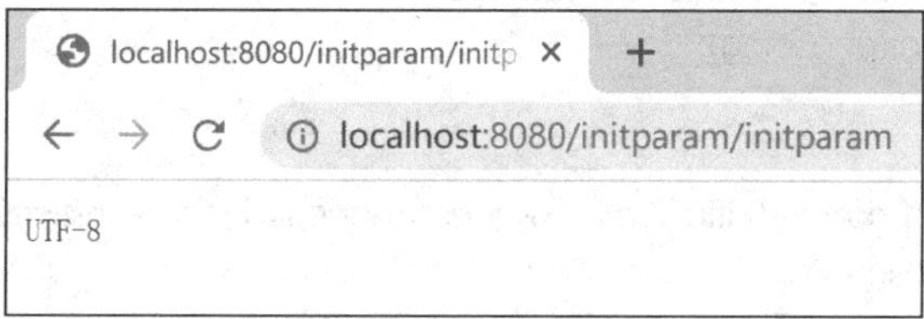

图 2-40　运行结果

（2）使用注解方式实现

使用注解方式只需创建 Servlet 类，不需要在 web.xml 文件中为 Servlet 提供配置信息。

第一步：创建 Servlet 类（ParamServlet）。

```
package com.example.servlet;

import java.io.IOException;
import java.io.PrintWriter;
import javax.servlet.ServletException;
import javax.servlet.annotation.WebInitParam;
import javax.servlet.annotation.WebServlet;
import javax.servlet.http.HttpServlet;
import javax.servlet.http.HttpServletRequest;
import javax.servlet.http.HttpServletResponse;

@WebServlet(
        name="ParamServlet",
        urlPatterns = { "/init" },
        loadOnStartup = 1,
        initParams = {
                @WebInitParam(name = "encoding", value = "UTF-8"),
                @WebInitParam(name = "author", value = "Jason")
        })
```

```
public class ParamServlet extends HttpServlet {
        private static final long serialVersionUID = 1L;
    public ParamServlet() {
        super();
    }

        public void init() throws ServletException {
                super.init();
                System.out.println("init");
        }

        protected void doGet(HttpServletRequest request, HttpServletResponse response) throws
ServletException, IOException {
                String encoding=this.getInitParameter("encoding");
                request.setCharacterEncoding(encoding);
                response.setCharacterEncoding(encoding);
                PrintWriter out=response.getWriter();
                out.print(encoding);
        }

        protected void doPost(HttpServletRequest request, HttpServletResponse response) throws
ServletException, IOException {
                doGet(request, response);
        }
}
```

第二步：运行测试。

启动服务器，输入访问路径 http://localhost:8080/initparam 进行测试，运行结果与使用 XML 方式是相同的，如图 2-40 所示。

【梳理回顾】

本节对 Servlet 的概念、生命周期、编写和配置等知识进行了详细的介绍，其中 Servlet 的编写和配置是重点，可以通过应用案例对开发 Servlet 加深理解。

2.3 Servlet 请求数据获取

当通过浏览器访问网站时，浏览器会向 Web 服务器发送特定信息，这些信息不能被直接读取，因为这些信息是作为 HTTP 请求头的一部分进行传输的，而 Servlet 可以获取用户的请求数据并做出响应，从而使浏览器和服务器可以更好地进行数据交互。接下来，本节将针对 Servlet 获取数据进行详细的讲解。

【提出问题】

相信大家都有访问网站的经历，在浏览页面时不仅可以看到网站展示的信息，有些时候网站还要求我们提交一些数据。例如，访问购物网站时，在登录页面输入账号信息、将喜欢的商品添加到购物车等，那么这些操作产生的数据信息是如何传递给服务器的？

【知识储备】

2.3.1 请求数据获取

在 Servlet API 中，定义了 HttpServletRequest 接口，它继承自 ServletRequest 接口，专门用来封装 HTTP 请求的信息。由于 HTTP 请求报文分为请求行、请求头和请求体三部分，HttpServletRequest 接口相应地定义了一系列获取这三部分信息的方法。

1. 获取请求行信息

HttpServletRequest 接口可以获取 HTTP 请求中的请求方法、请求资源名、请求路径等信息，具体方法如表 2-6 所示。

表 2-6 HttpServletRequest 获取请求行的常用方法

方法声明	功能描述
String getMethod()	获取 HTTP 请求所使用的方式
String getRequestURI()	获取请求的 URI
String getQueryString()	获取请求的查询字符串
String getProtocol()	获取协议名称和版本信息

下面通过实例演示获取请求行信息的方法，代码如下。

```
package com.example.servlet.req;
import java.io.IOException;
import java.io.PrintWriter;
import javax.servlet.ServletException;
import javax.servlet.annotation.WebServlet;
import javax.servlet.http.HttpServlet;
import javax.servlet.http.HttpServletRequest;
import javax.servlet.http.HttpServletResponse;
@WebServlet("/line")
public class LineServlet extends HttpServlet {
    private static final long serialVersionUID = 1L;
    public LineServlet() {
        super();
        }
    protected void doGet(HttpServletRequest request, HttpServletResponse response) throws
ServletException, IOException {
        PrintWriter out= response.getWriter();
        //获取 HTTP 请求所使用的方式
        String method = request.getMethod();
        //获取请求的 URI
        String uri = request.getRequestURI();
        String url = request.getRequestURL().toString();
        //获取协议名称和版本信息
        String protocol=request.getProtocol();
        out.println("method:"+method+"<br>");
```

```
            out.println("uri:"+uri+"<br>");
            out.println("url:"+url+"<br>");
            out.println("protocol:"+protocal+"<br>");
        }
        protected void doPost(HttpServletRequest request, HttpServletResponse response) throws ServletException, IOException {
            doGet(request, response);
        }
    }
```

运行结果如图 2-41 所示。

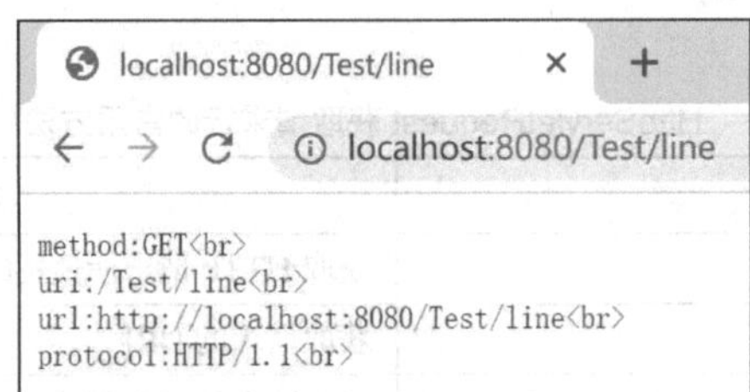

图 2-41　运行结果

2. 获取请求头信息

HttpServletRequest 接口可以获取 HTTP 请求中的字符集编码、浏览器版本等信息，具体方法如表 2-7 所示。

表 2-7　HttpServletRequest 获取请求头的常用方法

方法声明	功能描述
String getHeader(String headerName)	获取指定的头部信息，返回字符串类型
Date getDateHeader(String headerName)	获取指定的头部信息，返回日期类型
int getIntHeader (String headerName)	获取指定的头部信息，返回整数类型
Enumeration<string> getHeaders (String headerName)	获取指定的头部信息，返回字符串数组类型
Date[ ] getDateHeaders (String headerName)	获取指定的头部信息，返回日期数组类型
int[ ] getIntHeaders (String headerName)	获取指定的头部信息，返回整数数组类型
Enumeration getHeaderNames()	获取客户端传递过来的所有头部的名称

下面通过实例演示获取请求头信息的方法，代码如下。

```
package com.example.servlet.req;
import java.io.IOException;
import java.io.PrintWriter;
import javax.servlet.ServletException;
import javax.servlet.annotation.WebServlet;
import javax.servlet.http.HttpServlet;
import javax.servlet.http.HttpServletRequest;
import javax.servlet.http.HttpServletResponse;
@WebServlet("/header")
```

```
public class HeaderServlet extends HttpServlet {
    private static final long serialVersionUID = 1L;
    public HeaderServlet() {
        super();
    }
    protected void doGet(HttpServletRequest request, HttpServletResponse response) throws
ServletException, IOException {
        PrintWriter out = response.getWriter();
        //请求报文头域，用于指定客户端可接受哪些类型的信息
        String accept = request.getHeader("Accept");
        //指定客户端可接受的语言类型
        String language = request.getHeader("Accept-Language");
        //服务器识别客户使用的操作系统及版本、浏览器及版本等信息
        String agent = request.getHeader("User-Agent");
        out.print("accept:"+accept+"<br><br>");
        out.print("language:"+language+"<br><br>");
        out.print("user-agent:"+agent+"<br><br>");
    }
    protected void doPost(HttpServletRequest request, HttpServletResponse response) throws
ServletException, IOException {
        doGet(request, response);
    }
}
```

运行结果如图 2-42 所示。

```
localhost:8080/requestmess/h  ×   +
←  →  C   ⓘ localhost:8080/requestmess/header

accept:image/gif, image/jpeg, image/pjpeg, application/x-ms-application, application/xaml+xml, application/x-ms-xbap, */*

language:zh-Hans-CN,zh-Hans;q=0.5

user-agent:Mozilla/5.0 (Windows NT 6.2; Win64; x64; Trident/7.0; rv:11.0) like Gecko
```

图 2-42　运行结果

3. 获取请求体信息

HttpServletRequest 接口可以获取 HTTP 请求中提交的参数、上传的文件等信息，由于请求体的数据量较大，因此定义了两种采用 IO 流方式读取数据的方法。

- BufferedReader getReader()：获取字符输入流，只能操作字符数据。
- ServletInputStream getInputStream()：获取字节输入流，可以操作所有类型的数据。下面通过实例演示获取请求体数据的方法，代码如下。

（1）创建表单（Body.html）

```
<html>
<head>
<meta charset="UTF-8">
<title>Insert title here</title>
```

```
</head>
<body>
    <form action="body" method="post">
        用户名<input type="text" name="user"> <br>
        密码<input type="password" name="pwd"/><br>
        <input type="submit" value="提交"/>
    </form>
</body>
</html>
```

运行结果如图 2-43 所示。

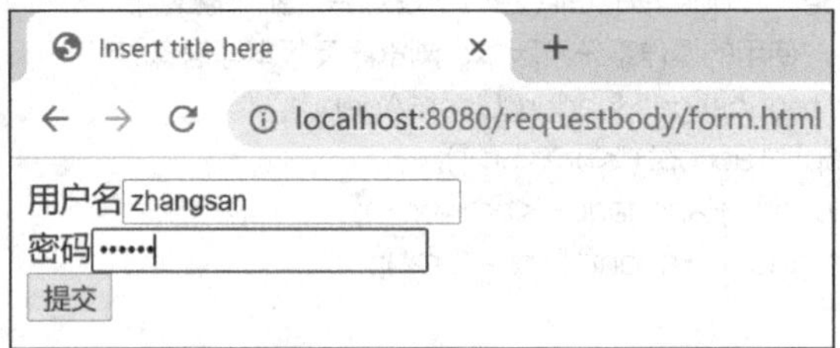

图 2-43 运行结果

（2）创建 Servlet(BodyServlet.java)

```
package com.example.servlet.req;
import java.io.BufferedReader;
import java.io.IOException;
import java.io.PrintWriter;
import javax.servlet.ServletException;
import javax.servlet.annotation.WebServlet;
import javax.servlet.http.HttpServlet;
import javax.servlet.http.HttpServletRequest;
import javax.servlet.http.HttpServletResponse;
@WebServlet("/body")
public class BodyServlet extends HttpServlet {
    private static final long serialVersionUID = 1L;
    public BodyServlet() {
        super();
    }
    protected void doGet(HttpServletRequest request, HttpServletResponse response) throws
ServletException, IOException {
        PrintWriter out=response.getWriter();
        BufferedReader br=new BufferedReader(request.getReader());
        String line=null;
        while((line=br.readLine())!=null) {
            out.print(line);
        }
        br.close();
    }
    protected void doPost(HttpServletRequest request, HttpServletResponse response) throws
```

```
ServletException, IOException {
            doGet(request, response);
        }
}
```

运行结果如图 2-44 所示。

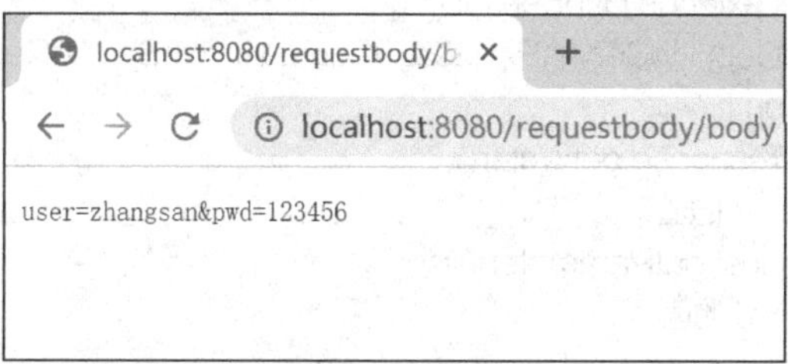

图 2-44　运行结果

2.3.2　Form 表单数据获取

通过 Form 表单，我们可以向 Web 应用发送参数，它的语法格式如下。

```
<form action=" " method="get/post">
...
</form>
```

- action：表单数据要发送的 Web 应用的地址。
- method：发送数据时所使用的 HTTP 提交方法（Get 或 Post）。

在项目开发中，经常需要获取用户提交的某一项或者几项表单数据，通过 HttpServlet Request 接口可以直接获取指定的请求参数，HttpServletRequest 的常用方法如表 2-8 所示。

表 2-8　HttpServletRequest 的常用方法

方法声明	功能描述
void setCharacterEncoding(“code”)	设置请求编码格式
String getParameter(String name)	获取指定的用户参数，以字符串方式返回
String[ ] getParameterValues(String name)	获取指定的用户数据，以字符串数组返回
Enumeration getParameterNames()	获取客户端传递过来的用户数据的参数名称，返回值为枚举类型
Map getParameterMap()	获取客户端传递的用户数据，返回值为 Map 类型

表 2-8 列出了 HttpServletRequest 获取请求参数的一系列方法，常用的是以下两个方法。

- getParameter()方法：用于获取某个指定的参数，例如表单中的单选按钮元素的值。
- getParameterValues()方法：用于获取多个同名的参数，例如表单中复选框元素的值。

下面这段代码描述了一个简单的用户登录表单，这个表单包含用户名和密码的输入，采用的是 Post 提交方式。

```
<form action="form" method="post">
    <p>用户名:<input type="text" name="user" id="" /></p>
    <p>密码:<input type="password" name="pwd" id=""></p>
```

```
    <p><input type="submit" value="提交"></p>
</form>
```

针对这个表单，若想获取用户名和密码两个参数，可以在 doGet()方法中调用 getParameter()方法来实现，再通过 doPost()方法调用 doGet()方法即可，代码如下。

```
public class FormServlet extends HttpServlet {
    protected void doGet(HttpServletRequest request, HttpServletResponse response) throws
ServletException, IOException {
        PrintWriter out=response.getWriter();
        //获取参数名为 user 的值
        String user=request.getParameter("user");
        //获取参数名为 pwd 的值
        String password=request.getParameter("pwd");
        out.println("用户名："+user);
        out.println("密码："+password);
    }
    protected void doPost(HttpServletRequest request, HttpServletResponse response) throws
ServletException, IOException {
        doGet(request, response);
        }
}
```

注意

如果 Form 表单输入框中出现中文，原因可能是在获取时出现乱码。乱码产生的主要原因是数据在传递过程中编码格式不完全一致。

遇到以 Post 方式提交中文时出现的乱码情况，通常只需要在获取用户请求的数据之前添加如下语句。

```
request.setCharacterEncoding("UTF-8");
```

此条语句将请求对象的编码设置为“UTF-8”格式，我们也要将响应对象设置成相同的字符集（应该保证请求对象和响应对象的字符集相同），下面是设置响应对象的字符集语句。

```
response.setCharacterEncoding("UTF-8");
```

页面的编码也需要设置成“UTF-8”格式。

```
<%@ page language="java" contentType="text/html; charset=UTF-8"
    pageEncoding="UTF-8"%>
<meta charset ="UTF-8">
```

一般情况下，为了确保设置请求对象字符编码的语句绝对有效，需要将这条语句放在 Servlet 的处理业务请求方法中的第一句，这样通过请求对象获取的参数编码就是“UTF-8”了，代码如下。

```
    protected void doPost(HttpServletRequest request, HttpServletResponse response) throws ServletException,
IOException {
            request.setCharacterEncoding("UTF-8")
            response.setCharacterEncoding("text/html","UTF-8")
    }
```

【应用案例】Form 表单数据获取

本案例将通过 Servlet 获取数据技术来实现用户注册信息的提取。

任务目标

（1）获取表单各元素数据。

（2）向页面输出获取到的表单数据。

注册页面与获取表单数据效果如图 2-45 和图 2-46 所示。

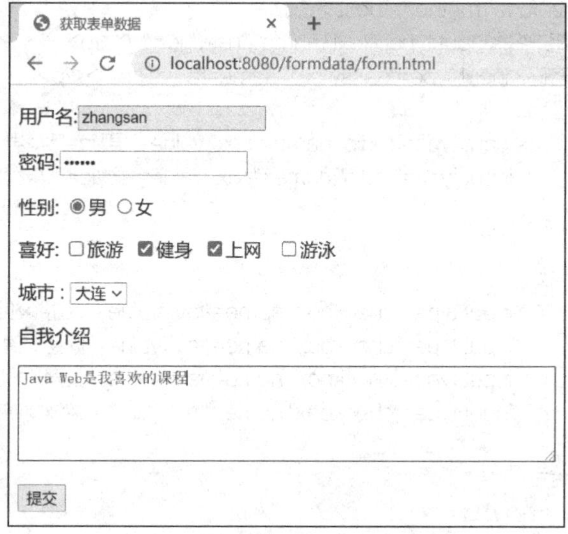

图 2-45　注册页面

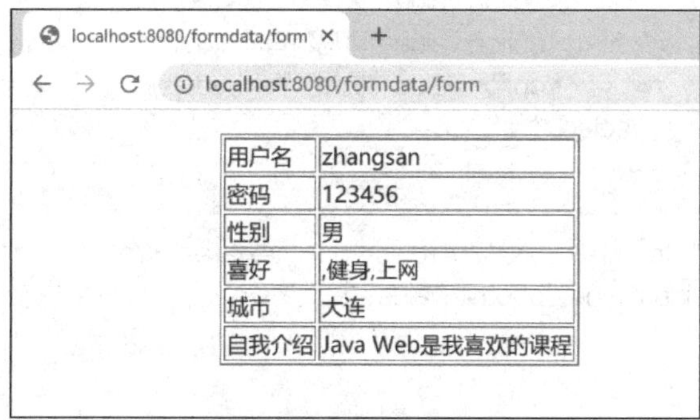

用户名	zhangsan
密码	123456
性别	男
喜好	,健身,上网
城市	大连
自我介绍	Java Web是我喜欢的课程

图 2-46　获取表单数据效果

实现步骤

第一步：创建注册页面（form.html）。

form.html 代码片段如下。

```
<html>
<head>
<meta charset="UTF-8">
        <title>获取表单数据</title>
        <style>
        table,tr,td,th{
                border: 1px solid;
                border-collapse: collapse
        }
        </style>
</head>

<body>
        <form action="form" method="post">
                <p>用户名:<input type="text" name="user" id="" /></p>
                <p>密码:<input type="password" name="pwd" id=""></p>
                <p>性别:
                        <input type="radio" name="sex" value="男" id="" />男
                        <input type="radio" name="sex" value="女" id="" />女
                </p>
                <p>
                <p>喜好:
                        <input type="checkbox" name="fav" value="旅游">旅游 
                        <input type="checkbox" name="fav" value="健身">健身 
                        <input type="checkbox" name="fav" value="上网 ">上网  
                        <input type="checkbox" name="fav" value="游泳">游泳 
                </p>
                <p>城市 :
        <select name="city" id="">
                                <option value="沈阳">沈阳</option>
                                <option value="大连">大连</option>
                                <option value="青岛">青岛</option>
                                <option value="杭州">杭州</option>
                        </select>
                </p>
<p>自我介绍</p>
<p><textarea name="intro" id="" cols="70" rows="5"></textarea></p>
                <p><input type="submit" value="提交"></p>
        </form>
</body>
</html>
```

第二步：获取表单数据（FormServlet）。

```
package com.example.servlet.req;
import java.io.IOException;
```

```
import java.io.PrintWriter;
import javax.servlet.ServletException;
import javax.servlet.annotation.WebServlet;
import javax.servlet.http.HttpServlet;
import javax.servlet.http.HttpServletRequest;
import javax.servlet.http.HttpServletResponse;

@WebServlet("/form")
public class FormServlet extends HttpServlet {
    private static final long serialVersionUID = 1L;
    public FormServlet() {
        super();
    }
    protected void doGet(HttpServletRequest request, HttpServletResponse response) throws
ServletException, IOException {
        response.setContentType("text/html;charset=utf-8");
        PrintWriter out=response.getWriter();
        request.setCharacterEncoding("utf-8");
        String user=request.getParameter("user");
        String password=request.getParameter("pwd");
        String sex=request.getParameter("sex");
        String[ ] favs=request.getParameterValues("fav");
        String[ ] city=request.getParameterValues("city");
        String intro=request.getParameter("intro");
        out.println("<html>");
        out.println("<head>");
        out.println("<title></title>");
        out.println("</head>");
        out.println("<body>");
        out.println("<table border='1' align='center'>");
        out.println("<tr><td>用户名</td><td>"+user+"</td></tr>");
        out.println("<tr><td>密码</td><td>"+password+"</td></tr>");
        out.println("<tr><td>性别</td><td>"+sex+"</td></tr>");
        if(favs!=null) {
          String selected="";
          for(int i=0;i<favs.length;i++) {
              selected=selected+"," +favs[i];
          }
          out.println("<tr><td>喜好</td><td>"+selected+"</td></tr>");
        }
        if(city!=null) {
          String cities_label="";
          for(int i=0;i<city.length;i++) {
              cities_label=cities_label+city[i];
          }
          out.println("<tr><td>城市</td><td>"+cities_label+"</td></tr>");
        }
        out.println("<tr><td>自我介绍</td><td>"+intro+"</td></tr>");
```

```
            out.println("</table>");
            out.println("</body>");
            out.println("</html>");
        }
        protected void doPost(HttpServletRequest request, HttpServletResponse response) throws
ServletException, IOException {
            doGet(request, response);
        }
    }
```

2.3.3 文件上传

Servlet 3.0 支持文件上传功能，结合基于@MultipartConfig 注解的配置，简化了上传文件的操作。

1. Part 接口

HttpServletRequst 接口定义了两个方法用来从请求中解析出上传的文件，具体如表 2-9 所示。

表 2-9　　HttpServletRequst 用于解析文件的方法

方法声明	功能描述
Part getPart（String name）	获取请求中给定名称的文件
Colilection<Part> getParts()	获取所有的文件，每一个文件用一个 Part 对象来表示

需要注意的是，这两个方法可以解析的文件有如下设置要求。

- 表单的提交方法必须是 Post。
- 必须使用文件上传的标签，如<input type="file" name="file"/>。
- 必须设置表单的属性：enctype = "multipart/form-data"，其中 enctype 是 encodetype 编码类型，multipart/form-data 指表单数据由多个部分构成，既有文本数据，又有文件等，以二进制流的方式处理表单数据。

表 2-9 中的两个方法返回的是 Part 类型的数据，Part 接口的主要方法如表 2-10 所示。

表 2-10　　Part 接口的主要方法

方法声明	功能描述
void delete()	删除上传文件对应的存储，包括删除关联的临时文件
String getContentType()	获取本表单项的文档类型
long getsize()	返回上传文件的大小
String getSubmittedFileName()	返回客户端指定的文件名
void write(Stnng fileName)	将上传的文件输出到指定的位置

2. @MultipartConfig 注解

Servlet 进行文件上传时可以使用@MultipartConfig 注解辅助，该注解包含 4 个属性，如表 2-11 所示。

表 2-11　@MultipartConfig 注解的属性

注解属性	功能描述
fileSizeThreshold	当数据量大于该值时内容将被写入文件
location	存放生成文件的地址
maxFileSize	表示允许上传文件的最大值。默认为-1，表示没有限制
maxRequestSize	表示针对该 multipart/form-data 请求的最大数量（一次请求允许上传的文件数量）默认为-1，表示没有限制

当上传一个文件时，只需要设置 maxFileSize 属性即可。当上传多个文件时，一般还会设置 maxRequestSize 属性，以设定一次上传数据的最大量。上传过程中无论是单个文件超过 maxFileSize 值，还是总的上传数据量大于 maxRequestSize 值，都会抛出 IllegalStateException 异常。

下面的实例实现了文件的上传，代码如下。

（1）创建表单（upload.html）

```
<html>
<head>
        <title>title</title>
        <meta charset="UTF-8">
</head>
<body>
        <form action="upload" method="post" enctype="multipart/form-data">
                <table>
                        <tr>
                                <td>用户名</td>
                                <td><input type="text" name="username" id=""></td>
                        </tr>
                        <tr>
                                <td>头像</td>
                                <td><input type="file" name="photo" accept="image/*" id=""></td>
                        </tr>
                        <tr>
                                <td colspan="2">
                                        <input type="submit" value="提交">
                                </td>
                        </tr>
                </table>
        </form>
</body>
</html>
```

运行结果如图 2-47 所示。

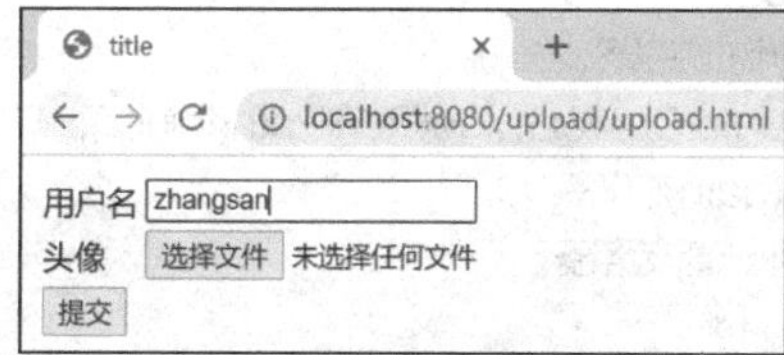

图 2-47　运行结果

（2）上传图片（UploadSerlvet.java）

```
package com.example.servlet.req;
import java.io.File;
import java.io.IOException;
import java.io.PrintWriter;
import java.util.UUID;
import javax.servlet.ServletException;
import javax.servlet.annotation.MultipartConfig;
import javax.servlet.annotation.WebServlet;
import javax.servlet.http.HttpServlet;
import javax.servlet.http.HttpServletRequest;
import javax.servlet.http.HttpServletResponse;
import javax.servlet.http.Part;

@WebServlet("/upload")
@MultipartConfig(maxFileSize = 5000000)
public class UploadServlet extends HttpServlet {
    private static final long serialVersionUID = 1L;
    public UploadServlet() {
        super();
    }
    protected void doGet(HttpServletRequest request, HttpServletResponse response) throws
ServletException, IOException {
        doPost(request, response);
    }
    protected void doPost(HttpServletRequest request, HttpServletResponse response) throws
ServletException, IOException {
        request.setCharacterEncoding("utf-8");
        response.setCharacterEncoding("utf-8");
        //获取表单中的用户名
        String username=request.getParameter("username");
        //获取请求中给定名称的文件
        Part photo=request.getPart("photo");
        //获取上传文件的原始文件名
        String oldName=photo.getSubmittedFileName();
        //获得文件名后缀
        String suffix=oldName.substring(oldName.lastIndexOf("."));
        //为避免服务器中的文件名重复，用 UUID 生成随机的字符串构建新的文件名
        String savedName=UUID.randomUUID().toString()+suffix;
        //指定文件的保存路径
        String folder="/uploads";
        //获取文件在服务器中的物理路径
        String path=this.getServletContext().getRealPath(folder);
        File pathFile=new File(path);
        //如果该路径不存在，则创建该路径
        if(!pathFile.exists())
        pathFile.mkdir();
```

```
        //最终文件在服务器中的保存路径
        String fullPath=path+"/"+savedName;
        System.out.println(fullPath);
        photo.write(fullPath);
        response.setContentType("text/html;charset=utf-8");
        //获得输出字符流
        PrintWriter out=response.getWriter();
        out.println("<html>");
        out.println("<head>");
        out.println("<meta charset='utf-8'>");
        out.println("<title>上传图片</title>");
        out.println("</head>");
        out.println("<body>");
        out.print("用户名为:"+username);
        out.println("<hr>");
        out.println("<img src='."+folder+"/"+savedName+"'/>");
        out.println("</body>");
        out.println("</html>");
    }
}
```

运行结果如图 2-48 所示。

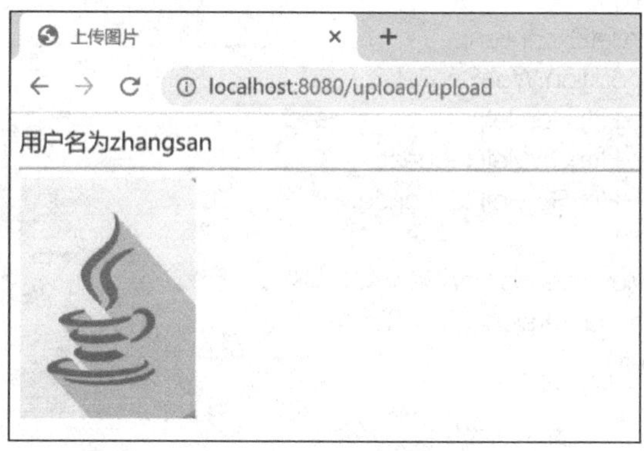

图 2-48　运行结果

【梳理回顾】

本节主要介绍了使用 HttpServletRequest 对象来获取客户端数据的方法。通过学习本节，读者可以掌握使用 HttpServletRequest 获取 HTTP 请求的请求行、请求头、请求体信息的方法，可以熟练使用 Servlet 获取 Form 表单数据。

2.4 Servlet 响应

客户端发送一个请求，服务器执行一系列操作后将发送一个响应给客户端，Servlet 响应指的是向客户端返回响应状态码、响应消息头、响应消息体的一系列方法。

【提出问题】

我们访问网站时基本上都会返回请求的页面，当然偶尔也会返回出错误页面。总之在访问一个有效的网站时，服务器总是会做出响应的。那么，服务器是如何做出响应的?

【知识储备】

客户端向服务器发出 HTTP 请求后，服务器会创建一个 HttpServletRequest 对象和一个 HttpServletResponse 对象。HttpServletResponse 对象代表服务器的响应，对象中封装了向客户端发送数据、设置响应头、发送响应状态码等方法。

2.4.1 设置状态码

HttpServletResponse 可以在响应消息中设置状态码、生成响应状态行，具体方法如表 2-12 所示。

表 2-12　　HttpServletResponse 设置状态码的方法

方法声明	功能描述
void setStatus(int sc)	设置状态码并生成响应状态行
void sendError(int sc)	发送表示错误信息的状态码

下面通过实例演示将状态码 404 发送给客户端，代码如下。

```
package com.example.servlet.resp;
import java.io.IOException;
import javax.servlet.ServletException;
import javax.servlet.annotation.WebServlet;
import javax.servlet.http.HttpServlet;
import javax.servlet.http.HttpServletRequest;
import javax.servlet.http.HttpServletResponse;
@WebServlet("/status")
public class StatusServlet extends HttpServlet {
private static final long serialVersionUID = 1L;
    public StatusServlet() {
        super();
    }
    protected void doGet(HttpServletRequest request, HttpServletResponse response) throws
ServletException, IOException {
        response.sendError(404,"请求资源不存在");
        System.out.println("received");
    }
    protected void doPost(HttpServletRequest request, HttpServletResponse response) throws
ServletException, IOException {
        doGet(request, response);
    }
}
```

运行结果如图 2-49 所示。

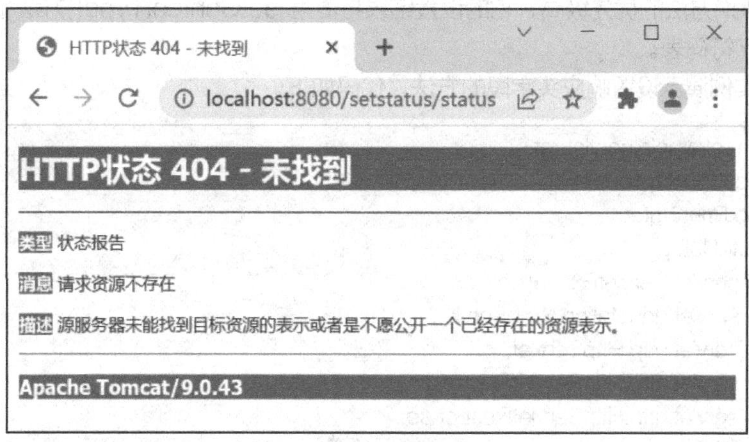

图 2-49 运行结果

2.4.2 设置响应头

HttpServletResponse 接口可以设置响应头中的字段信息，如响应体内容的长度、响应体的字符编码等，具体方法如表 2-13 所示。

表 2-13 HttpServletResponse 设置响应头的方法

方法声明	功能描述
void setHeader(String name,String value) void setIntHeader(String name,int value) void setDateHeader(String name,Date value)	设置响应头字段。其中，参数 name 为响应头的名称，参数 value 为响应头的值
void addHeader(String name,String value) void addIntHeader(String name,int value) void addDateHeader(String name,Date value)	添加响应头字段。其中，参数 name 为响应头的名称，参数 value 为响应头的值
void setContentType(String type)	设置响应体内容的类型。例如，如果为 jpeg 格式的图像数据，则设置为 image/jpeg；如果为文本，则可以同时设置字符编码，如 text/html;charset=UTF-8
void setContentLength(int length)	设置响应体内容的长度
void setCharacterEncoding(String charset)	设置响应体内容的字符编码

下面对常用方法进行详细说明。

（1）setContentType() 方法

该方法用于设置 Servlet 输出内容的 MIME（多用途互联网邮件扩展类型），对于 HTTP 来说，是设置 Content-Type 响应头字段的值。例如，如果发送到客户端的内容是 jpeg 格式的图像数据，就需要将响应头字段的类型设置为“image/jpeg”。需要注意的是，如果响应的内容为文本，setContentType()方法还可以设置字符编码，如 text/html;charset=UTF-8。

（2）setCharacterEncoding()方法

该方法用于设置输出内容使用的字符编码，对 HTTP 来说，是设置 Content-Type 头字段中的字符集编码部分。如果没有设置 Content-Type 头字段，setCharacterEncoding()方法设置的字符集编码不会出现在 HTTP 消息的响应头中。setCharacterEncoding()方法比 setContentType()方法和 setLocale()方法的优先级高，它的设置结果将覆盖 setContentType()方法和 setLocale()方法所设置的字符码表。

下面通过实例演示设置响应头字段的方法，代码如下。

```
package com.example.servlet.resp;
import java.io.IOException;
import java.io.PrintWriter;
import java.util.Date;
import javax.servlet.ServletException;
import javax.servlet.annotation.WebServlet;
import javax.servlet.http.HttpServlet;
import javax.servlet.http.HttpServletRequest;
import javax.servlet.http.HttpServletResponse;
@WebServlet("/respheader")
public class RespHeaderServlet extends HttpServlet {
    private static final long serialVersionUID = 1L;
    public RespHeaderServlet() {
        super();
    }
    protected void doGet(HttpServletRequest request, HttpServletResponse response) throws
ServletException, IOException {
        response.setContentType("text/html");
        response.setCharacterEncoding("UTF-8");
        response.setIntHeader("refresh", 5);
        Date now=new Date();
        PrintWriter out=response.getWriter();
        out.print(now);
    }
    protected void doPost(HttpServletRequest request, HttpServletResponse response) throws
ServletException, IOException {
        doGet(request, response);
    }
}
```

运行结果如图 2-50 所示。

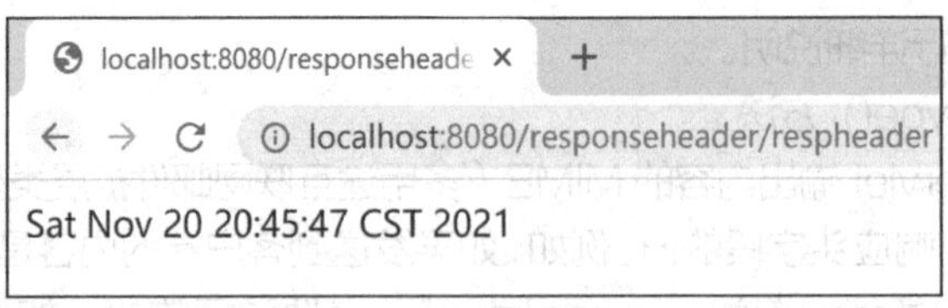

图 2-50　运行结果

2.4.3　输出响应体

Servlet 通过 IO 流实现向客户端输出响应体，HttpServletResponse 接口提供了两个相关方法，如表 2-14 所示。

表 2-14　　HttpServletResponse 获取输出流的方法

方法声明	功能描述
PrintWriter getWriter()	获取响应体的字符输出流
ServletOutputStream getOutputStream()	获取响应体的字节输出流

1. 直接输出网页

getWriter()方法可以输出内容全为字符文本的网页文档，代码如下。

```
protected void doPost(HttpServletRequest request, HttpServletResponse response) throws
ServletException, IOException {
        PrintWriter out = response.getWriter();
        out.println("<body><h1>");
        out.println("welcome to Servlet");
        out.println("</h1></body>");
    }
```

运行结果如图 2-51 所示。

2. 输出缓存管理

图 2-51　运行效果

getOutputStream()方法可以输出二进制格式的响应正文，常用于输出文件。通常情况下，服务器要输出到客户端的内容不会直接写到客户端，而是先写到一个输出缓冲区。

HttpServletResponse 接口提供了对缓冲区进行配置的方法，如表 2-15 所示。

表 2-15　　HttpServletResponse 接口配置缓冲区的常用方法

方法声明	功能描述
void flushBuffer()	强制将缓冲区的内容输出到客户端
int getBufferSize()	获取响应所使用的缓冲区的实际大小，单位是字节。如果没有使用缓冲区，则返回 0
void setBufferSize(int size)	设置缓冲区的大小
void reset()	清除缓冲区的内容，同时清除状态码和响应头

例如，输出一张图片的代码如下。

```
protected void doGet(HttpServletRequest request, HttpServletResponse response) throws ServletException,
IOException {
        response.setContentType("image/jpeg");
        OutputStream out=response.getOutputStream();
        BufferedOutputStream bos=new BufferedOutputStream(out);
        String path=this.getServletContext().getRealPath("/WEB-INF/images/image.jpg");
        BufferedInputStream bis=new BufferedInputStream(new FileInputStream(path));
        byte[ ] buffer=new byte[1024];
        int length=0;
```

```
        while((length=bis.read(buffer))!=-1){
        bos.write(buffer,0,length);
        }
        bis.close();
        response.flushBuffer();
    }
```

运行结果如图 2-52 所示。

图 2-52 运行结果

【应用案例】图片下载

本案例使用 HttpServletResponse 接口来实现图片的下载。

任务目标

设置响应头信息、响应体信息，使用 IO 流输出响应体。

任务要求

下载指定图片。

实现步骤

第一步：创建下载页面。

```
<body>
    <a href="download.do?file=zhonghui.jpg"><img src="images/zhonghui.jpg">下载</a>
</body>
```

第二步：编写 Servlet，重写 doGet()方法。

```
@WebServlet("/download.do")
public class DownloadServlet extends HttpServlet {
```

```
        private static final long serialVersionUID = 1L;
        // 使用 Servlet 实现文件下载功能
        protected void doGet(HttpServletRequest request, HttpServletResponse response) throws
ServletException, IOException {
        }
    }
```

第三步：创建文件流。

```
    @WebServlet("/download.do")
    public class DownloadServlet extends HttpServlet {
        private static final long serialVersionUID = 1L;
        protected void doGet(HttpServletRequest request, HttpServletResponse response) throws
ServletException, IOException {
            String fileName = request.getParameter("file");
            OutputStream out = null;
            FileInputStream fis = null;
            // 获取资源文件的路径，当文件名是中文的时候可能出现乱码，所以需要进行 URL 编码
            String path = this.getServletContext().getRealPath("/images/" + URLEncoder.encode
(fileName, "UTF-8"));
            try {
                // 根据获取到的路径，构建文件流对象
                fis = new FileInputStream(path);
                out = response.getOutputStream();
        }
    }
```

第四步：设置响应信息。

```
    @WebServlet("/download.do")
    public class DownloadServlet extends HttpServlet {
        private static final long serialVersionUID = 1L;
        /**
         * 使用 Servlet 实现文件下载功能
         */
        protected void doGet(HttpServletRequest request, HttpServletResponse response) throws
ServletException, IOException {
            String fileName = request.getParameter("file");
            OutputStream out = null;
            FileInputStream fis = null;
            // 获取资源文件的路径，当文件名是中文的时候可能出现乱码，所以需要进行 URL 编码
            String path = this.getServletContext().getRealPath("/images/" + URLEncoder.encode
(fileName, "UTF-8"));
            try {
    // 根据获取到的路径，构建文件流对象
    fis = new FileInputStream(path);
    out = response.getOutputStream();
    // 对浏览器进行设置，使其不进行缓存，否则会发现在 opera 和 firefox 中下载功能一切正常，但在 IE 中找不
```

```
到文件
    response.setHeader("Pragma", "No-cache");
    response.setHeader("Cache-Control", "No-cache");
    response.setDateHeader("Expires", -1);
    // 设置 ContentType 字段
    response.setContentType("image/jpeg");
    // 设置 HTTP 响应头，告知浏览器通过下载的方式处理响应信息
    response.setHeader("content-disposition", "attachment;filename=" + fileName);
            }
    }
    }
```

第五步：写文件。

```
    @WebServlet("/download.do")
    public class DownloadServlet extends HttpServlet {
        private static final long serialVersionUID = 1L;
        protected void doGet(HttpServletRequest request, HttpServletResponse response) throws
ServletException, IOException {
            String fileName = request.getParameter("file");
            OutputStream out = null;
            FileInputStream fis = null;
            // 获取资源文件的路径，当文件名是中文的时候可能出现乱码，所以需要进行 URL 编码
            String path = this.getServletContext().getRealPath("/images/" + URLEncoder.encode
(fileName, "UTF-8"));
            try {
                // 根据获取到的路径，构建文件流对象
                fis = new FileInputStream(path);
                out = response.getOutputStream();
                // 开始写文件
                byte[ ] buf = new byte[1024];
                int len = 0;
                while ((len = fis.read(buf)) != -1) {
                    out.write(buf, 0, len);
                }
            } finally {
                if (fis != null) {
                    fis.close();
                }
            }
        }
    }
```

第六步：运行。

启动服务器，输入访问路径进行测试，运行效果如图 2-53 所示。

图 2-53　图片下载页面

【梳理回顾】

本节讲解了在 Servlet 程序中实现对客户端的响应方法。重点介绍了 HttpServletResponse 接口提供的发送状态码、响应消息头、响应消息体的常用方法。

2.5 Servlet 会话管理

会话在我们的生活中处处存在，比如，生活中你和好朋友聊天，一般都是一问一答，你问他答，他问你答。这样的对话过程就可以称为一次会话。

【提出问题】

有这样一个场景，用户 A 想在一个购物网站购买一款商品，那么他可以先将该商品暂存到购物车中，然后继续浏览网站。接下来无论用户 A 何时添加新的商品到购物车，都应该放在他自己的购物车中，而不会放入用户 B 或者用户 C 的购物车中。那么，在将商品加入购物车时，服务器该如何辨别是哪个用户进行的购物操作，又该如何将商品添加到相应用户的购物车中呢？

【知识储备】

2.5.1 会话管理概述

浏览器开始访问网站到访问结束，其间产生的多次请求响应组合在一起叫作一次会话。会话过程中会产生会话相关的数据，我们需要将这些数据保存起来，保存数据的技术主要有两种：Cookie（客户端技术）和 Session（服务器技术）。两种技术在后面将分别介绍。

2.5.2 会话管理的原理

1. 会话 ID

会话 ID（Session ID）是会话的唯一标识符，就像人的身份证号码一样，一个会话对应一个会话 ID。因为在 HTTP 中服务器是被动接受请求的，所以会话识别也是被动的，即响应式的。服务器不需要知道发送请求的用户，只需要辨别对方发过来的会话 ID。把客户端传过来的会话 ID 与服务器存储的会话 ID 进行匹配，如果在服务器中找到了对应的会话 ID，就会识别出该客户端的身份，可以为客户端继续提供相关联的业务处理服务；如果找不到这个会话 ID，就认为这个会话不存在，会创建一个新的会话 ID 返回给客户端。

2. 会话创建

当客户端发起不带会话 ID 的 HTTP 请求时，服务器就会认为还没有产生会话（Session），这时会创建会话，生成一个会话 ID 并在服务器中存储相关的会话信息。一般情况下，在返回客户端的 HTTP 响应头信息中的 Cookie 项中将附带会话 ID。客户端再根据返回的响应头信息设置本地 Cookie 值并存储。

为了更好地理解会话管理的原理，通过一张图来进行描述，如图 2-54 所示。

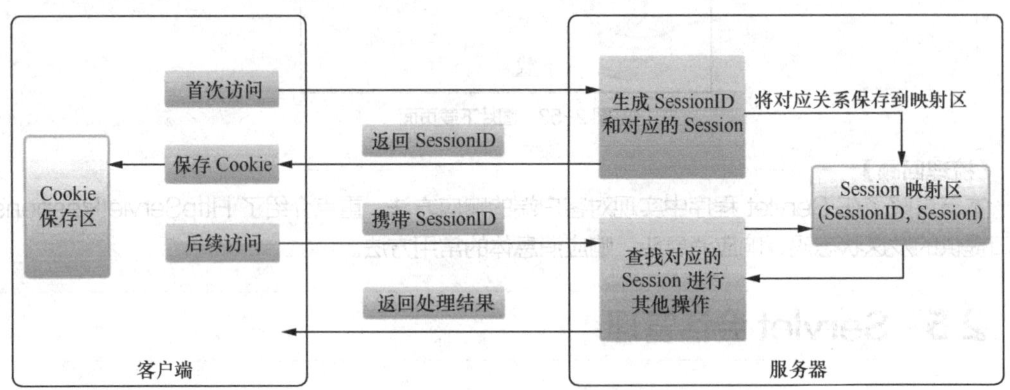

图 2-54 会话管理的原理

当客户端首次向服务器发送请求时，服务器接收到请求后创建一个 Session 对象、生成唯一的 SessionID，并将生成的 SessionID 和 Session 对象的对应关系保存到 Session 映射区（以 Map 方式存储），服务器在响应时将该 SessionID 发送给浏览器，浏览器会将 SessionID 存放在 Cookie 中。

当客户端后续再向服务器发送请求时，这时浏览器会将 Cookie 中存放的 SessionID 一并发送给服务器；服务器收到请求后，会取出 SessionID 并在 Session 映射区（Map 集合）查找到对应的 Session 对象进行操作，这样多次请求/响应共享同一个 Session 对象，也就是所谓的一次会话。

2.5.3 会话应用

1. Session 技术

Session 是服务器端技术，数据保存在服务器端。服务器在运行时为每一个用户创建一个其独享的 Session 对象，用户在访问服务器中的 Web 资源时，可以把过程中产生的数据存放在自己独享的 Session 对象中。当用户再去访问服务器中的更多 Web 资源时，可以从该 Session 对象中取出数据来为该用户继续服务。

2. Session 实现数据操作

HttpServeletRequest 接口定义了用于获取 Session 对象的 getSession()方法，语法格式如下。

```
public HttpSession getSession()
public HttpSession getSession(Boolean create)
```

一般在请求处理的方法中调用请求对象的 getSesssion()或者 getSession(true)方法来获取已有的 Session 对象，如果 Session 对象不存在，将创建一个新的 Session 对象。

HttpSession 中的数据是通过散列表的方式进行存取的，表 2-16 提供了 HttpSession 管理数据的常用方法。

表 2-16　HttpSession 管理数据的常用方法

方法声明	功能描述
void setAttribute(String name,Object value)	将一个对象与一个名称关联后存入 HttpSession 对象中
Object getAttribute(String name)	返回指定名称的属性对象
void removeAttribute(String name)	删除指定名称的属性
Enumeration getAttributeNames()	返回所有的属性名

3. Session 的生命周期

Session 对象在用户使用浏览器第一次访问服务器时创建，需要注意，并不是所有类型的程序都会创建 Session 对象，只有当用户访问的程序是 JSP、Servlet 等动态页面时才会创建 Session，当用户访问 HTML、IMAGE 等静态资源时并不会创建 Session 对象，当然也可以调用 getSession(true)方法强制生成 Session 对象。服务器会把长时间没有活动的 Session 对象从服务器内存中清除，此时 Session 便会失效。Tomcat 中 Session 的默认失效时间为 30 分钟。请注意，关闭浏览器时 Session 对象并不会消失，只会使浏览器内存里的 Session/Cookie 消失，但是不会使保存在服务器端的 Session 对象消失，同样也不会使已经保存在硬盘上的持久化 Cookie 消失。

Session 的生命周期相关方法如表 2-17 所示。

表 2-17　Session 的生命周期相关方法

方法声明	功能描述
boolean isNew()	判断当前用户是否为新用户
void invalidate()	使该 Session 无效，并与 Session 的绑定对象全部解绑
String getId()	获取 Session 的 Id
long getCreationTime()	获取创建会话时间
long getLastAccessedTime()	获取与当前 Session 对象相关的客户端最后发送请求的时间
int getMaxInactiveInterval()	获取 Session 的有效时间，单位是秒。如果为负值，则表示 Session 永远不会超时
void setMaxInactiveInterval()	设置 Session 的有效时间，单位是秒

表 2-17 列举的方法都是用来操作 HttpSession 对象的。其中，通过 invalidate()方法可以强制使会话失效，通过 setMaxInactiveInterval()方法可以修改会话的默认失效时间。例如，修改过期时间为 10 秒的会话的代码如下。

```
    protected void doGet(HttpServletRequest request, HttpServletResponse response)    throws
ServletException, IOException {
        HttpSession session = request.getSession();
        session.setMaxInactiveInterval(10);
    }
```

【应用案例】简易购物车

任务目标

（1）创建登录页面，使用 Session 读取数据并进行登录验证。

（2）输入正确的用户名和密码后，跳转到购物页面。

（3）购物完成后显示购物信息。

运行结果如图 2-55 所示。

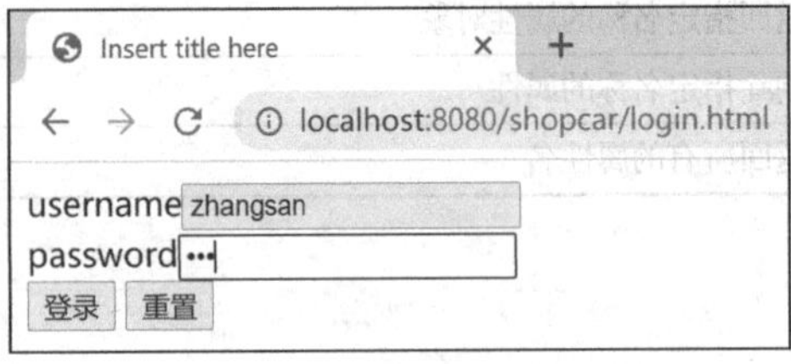

（a）登录页面

（b）购买页面

（c）购买成功页面

图 2-55　运行结果

实现步骤

第一步：创建登录页面（login.html）。

```
<html>
<head>
<meta charset="UTF-8">
<title>Insert title here</title>
</head>
<body>
<form action="login" method="post">
    username<input type="text" name="user" id="" /><br />
    password<input type="password" name="pwd" id="" /><br />
<input type="submit" value="登录" />
<input type="reset" value="重置" />
</form>
</body>
</html>
```

第二步：判断登录信息(LoginServlet.java)。

```
package com.example.servlet.session;
import java.io.IOException;
import java.io.PrintWriter;
import javax.servlet.ServletException;
import javax.servlet.annotation.WebServlet;
import javax.servlet.http.HttpServlet;
```

```
import javax.servlet.http.HttpServletRequest;
import javax.servlet.http.HttpServletResponse;
import javax.servlet.http.HttpSession;
@WebServlet("/login")
public class LoginServlet extends HttpServlet {
    private static final long serialVersionUID = 1L;
    public LoginServlet() {
        super();
    }
    protected void doGet(HttpServletRequest request, HttpServletResponse response) throws
ServletException, IOException {
        response.setContentType("text/html;charset=UTF-8");
        PrintWriter out = response.getWriter();
        out.println("<html><head></head><body>");
        String user = request.getParameter("user");
        String password = request.getParameter("pwd");
        if ("zhangsan".equalsIgnoreCase(user) && "123".equals(password)) {
          HttpSession session = request.getSession();
          session.setAttribute("user", user);
          System.out.println("登录成功");
          response.sendRedirect("shopcart.html");
        } else {
          out.println("用户名或密码不正确，请重新输入");
        }
        out.println("</body></html>");
        out.flush();
    }
    protected void doPost(HttpServletRequest request, HttpServletResponse response)
                                throws ServletException, IOException {
        doGet(request, response);
    }
}
```

第三步：创建购物页面（shopcart.html）。

```
<html>
<head>
<meta charset="UTF-8">
<title>Insert title here</title>
</head>
<body>
    <form action="./buy" method="post">
        <input type="radio" name="goods" id="" value="CD" />CD
        <input type="radio" name="goods" id="" value="Book" />Book
        <input type="radio" name="goods" id="" value="Bag" />Bag
        <input type="radio" name="goods" id="" value="Water" />Water
        <input type="radio" name="goods" id="" value="Computer" />Computer
        <input type="submit" value="购买" />
```

```
    </form>
</body>
</html>
```

第四步：获取购买信息（BuyServlet.java）。

```
package com.example.servlet.session;
import java.io.IOException;
import java.io.PrintWriter;
import java.util.HashMap;
import java.util.Map;
import javax.servlet.ServletException;
import javax.servlet.annotation.WebServlet;
import javax.servlet.http.HttpServlet;
import javax.servlet.http.HttpServletRequest;
import javax.servlet.http.HttpServletResponse;
import javax.servlet.http.HttpSession;
@WebServlet("/buy")
public class BuyServlet extends HttpServlet {
    private static final long serialVersionUID = 1L;
    public BuyServlet() {
        super();
    }
    protected void doGet(HttpServletRequest request, HttpServletResponse response) throws
ServletException, IOException {
        response.setContentType("text/html;charset=UTF-8");
        HttpSession session = request.getSession();
        PrintWriter out = response.getWriter();
        Map<String, Integer> goods = (Map) session.getAttribute("goods");
        if (goods == null) {
          goods = new HashMap<String, Integer>();
          session.setAttribute("goods", goods);
        }
        String good = request.getParameter("goods");
        if (good == null) {
          out.println("您没有购买商品<br><a href='shopcart.html'>去购买</a>");
        } else {
          Integer amount = goods.get(good);
          if (amount == null) {
            amount = 0;
          }
          amount++;
          goods.put(good, amount);
          out.println("successful!<br/>");
          out.println(good+":"+amount);
          out.print("<a href='shopcart.html'>再次购买</a>");
        }
        out.println("</body></html>");
```

```
            out.flush();
        }
        protected void doPost(HttpServletRequest request, HttpServletResponse response) throws
ServletException, IOException {
            doGet(request, response);
        }
    }
```

2.5.4 会话跟踪

HttpSession 是使用 Cookie 技术进行会话跟踪的，如果客户端禁用 Cookie，会话跟踪将会被中断。因为 Session 对象用 SessionID 来确定当前对话所对应的服务器内保存的 Session 对象，而 SessionID 是通过 Cookie 来传递的。禁用 Cookie 就相当于没有了 SessionID，服务器将找不到对应的 Session 对象。

可以通过 URL 重写的方式来解决会话中断的问题，即实现 Session 对象的唯一性。URL 重写就是当客户从一个页面重新连接到一个页面时，通过向这个新的 URL 添加参数，将 Session 对象的 SessionID 传过去，这样能够保证 Session 对象是完全相同的。我们可以使用 HttpServletResponse 接口中的方法实现 URL 重写，如下。

（1）String encodeURL(String url)

该方法返回的地址供 HTML 超链接使用。此方法对包含 SessionID 的 URL，可以进行编码。如果不需要编码，就直接返回该 URL。

（2）String encodeRedirectURL(String url)

该方法返回的地址供 HTTP 重定向使用。重定向可以理解为客户端重新发送一个 URL 请求，具体内容将会在 3.2.3 节介绍。此方法对重定向方法（sendRedirect()）使用的指定 URL 进行编码。如果不需要编码，就直接返回这个 URL。之所以提供这个附加的编码方法，是因为在重定向的情况下，决定是否对 URL 进行编码的规则和一般情况下的规则有所不同，所给的 URL 必须是一个绝对 URL，相对 URL 不能被接收，如果接收会抛出一个 IllegalArgumentException。所有提供给 sendRedirect()方法的 URL 都应通过此方法运行，这样才能确保会话跟踪在所有浏览器中正常运行。

以上两个方法都涉及是否需要在 URL 中包含 SessionID 的逻辑判断，即如果客户端支持 Cookie，会将 URL 原封不动地返回；反之，会将用户 SessionID 追加到 URL 的尾部。下面通过实例来演示 Servlet 的 URL 重写。

此处不再重复编写登录页面代码，在登录成功后通过 Servlet 的 URL 重写方式跳转到验证程序中，代码如下。

```
package com.example.servlet.session;
import java.io.IOException;
import java.io.PrintWriter;
import javax.servlet.ServletException;
import javax.servlet.annotation.WebServlet;
import javax.servlet.http.HttpServlet;
import javax.servlet.http.HttpServletRequest;
import javax.servlet.http.HttpServletResponse;
```

```
import javax.servlet.http.HttpSession;

@WebServlet("/login")
public class LoginServlet extends HttpServlet {
    private static final long serialVersionUID = 1L;
    public LoginServlet() {
        super();
    }
    protected void doGet(HttpServletRequest request, HttpServletResponse response) throws
ServletException, IOException {
        response.setContentType("text/html;charset=UTF-8");
        PrintWriter out = response.getWriter();
        out.println("<html><head></head><body>");
        String user = request.getParameter("user");
        String password = request.getParameter("pwd");
        if ("zhangsan".equalsIgnoreCase(user) && "123".equals(password)) {
          HttpSession session = request.getSession();
          session.setAttribute("user", user);
          out.println("登录成功");
          out.print("<a href='" + response.encodeURL("./verify") + "'>欢迎页</a>");
        } else {
          out.println("用户名或密码不正确，请重新输入");
        }
        out.println("</body></html>");
        out.flush();
    }
    protected void doPost(HttpServletRequest request, HttpServletResponse response)
                    throws ServletException, IOException {
        doGet(request, response);
    }
}
```

验证页面，进行用户名判断。

```
package com.example.servlet.session;
import java.io.IOException;
import java.io.PrintWriter;
import javax.servlet.ServletException;
import javax.servlet.annotation.WebServlet;
import javax.servlet.http.HttpServlet;
import javax.servlet.http.HttpServletRequest;
import javax.servlet.http.HttpServletResponse;
import javax.servlet.http.HttpSession;

WebServlet("/verify")
public class VerifyServlet extends HttpServlet {
    private static final long serialVersionUID = 1L;
```

```
        public VerifyServlet() {
            super();
        }
        protected void doGet(HttpServletRequest request, HttpServletResponse response) throws
ServletException, IOException {
            PrintWriter out=response.getWriter();
            HttpSession session=request.getSession();
            String user=(String)session.getAttribute("user");
            if(user!=null){
              out.println("welcome: "+user);
            }else{
              response.sendRedirect("./login.html");    //重新发送请求，访问 login.html 页面
            }
        }
        protected void doPost(HttpServletRequest request, HttpServletResponse response) throws
ServletException, IOException {
            doGet(request, response);
        }
    }
```

运行结果如图 2-56 所示。

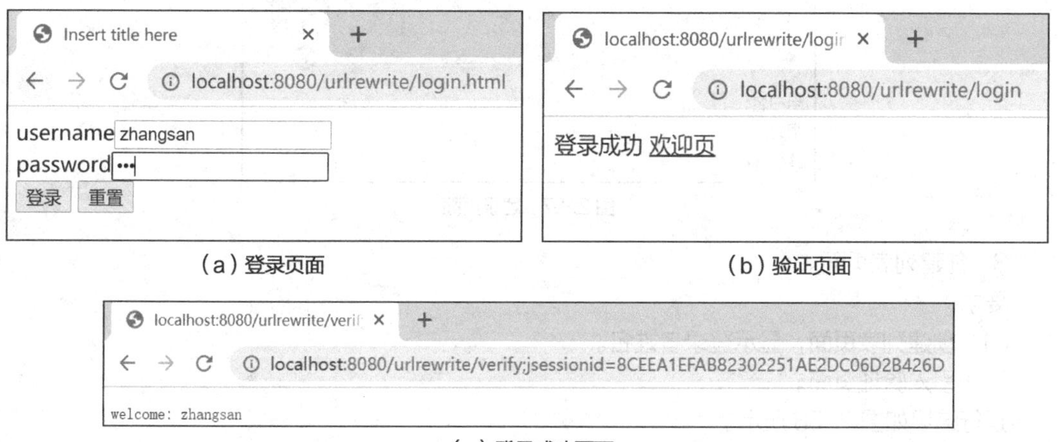

（a）登录页面　　（b）验证页面

（c）登录成功页面

图 2-56　运行结果

当将浏览器的 Cookie 设置为禁用状态时，服务器将无法获取到存储在客户端 Cookie 对象中的 SessionID，而 encodeURL()方法会判断是否需要在 URL 中包含 SessionID。因此，本案例中会在 URL 后出现 SessionID，该方法解决了浏览器不支持 Cookie 时继续使用会话跟踪的问题。

【梳理回顾】

本节对会话的概念、常用方法及写入、读取的方式进行了详细的介绍，其中，如何灵活使用会话管理进行页面访问是一个难点，读者可以结合应用案例加深理解。

2.6 本章小结

本章主要介绍了如何进行 Java Web 开发环境的搭建、Servlet 接口及其实现类的应用、使用 Servlet 实现基本的数据请求和响应，以及会话管理的应用。

2.7 本章练习

1. 创建验证页面。

要求：

（1）从 Session 中获取登录者信息。

（2）如果登录者为 null，则跳转到登录页面。

2. 创建登录页面。

要求：

（1）创建登录页面。

（2）指定处理请求的路径。

运行结果如图 2-57 所示。

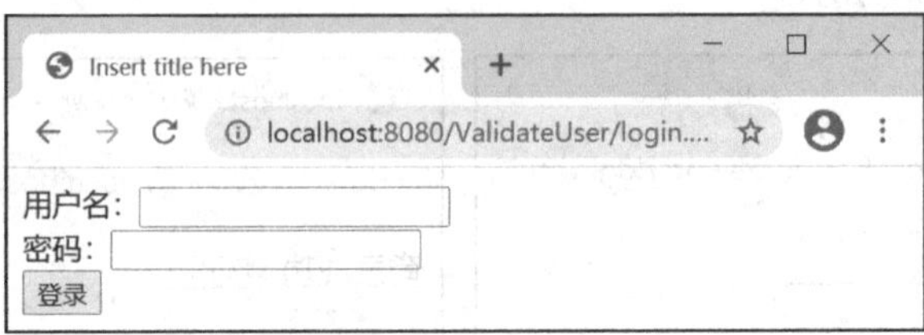

图 2-57　登录页面

3. 创建列表页面。

要求：

（1）创建列表页面，显示登录者姓名。

（2）引入验证页面。

运行结果如图 2-58 所示。

图 2-58　列表页面

4. 创建 Servlet，处理登录请求。

要求：

（1）获取用户名和密码。

（2）如果验证通过，则将用户名和密码存入 Session，跳转到列表页面。

第3章 Servlet应用

内容导学

本章主要通过讲解 Cookie，请求转发、包含和重定向，ServletContext 及过滤器和监听器的工作原理，对 Servlet 应用进行剖析。通过学习本章，读者可以对 Servlet 有更深的了解，为开发项目奠定扎实的基础。

学习目标

① 了解 Cookie 的读/写方法。
② 了解请求方式。
③ 了解 ServletContext 主要方法。
④ 理解过滤器的工作原理。
⑤ 理解监听器的工作原理。

3.1 Cookie

Cookie 是一种会话技术，它用于将会话过程中的数据保存到用户的浏览器中，从而使浏览器和服务器能够更好地进行数据交互。接下来，本节将详细讲解 Cookie。

【提出问题】

相信大家都有使用 QQ 的经历，在 QQ 登录界面中除了有输入 QQ 账号和密码复选框，还有“自动登录”和“记住密码”两个复选框，如果两项都勾选，登录成功后，账号和密码将被保存，并跳转至 QQ 登录成功的主界面；如果退出后再次登录，登录界面上会记录账号和密码并自动跳转至主界面。那么，QQ 账号和密码是怎样保存的呢？

【知识储备】

3.1.1 Cookie 概述

1. Cookie 定义

Cookie 是 Web 服务器保存在用户硬盘上的一段文本。Cookie 允许一个 Web 站点在用户的计算机上保存信息并且随后再取回它（该过程由浏览器自动完成）。在现实生活中，有些用户会办理商城的会员卡，卡上记录用户的个人信息（姓名、手机号、消费额度和积分等），当用户再次购物时，可以根据会员卡上的消费记录计算会员的优惠额度和累加积分。在 Web 应用中，Cookie 的功能类似于这张会员卡，当用户通过浏览器访问 Web 服务器时，服务器会给浏览器发送一些信息，这些信息都保存在 Cookie 中。这样，当该浏览器再次访问服务器时，会在请求头中将 Cookie 发送给服务器，方便服务器对浏览器做出正确的响应。

为了更清晰地了解 Cookie 的工作原理，通过一张图来描述 Cookie 在浏览器和服务器之间的传输过程，如图 3-1 所示。

图 3-1 Cookie 在浏览器和服务器之间传输的过程

当用户第一次访问服务器时，服务器会在响应消息中增加 Set-Cookie 头字段，将用户信息以 Cookie 的形式发送给浏览器。一旦用户的浏览器接收了服务器发送的 Cookie 信息，就会将它保存在浏览器的缓冲区中，这样，当浏览器后续访问该服务器时，会在请求消息中将用户信息以 Cookie 的形式发送给 Web 服务器，从而使服务器分辨出当前请求是由哪个用户发出的。

服务器向客户端发送 Cookie 时，会在 HTTP 响应头字段中增加 Set-Cookie 响应头字段。在 Set-Cookie 头字段中设置的 Cookie 要遵循一定的语法格式，具体示例如下。

```
Set-Cookie: user=zhangsan;Path=/;
```

其中，user 表示 Cookie 的名称，zhangsan 表示 Cookie 的值，Path 表示 Cookie 的属性。

提示 **Cookie 必须以名/值对（name-value pairs）的形式存储，其属性可以有多个，但这些属性之间必须用分号和空格分隔。**

2. Cookie 的作用

Cookie 对象通常用于在浏览器端保存会话过程中的一些参数。当浏览器向服务器发送请求时将其自动发送到服务器上。

（1）Cookie 可以帮助站点跟踪特定访问者访问的次数，统计最后访问的时间及访问者进入站点的路径。

（2）Cookie 能够帮助站点统计用户个人资料以实现各种个性化服务。

（3）Cookie 可实现自动登录功能，使得用户不需要输入用户名和密码就可以进入浏览过的站点。

3. Cookie 与 Session 的比较

在某种程度上，Cookie 和 Session 内置对象有些相似，但二者存在本质的差别。

（1）Session 对象存在于服务器端，Cookie 对象存在于客户端（主要是 Web 浏览器，比如搜狗浏览器、谷歌浏览器等）。

（2）Cookie 主要用于保存脱机数据，而 Session 内置对象主要用于跟踪用户会话。

（3）Cookie 只能存储文本类型的数据，而 Session 可以存储 Object 类型的数据。

（4）Session 存储的数据比较安全，Cookie 因为存储在用户浏览器本地，无法保证数据安全性。

（5）Cookie 的存储时间可以比 Session 长很多，Cookie 将数据存储在浏览器端的时间可以设置为 1 天、2 天或者更长。但 Session 存储数据的时间是在会话的有效期内。

二者除了本质的差别也有共同点，无论是 Cookie 还是 Session 内置对象都需要浏览器支持 Cookie，并且没有禁用 Cookie。

3.1.2 Cookie 常用方法

为了封装 Cookie 信息，Servlet API 中提供了 javax.servlet.http.Cookie 类，该类包含了生成 Cookie 信息和提取 Cookie 信息各个属性的方法。下面介绍 Cookie 的构造方法和常用方法。

1. 构造方法

Cookie 类有且仅有一个构造方法，具体语法格式如下。

```
public Cookie(java.lang.String   name, java.lang.String   value)
```

在 Cookie 的构造方法中，参数 name 用于指定 Cookie 的名称，value 用于指定 Cookie 的值。需要注意的是，Cookie 一旦创建，它的名称就不能更改；Cookie 的值可以为任何值，创建后允许被修改。

2. 常用方法

Cookie 类中有很多常用方法，如表 3-1 所示。通过创建 Cookie 对象就可以调用这些方法。

表 3-1　Cookie 类的常用方法

方法声明	功能描述
String setName(String newName)	设置 Cookie 的名称
String getName()	获取 Cookie 的名称
String setValue(String newValue)	设置 Cookie 的值
String getValue()	获取 Cookie 的值
void setMaxAge(int expiry)	设置 Cookie 的有效时间，以秒为单位
int getMaxAge():	获取 Cookie 在失效前的最大时间，以秒计算
void setDomain(String pattern)	设置可以读取该 Cookie 的域名
String getDomain()	返回 Cookie 适应的域名
void setPath(String path)	设置能够读取该 Cookie 的路径
String getPath()	返回 Cookie 的有效路径

表 3-1 中列举了 Cookie 类的常用方法，由于大多数方法都比较简单，下面只针对表中比较难以理解的方法进行讲解，具体如下。

（1）setMaxAge(int expiry)和 getMaxAge()方法

以上两个方法用于设置和返回 Cookie 在浏览器上保持有效的秒数。如果设置的值为一个正整数，浏览器会将 Cookie 信息保存在本地硬盘中。从当前时间开始，在没有超过指定的秒数之前，Cookie 都保持有效，并且同一台计算机上运行的该浏览器都可以使用这个 Cookie 信息；如果设置的值为负整数，浏览器会将 Cookie 信息保存在缓存中，当浏览器关闭时，Cookie 信息会被删除；如果设置的值为 0，则表示通知浏览器立即删除这个 Cookie 信息。默认情况下，MaxAge 属性的值是-1。

（2）setPath(String path)和 getPath()方法

以上两个方法是针对 Cookie 的 Path 属性的。如果创建的某个 Cookie 对象没有设置 Path 属性，那么该 Cookie 只对当前访问路径所属的目录及其子目录有效。如果想让某个 Cookie 项对站点的所有目录下的访问路径都有效，应调用 Cookie 对象的 setPath()方法将其 Path 属性设置为“/”。

（3）setDomain(String pattern)和 getDomain()方法

以上两个方法是针对 Cookie 的 domain 属性的。domain 属性用来指定浏览器访问的域。当设置 domain 属性时，其值必须以“.”开头，如 domain=.zhangsan.com。默认情况下，domain 属性的值为当前主机名，浏览器在访问当前主机中的资源时会将 Cookie 信息回送给服务器。需要注意的是，domain 属性的值是不区分大小写的。

3.1.3 Cookie 的写入与读取

1. Cookie 的写入

下面我们通过书写一段代码段完成对 Cookie 的写入。

```
protected void doGet(HttpServletRequest request, HttpServletResponse response) throws ServletException,
IOException {
        Cookie c1 = new Cookie("password","123");
        response.addCookie(c1);
        Cookie c2 = new Cookie("client_ip",request.getRemoteAddr());
        //设置 Cookie 的生命周期为 1 小时，单位为秒
        c2.setMaxAge(60*60);
        response.addCookie(c2);
        response.getWriter().println("SetCookies OK!");
}
```

运行结果如图 3-2 所示。

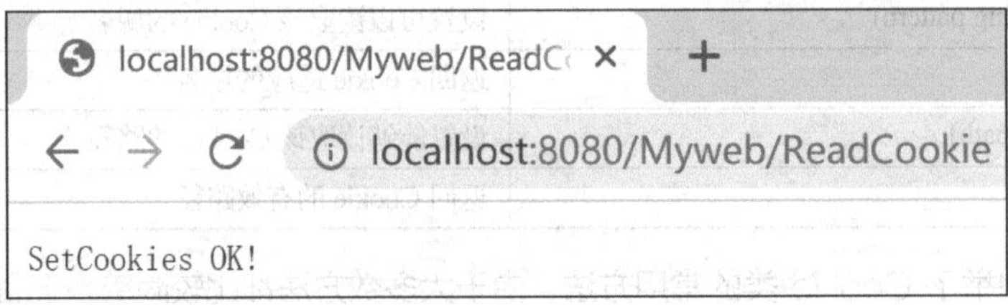

图 3-2 运行结果

2. Cookie 的读取

我们也可以将 Cookie 的内容读取出来，并通过 getValue()方法获取 Cookie 的值，代码如下。运行结果如图 3-3 所示。

```
    protected void doGet(HttpServletRequest request, HttpServletResponse response) throws
ServletException, IOException {
                Cookie[ ] Cookies = request.getCookies();
                for(int i =0;i<Cookies.length;i++){
                        Cookie c = Cookies[i];
                        response.getWriter().println(c.getName() + "," + c.getValue());
                }
        }
```

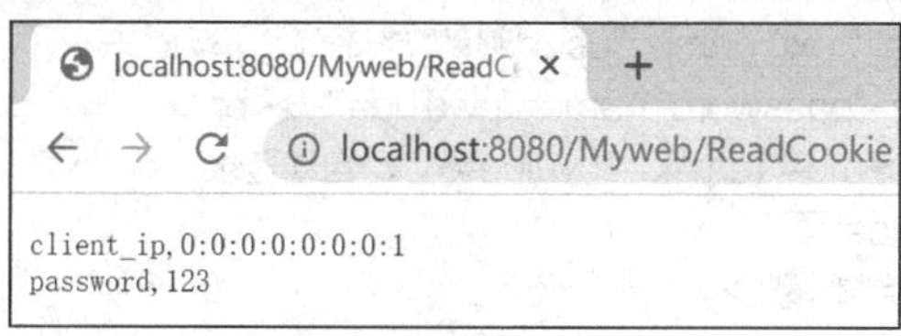

图 3-3　运行结果

【应用案例】通过 Cookie 实现自动登录页面

通过学习 Cookie 基础知识，本节提出的“如何保存账号和密码”的问题也迎刃而解。通过对本案例的学习，读者将学会使用 Cookie 存取数据来实现页面自动登录功能。

任务目标

（1）在登录页面时，如果勾选“自动登录”（这里默认 7 天有效）复选框，则登录成功后将用户名和密码存到 Cookie 中，并跳转至登录成功页面。

（2）在登录成功页面，通过链接可跳转欢迎页面。

（3）如果再次访问登录页面，则自动跳转至登录成功页面，如果不勾选“自动登录”复选框，直接访问登录请求，则跳转至登录页面。

效果分别如图 3-4～图 3-6 所示。

图 3-4　登录页面

图 3-5　登录成功页面

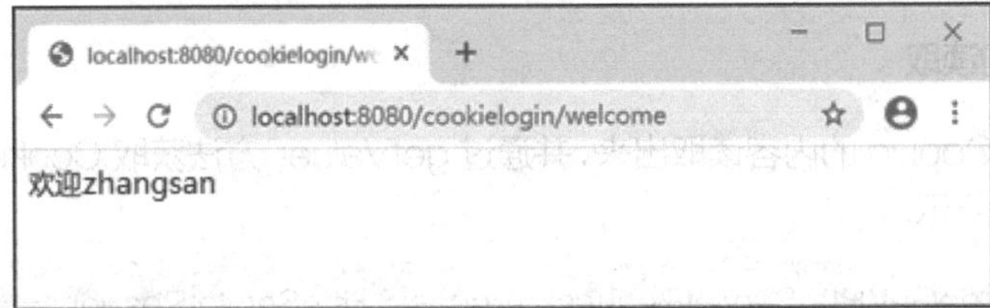

图 3-6　会员欢迎页面

实现步骤

第一步：创建登录页面（autologin.html）。

```
<body>
<form action="./clogin" method="post">
    username<input type="text" name="user" id="" /><br />
    password<input type="password" name="pwd" id="" /><br />
<input type="checkbox" name="rem" id="" value="1" />自动登录
<input type="submit" value="登录" />
<input type="reset" value="重置" />
</form>
</body>
```

第二步：编写处理登录的 Servlet（LogonCookieServlet.java）。

```
@WebServlet("/clogin")
public class LogonCookieServlet extends HttpServlet {
protected void doGet(HttpServletRequest request, HttpServletResponse response) throws ServletException,
IOException {
            //指定服务器输出内容的编码方式 UTF-8，防止出现乱码
            response.setContentType("text/html;charset=UTF-8");
            PrintWriter out = response.getWriter();
            out.println("<html><head></head><body>");
            //获取用户输入的信息
            String user = request.getParameter("user");
            String password = request.getParameter("pwd");
            //判断用户名和密码是否正确
            if ("zhangsan".equals(user) && "123".equals(password)) {
                HttpSession session = request.getSession();
                //通过 Session 保存用户名属性
                session.setAttribute("user", user);
                //获取自动登录复选框内容
                String rem = request.getParameter("rem");
                if (rem != null) {
                    //创建 Cookie
                    Cookie c = new Cookie("user", user);
                    c.setMaxAge(60 * 60 * 24 * 7);
                    response.addCookie(c);
                }
```

```
                out.println("登录成功！");
                out.print("<a href='" + response.encodeURL("./welcome") + "'>会员页</a>");
            } else {
                out.println("用户名或密码不正确");
            }
            out.println("</body></html>");
            out.flush();
    }
}
```

第三步：编写欢迎的 Servlet（WelcomeServlet.java）。

```
@WebServlet("/welcome")
public class WelcomeServlet extends HttpServlet {
protected void doGet(HttpServletRequest request, HttpServletResponse response) throws ServletException,
IOException {
            response.setContentType("text/html;charset=UTF-8");
            PrintWriter out = response.getWriter();
            out.println("<html><head></head><body>");
            HttpSession session = request.getSession();
            //通过 Session 获取用户名属性
            Object user = session.getAttribute("user");
            //用户名不为空，跳转至欢迎页面
            if(user!=null) {
                out.println("欢迎"+user.toString());
            }else {
                response.sendRedirect("autologin.html");
            }
            out.println("</body></html>");
            out.flush();
    }
}
```

第四步：编写读取 Cookie 的 Servlet(LogonWithCookie)。

```
@WebServlet("/autologin")
public class LogonWithCookie extends HttpServlet {
protected void doGet(HttpServletRequest request, HttpServletResponse response) throws ServletException,
IOException {
            response.setContentType("text/html;charset=UTF-8");
            //获取所有的 Cookie，并存放在数组中
            Cookie[ ] cookies=request.getCookies();
            boolean found=false;
            if(cookies!=null){
                //遍历 Cookie 数组
                for(int i=0;i<cookies.length;i++){
                    Cookie c=cookies[i];
                    //如果 Cookie 的名称为 user，则获取 Cookie 的值
```

```
                    if(c.getName().equals("user")){
                        HttpSession session=request.getSession();
                        session.setAttribute("user", c.getValue());
                        PrintWriter out=response.getWriter();
                      out.println("欢迎:"+c.getValue());
                        found=true;
                    }
                }
            }
            if(found==false){
                response.sendRedirect("./autologin.html");
            }
        }
}
```

【梳理回顾】

本节对 Cookie 的概念、常用方法，以及写入、读取的方式进行了详细的介绍，其中使用 Cookie 进行读/写是一个难点，读者可以结合应用案例进行深入理解。

3.2 请求转发、请求包含与请求重定向

Servlet 将用户的请求通过一组 Servlet 来处理，每个 Servlet 都有自己特定的职责，有可能会将请求转发到下一个 Servlet 来处理，也有可能将其他 Web 组件（Servlet、HTML、JSP）生成的结果包含到自己的结果中。接下来，将详细讲解 Servlet 的请求转发、请求包含与请求重定向。

【提出问题】

如果您是第一次访问淘宝网进行购物，在单击“立即购买”或者“加入购物车”按钮时，会自动弹出“账户登录”窗口，可以通过选择“免费注册”复选框进行新用户注册，注册时会要求用户输入用户名、密码等信息。那么，用户填写的数据信息是如何进行转发的呢？

【知识储备】

3.2.1 请求转发

Web 组件之间的关系主要包括 3 种：请求转发、请求包含和请求重定向。

请求转发允许把请求转发给同一应用程序的其他 Web 组件，这种技术通常用于 Web 应用控制层的 Servlet 流程控制器，可检查 HTTP 请求的数据，并将请求转发到合适的目标组件，目标组件执行具体的请求处理操作并生成响应结果。

一个 JSP 或者一个 HTML 页面可以通过表单或超链接跳转到 Servlet，而从一个 Servlet 也可以跳转到其他的 Servlet、JSP 或其他页面。

为了更清晰地了解请求转发的过程，下面通过图 3-7 描述这个过程。

当用户发送一个请求到 Web 服务器时，需要 Servlet1 来处理请求，处理完之后它可以将这个请求转发给其他资源，在图 3-7 中转发给 Servlet2 进行处理，一般都是通过这样的方式进行逻辑处理和显示的分离，在转发过程中，也可以实现数据的传递。

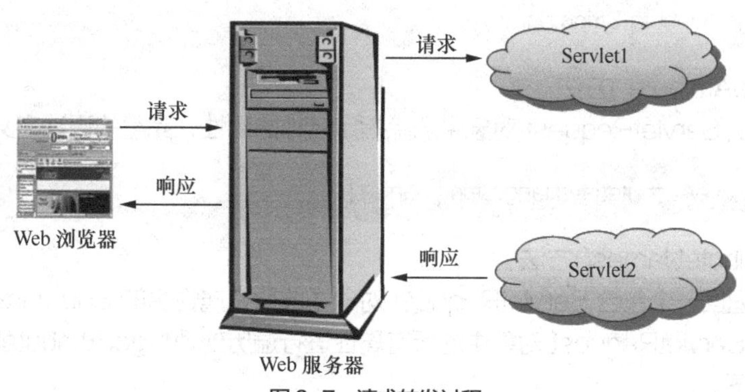

图 3-7 请求转发过程

一个 Web 资源接收到客户端的请求后，如果希望服务器通知另外一个资源去处理请求，可以通过 RequestDispatcher 接口的实例对象来实现。在 ServletRequest 接口中定义了一个获取 RequestDispatcher 对象的方法，如表 3-2 所示。

表 3-2 获取 RequesetDispatcher 对象的方法

方法声明	功能描述
RequesetDispatcher getRequestDispatcher(String path)	返回封装了某个路径所指定的 RequestDispatcher 对象。参数 path 若以 "/" 开头，表示相对于根目录；若不以 "/" 开头，表示相对于当前目录

获取到 RequestDispatcher 对象后，最重要的工作就是通知其他 Web 资源处理当前的 Servlet 请求，因此，在 RequestDispatcher 接口中定义了两个方法，如表 3-3 所示。

表 3-3 RequesetDispatcher 接口的方法

方法声明	功能描述
forward(ServletRequest request,ServletResponse response)	用于将请求从一个 Servlet 传递到另一个 Web 资源。该方法必须在响应提交给客户端之前被调用，否则将抛出异常
include(ServletRequest request,ServletResponse response)	该方法用于响应对象中包含资源的内容

在转发过程中，还可以通过属性传递数据。在 ServletRequest 接口中，定义了一系列操作属性的方法，具体如下。

（1）setAttribute()方法

该方法用于将一个对象与一个名称关联后存储进 ServletRequest 对象中，完整语法定义如下。

```
public void setAttribute(String name,Object o) ;
```

如果 ServletRequest 对象中已经存在指定名称的属性，setAttribute()方法将先删除原来的属性，然后添加新的属性。如果传递给 setAttribute()方法的属性值对象为 null，则删除指定名称的属性。

（2）getAttribute()方法

该方法用于从 ServletRequest 对象中返回指定名称的属性对象，完整的语法定义如下。

```
public Object getAttribute(String name) ;
```

（3）removeAttribute()方法

该方法用于从 ServletRequest 对象中删除指定名称的属性，完整的语法定义如下。

```
public void removeAttribute(java.lang.String name) ;
```

（4）getAttributeNames()方法

该方法用于返回一个包含 ServletRequest 对象中的所有属性名的 Enumeration 对象，在此基础上，可以对 ServletRequest 对象中的所有属性进行遍历处理。getAttributeNames()方法的完整语法定义如下。

```
public java.util.Enumeration getAttributeNames( ) ;
```

提示

只有属于同一个请求的数据才可以通过 ServletRequest 对象传递数据。

下面通过一个案例来演示请求转发过程。创建一个名为 ServletForwardA 的 Servlet 类。

```
//ServletForwardA.java 主要方法
protected void doGet(HttpServletRequest request, HttpServletResponse response) throws ServletException,
IOException {
        response.setContentType("text/html;charset=UTF-8");
        PrintWriter out = response.getWriter();
        out.println("<html><head></head><body>");
        out.println("<p>this is A Before</p>");
        //带参数进行转发
        RequestDispatcher rd = request.getRequestDispatcher("/b?name=jason");
        request.setAttribute("now", new Date());
        // 转发
        rd.forward(request, response);
        out.println("<p>this is A After</p>");
        out.println("</body></html>");
    }
```

通过 forword()方法，将当前 Servlet 的请求转发到 ServletForwardB 页面。

```
// ServletForwardB.java 主要方法
protected void doGet(HttpServletRequest request, HttpServletResponse response) throws ServletException,
IOException {
        PrintWriter out=response.getWriter();
        out.println("This is B");
        //获取参数值
        String name=request.getParameter("name");
        out.print("<br/>参数："+name+"<br/>");
        //获取属性对象（当前时间）
```

```
            Date data=(Date)request.getAttribute("now");
            out.println("时间："+data);
    }
```

运行结果如图 3-8 所示。

图 3-8　运行结果

3.2.2　请求包含

请求包含指的是使用 include()方法将 Servlet 请求转发给其他 Web 资源进行处理，在请求包含返回的响应消息中，既包含了当前 Servlet 的响应消息，又包含了其他 Web 资源的响应消息。为了使读者更好地理解使用 include()方法实现请求包含的工作原理，下面通过图 3-9 来描述。

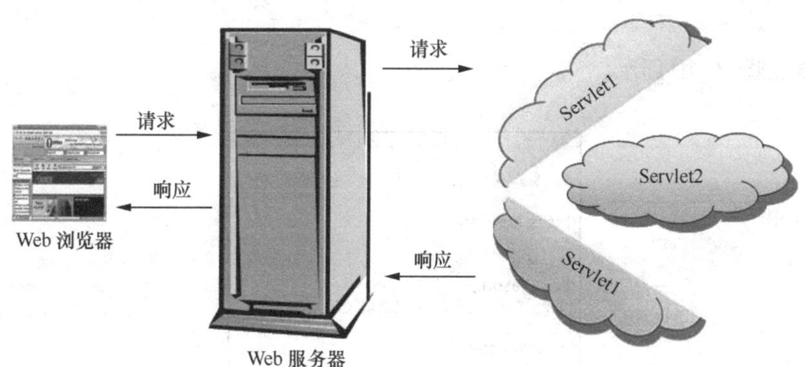

图 3-9　include()方法的工作原理

当向 Web 服务器发出一个请求时，Web 服务器可以使用一个 Servlet 进行处理，图 3-9 中即通过 Servlet1 进行处理，在 Servlet1 处理过程中，还可以利用其他资源，比如 Servlet2 进行输出。Servlet1 和 Servlet2 可以进行数据传递。

下面通过一个案例来演示请求包含。创建一个名为 ServletIncludeA 的 Servlet 类，该类使用 include()方法在响应对象中包含 ServletIncludeB 中的资源，代码分别如下。

```
    //ServletInclude.java 主要方法
    protected void doGet(HttpServletRequest request, HttpServletResponse response) throws ServletException,
IOException {
            response.setContentType("text/html;charset=UTF-8");
            PrintWriter out=response.getWriter();
```

```
            out.println("<html><head></head><body>");
            out.println("<p>this is A Before</p>");
            RequestDispatcher rd = request.getRequestDispatcher("/b?name=jason");
            request.setAttribute("now", new Date());
            //在响应对象中包含资源
            rd.include(request, response);
            out.println("<p>this is A After</p>");
            out.println("</body></html>");
}
```

ServletIncludeB 的内容被包含在内。

```
//ServletIncludeB.java 主要方法
Protected void doGet(HttpServletRequest request, HttpServletResponse response) throws
ServletException, IOException {
            PrintWriter out=response.getWriter();
            out.println("This is B");
            //获取参数
            String name=request.getParameter("name");
            out.print("<br/>参数："+name+"<br/>");
            //获取属性
            Date data=(Date)request.getAttribute("now");
            out.println("时间："+data);
}
```

运行结果如图 3-10 所示。

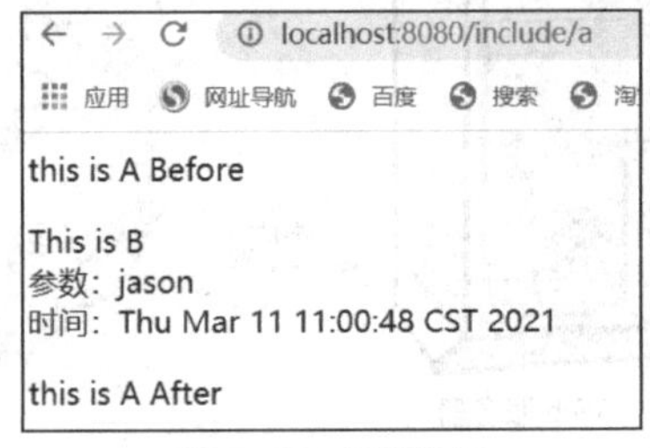

图 3-10　运行结果

3.2.3　请求重定向

请求重定向就是通过各种方法将网络请求重新定向到其他位置。通常采用 sendRedirect()方法来进行重定向，它向浏览器发送一个特殊的 Header，然后由浏览器来进行重定向，转到指定的页面。

重定向属于客户端行为，它向其他资源输出内容，如图 3-11 所示，从本质上讲重定向等同于两次请求，第一次请求 Request1 用 Servlet1 进行处理并进行响应，第二次请求 Request2 用 Servlet2 进行处理并进行响应，两次请求的数据是不能共享的。前一次的请求对象不会保存，地址栏的 URL 会改变。

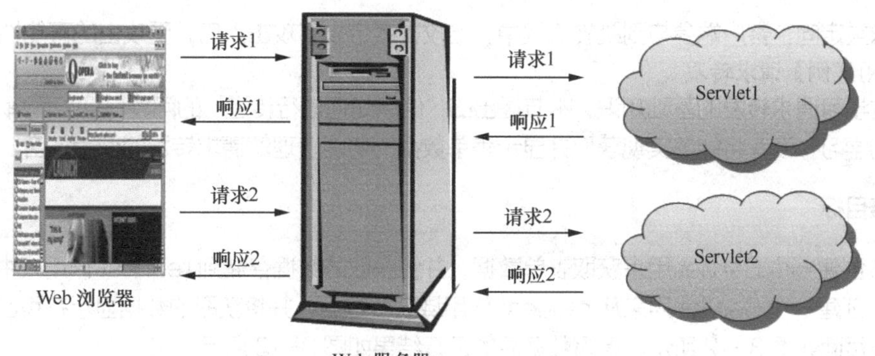

图 3-11　Servlet 重定向其他资源的输出内容

3.2.4　请求转发 vs 请求重定向

请求转发和请求重定向都能实现跳转至其他资源，但它们之间也有很大的区别。接下来将从 3 个方面进行比较。

1. 执行过程

请求转发：客户端发送 HTTP 请求→Web 服务器接受此请求→调用内部的一个方法在容器内部完成请求处理和转发动作→将目标资源发送给客户。

请求重定向：客户端发送 HTTP 请求→Web 服务器接受后发送状态码响应及对应新的 location 给客户端→客户端发现是 302 响应，则自动再发送一个新的 HTTP 请求，请求 URL 是新的 location 地址→服务器根据此请求寻找资源并发送给客户端。

表 3-4 显示了两者的对比。

表 3-4　　请求转发 vs 请求重定向

对比内容	请求转发	请求重定向
跳转方式	服务器转发	客户端转发
客户端发送请求次数	1 次	2 次
客户端地址栏是否改变	不变	改变
是否共享 request 作用域	共享	不共享
是否共享 response 作用域	共享	不共享
范围	网站内	可以跨站点
是否隐藏路径	隐藏	不隐藏

2. 使用原则

请求转发：在需要保存 request 作用域的数据时使用。
请求重定向：在需要访问外站资源的时候使用。

3. 安全性

请求转发：在服务器内部实现跳转，客户端不知道跳转路径，相对来说比较安全。

请求重定向：客户端参与到跳转流程中，给攻击者带来了攻击入口，受攻击的可能性较大。

【应用案例】请求转发

通过学习请求转发的基础知识，本节提出的“信息如何进行传递”的问题已迎刃而解。通过对本案例的学习，读者将能够实现获取并显示表单数据的功能，理解请求转发的使用场合。

任务目标

（1）创建一个 Servlet 用来获取表单数据，并将获取的数据存储到 request 作用域中。

（2）创建一个 Servlet 用来从 request 作用域获取数据，并将获取的数据显示在页面上。

表单页面如图 3-12 所示，填写数据后的运行结果如图 3-13 所示。

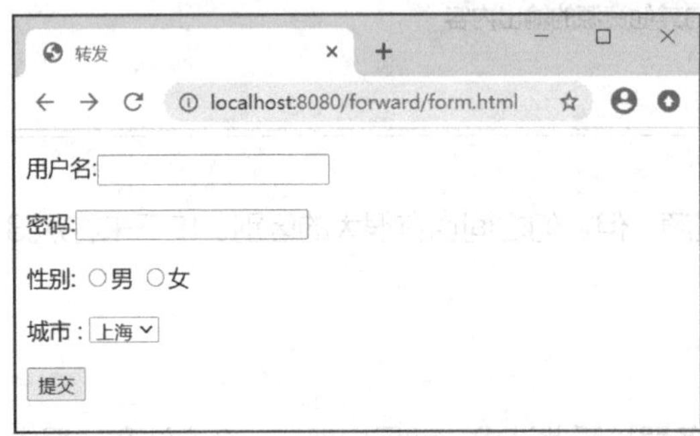

图 3-12　表单页面

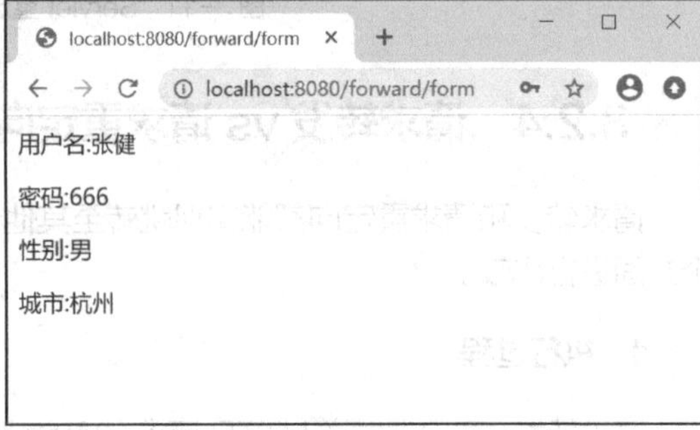

图 3-13　运行结果

实现步骤

第一步：创建表单页面。（form.html）。

```
<html>
<head>
<meta charset="UTF-8">
	<title>转发</title>
	<style>
	table,tr,td,th{
		border: 1px solid;
		border-collapse: collapse
	}
	</style>
</head>
<body>
	<form action="form" method="post">
		<p>用户名:<input type="text" name="user" id="" /></p>
		<p>密码:<input type="password" name="pwd" id=""></p>
		<p>性别:
			<input type="radio" name="sex" value="男" id="" />男
			<input type="radio" name="sex" value="女" id="" />女
		</p>
		<p>城市：
	<select name="city" id="">
```

```
                                <option value="上海">上海</option>
                                <option value="大连">大连</option>
                                <option value="青岛">青岛</option>
                                <option value="杭州">杭州</option>
                        </select>
                </p>
                <p><input type="submit" value="提交"></p>
        </form>
</body>
</html>
```

第二步：编写获取数据的 Servlet（GetDataServlet.java）。

```
@WebServlet("/form")
public class GetDataServlet extends HttpServlet {
protected void doGet(HttpServletRequest request, HttpServletResponse response) throws ServletException,
IOException {
                response.setContentType("text/html;charset=utf-8");
                PrintWriter out=response.getWriter();
                //统一编码
                request.setCharacterEncoding("utf-8");
                //获取参数
                String user=request.getParameter("user");
                String password=request.getParameter("pwd");
                String sex=request.getParameter("sex");
                String city=request.getParameter("city");
                //设置属性
                request.setAttribute("user",user);
                request.setAttribute("password",password);
                request.setAttribute("sex",sex);
                request.setAttribute("city",city);
                //请求转发
                request.getRequestDispatcher("/ShowServlet").forward(request, response);
        }
}
```

第三步：编写输出数据的 Servlet（ShowServlet.java）。

```
@WebServlet("/ShowServlet")
public class ShowServlet extends HttpServlet {
    protected void doGet(HttpServletRequest request, HttpServletResponse response) throws
ServletException, IOException {
                response.setContentType("text/html;charset=utf-8");
                PrintWriter out=response.getWriter();
                //统一编码
                request.setCharacterEncoding("utf-8");
                //获取属性
                String user=(String) request.getAttribute("user");
```

```
            String password=(String) request.getAttribute("password");
            String sex=(String) request.getAttribute("sex");
            String city=(String) request.getAttribute("city");
            out.println("<html>");
            out.println("<head>");
            out.println("<title></title>");
            out.println("</head>");
            out.println("<body>");
            //打印输出
            out.println("<p>用户名:"+user+"</p>");
            out.println("<p>密码:"+password+"</p>");
            out.println("<p>性别:"+sex+"</p>");
            out.println("<p>城市:"+city+"</p>");
            out.println("</body>");
            out.println("</html>");
        }
    }
```

【梳理回顾】

本节主要介绍了在一次 Web 请求中使用多个资源的方法、RequestDispatcher 对象的使用，以及如何在资源间进行数据的传递，RequestDispatcher 对象的属性操作方法是重点，读者可以结合应用案例进行深入理解。

3.3 ServletContext

Servlet 容器启动时会为每个 Web 应用创建唯一的 ServletContext 对象代表当前 Web 应用。本节将针对 ServletContext 进行详细的介绍。

【提出问题】

在 Web 开发中，当多个用户共同访问网站时，网站开发者会希望能够知道某个页面的总访问量。此时，使用数据库是最理想的解决方案，但在没有讲解数据库的情况下我们可以通过什么方式解决多用户访问时计数的问题?

【知识储备】

3.3.1 ServletContext 对象

Web 服务器启动时会为每个 Web 应用程序创建一个对应的 ServletContext 对象。ServletContext 对象包含 Web 应用中所有 Servlet 在 Web 容器中的一些数据信息。ServletContext 随着 Web 应用的启动而创建，随着 Web 应用的关闭而销毁。一个 Web 应用只有一个 ServletContext 对象。

ServletContext 中不仅包含 web.xml 文件中的配置信息，还包含当前应用中所有 Servlet 可以共享的数据。可以说，ServletContext 代表整个应用。它的主要功能如下。

- 读取全局配置参数。
- 记录日志。
- 通过 URL 获得资源引用。

- 设置和存储上下文中其他 Servlet 可以访问的属性。
- 创建新的 Servlet、Filter、Listener，并注册到 Web 应用中。

Servlet 使用 ServletContext 对象就可以实现以上功能，如图 3-14 所示。

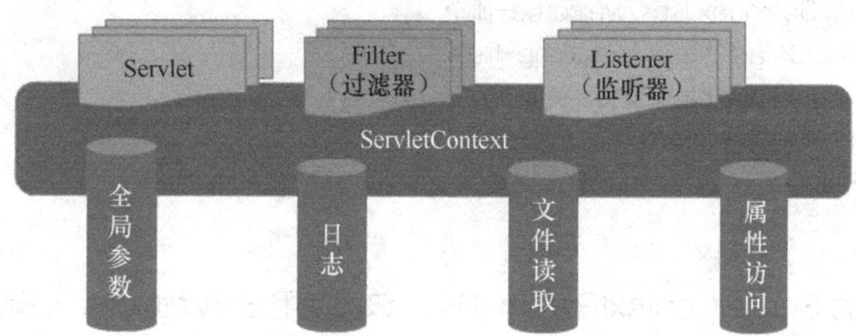

图 3-14 ServletContext 对象主要功能

3.3.2 ServletContext 的方法

ServletContext 接口的主要方法如下。

1. 获取 Web 应用程序的初始化参数

在 web.xml 文件中，不仅可以配置 Servlet 的初始化信息，还可以配置整个 Web 应用的初始化信息。Web 应用初始化参数的配置方式如下。

```
<?xml version="1.0" encoding="UTF-8"?>
<!-- 省略<web-app>标签中部分属性 -->
<web-app>
<display-name>Servlet</display-name>
<context-param>
<param-name>encoding</param-name>
<param-value>UTF-8</param-value>
</context-param>
</web-app>
```

在上面的示例中，<context-param>标签位于根标签<web-app>中，它的子标签<param-name>和<param-value>分别用来指定参数名和参数值。要想获取这些参数信息，可以使用 ServletContext 接口，该接口中定义的 getInitParameterNames()方法和 getInitParameter (String name)方法分别用来获取参数名和参数值。

下面通过一个案例来演示如何使用 ServletContext 接口获取 Web 应用程序的初始化参数。

在 web.xml 文件中配置初始化参数信息和 Servlet 信息。

```
<?xml version="1.0" encoding="UTF-8"?>
<!-- 省略<web-app>标签中部分属性 -->
<web-app>
<context-param>
        <param-name>encoding</param-name>
        <param-value>utf-8</param-value>
```

```
</context-param>
<welcome-file-list>
    <welcome-file>index.html</welcome-file>
    <welcome-file>index.htm</welcome-file>
        <welcome-file>index.jsp</welcome-file>
    <welcome-file>default.html</welcome-file>
    <welcome-file>default.htm</welcome-file>
    <welcome-file>default.jsp</welcome-file>
</welcome-file-list>
</web-app>
```

创建一个名称为 ServletContextParam 的类，该类使用 ServletContext 接口来获取 web.xml 中的配置信息。

```
protected void doGet(HttpServletRequest request, HttpServletResponse response) throws ServletException,
IOException {
            ServletContext context = request.getServletContext();
            String encoding = context.getInitParameter("encoding");
            response.setContentType("text/html;charset=utf-8");
            PrintWriter out = response.getWriter();
            out.println("<html>");
            out.println("<head>");
            out.println("<title>ServletContext 获取全局参数</title>");
            out.println("</head>");
            out.println("<body>");
            out.println("<h2>encoding:"+encoding+"</h2>");
            out.println("</body>");
            out.println("</html>");
}
```

运行结果如图 3-15 所示。

图 3-15 运行结果

2. 属性操作

Servlet 可以将对象以不同的属性名绑定到 ServletContext 中，绑定到 ServletContext 中的任何属性都可以被当前 Web 应用中的其他 Servlet 访问。在 ServletContext 接口中定义了用于增加、删除、设置 ServletContext 域属性的 4 个方法，如表 3-5 所示。

表 3-5 增加、删除、设置 ServletContext 域属性的 4 个方法

方法声明	功能描述
void setAttribute(String name,Object value)	设置 ServletContext 的域属性，其中 name 是域属性名，Object value 是域属性值
Object getAttribute(String name)	根据参数指定的属性名返回一个与之匹配的域属性值
Enumeration getAttributeNames()	返回一个 Enumeration 对象，该对象包含了所有存放在 ServletContext 中的域属性名
void removeAttribute(String name)	根据参数指定的域属性名，从 ServletContext 中删除匹配的域属性

我们通过一段代码用 setAttribute()方法设置 ServletContext 的域属性。

```
    protected void doGet(HttpServletRequest request, HttpServletResponse response) throws ServletException,
IOException {
                ServletContext context = this.getServletContext() ;
                //通过 setArrtibute()方法设置属性值
                context.setAttribute("name", "zhangsan") ;
    }
```

再用 getAttribute()方法来获取与之匹配的域属性值。

```
    protected void doGet(HttpServletRequest request, HttpServletResponse response) throws ServletException,
IOException {
                response.setContentType("text/html;charset=UTF-8");
                PrintWriter out = response.getWriter() ;
                ServletContext context = this.getServletContext() ;
                //通过 getAttribute()方法获取属性值
                String name = (String)context.getAttribute("name") ;
                out.print("获取属性值="+name);
    }
```

运行结果如图 3-16 所示。

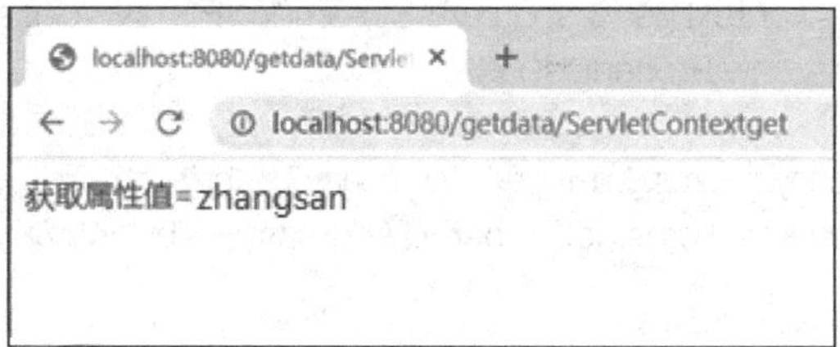

图 3-16 运行结果

我们通过运行结果可以看到，ServletContext 对象可以实现多个 Servlet 数据的共享。

3. 资源访问

ServletContext 提供对 Web 应用程序中静态资源（如 HTML、GIF 和 JPEG 文件）的直接访问。在 ServletContext 接口中定义了一些读取 Web 资源的方法，这些方法是依靠 Servlet 容器来实现的。表 3-6 中列举了 ServletContext 接口访问资源的常用方法。

表 3-6　　ServletContext 接口访问资源的常用方法

方法声明	功能描述
URL getResource(String path)	返回映射到某个资源文件的 URL 对象。参数 path 必须以正斜线"/"开始，"/"表示当前 Web 应用的根目录
InputStream getResourceAsStream (String path)	返回映射到某个资源文件的 InputStream 输入流对象。参数 path 的传递规则和 getResource()方法的一致
String getRealPath(String path)	返回资源文件在服务器文件系统的真实路径（文件的绝对路径）。参数 path 代表资源文件的虚拟路径。如果 Servlet 容器不能将虚拟路径转换成文件系统的真实路径，则返回 null
Set getResourcePaths(String path)	返回一个 Set 集合。集合包含资源目录中子目录和文件的路径名称

下面通过一个案例来演示使用 ServletContext 对象读取资源文件的方法。

在 src 目录下创建名为 zhangsan.properties 的文件，输入如下配置信息。

```
company = zhangsan
Address = dalian
```

提示　**在 Eclipse 软件中 src 目录下创建的资源文件在 Tomcat 服务器启动时会被复制到项目的 WEB-INF/classes 目录下。**

使用 ServletContext 的 getResourceAsStream(String path)方法来获取资源文件的输入输出流对象。

```
protected void doGet(HttpServletRequest request, HttpServletResponse response) throws ServletException,
IOException {
        response.setContentType("text/html;charset=UTF-8");
        ServletContext context = this.getServletContext() ;
        PrintWriter out = response.getWriter() ;
        //获取相对路径中的输入输出流对象
        InputStream in = context.getResourceAsStream("/WEB-INF/classes/zhangsan.properties") ;
        Properties pros = new Properties() ;
          pros.load(in) ;
          out.print("company="+pros.getProperty("company")+"<br/><br/>");
          out.print("Address="+pros.getProperty("Address")+"<br/><br/>");
}
```

运行结果如图 3-17 所示。

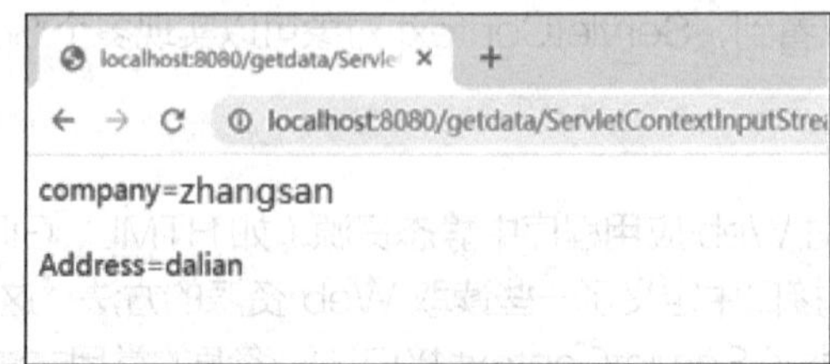

图 3-17　运行结果

4. 其他方法

除了前面介绍的几个主要方法之外，还有一些常用的方法，如表 3-7 所示。

表 3-7　ServletContext 接口其他主要方法

方法声明	功能描述
void log(String msg)	将指定信息输出到 Servlet 日志文件，通常为时间日志
void log(String message, Throwable throwable)	将给定异常对象的堆栈跟踪信息输出到 Servlet 日志文件
int getSessionTimeout()	用来获取会话超时时间间隔，以分钟为单位
void setSessionTimeout(int timeout)	用来指定默认的会话超时时间间隔，以分钟为单位
String getRequestCharacterEncoding()	获取对客户端请求时的编码
void setRequestCharacterEncoding (String encoding)	设置对客户端请求时的编码
String getResponseCharacterEncoding()	获取 HTTP 响应的编码
Void setResponseCharacterEncoding (String encoding)	设置 HTTP 响应的编码

【应用案例】计数服务

通过学习 ServletContext 对象的作用和相关方法，本节提出的多用户访问时计数的问题也迎刃而解。通过对本案例的学习，读者将学会使用 ServletContext 相关方法。

任务目标

创建一个 Servlet，通过 ServletContext 对象和属性设置进行访问数量的统计，如图 3-18 和图 3-19 所示。

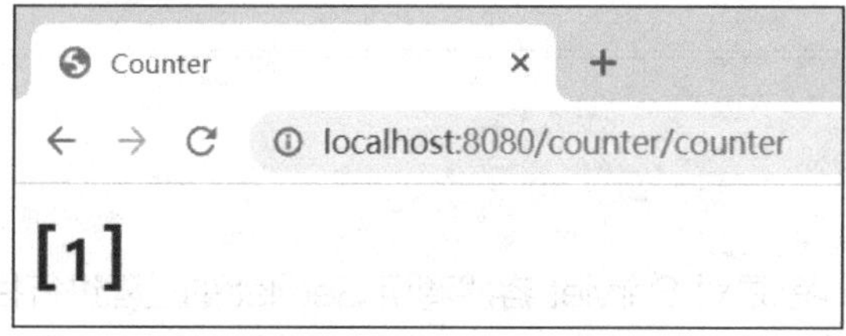

图 3-18　第一次访问计数

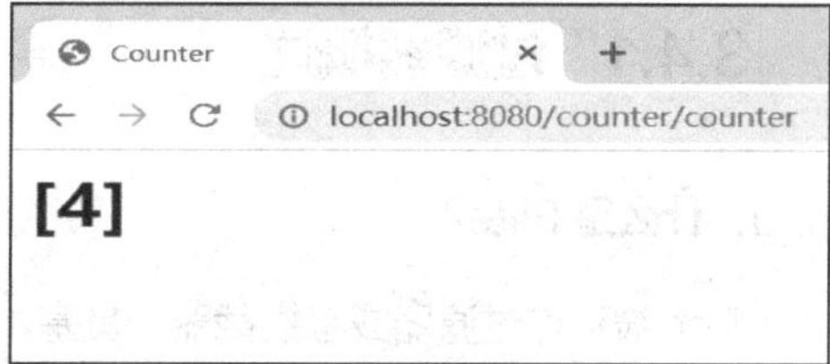

图 3-19　第四次访问计数

实现步骤

```
protected void doGet(HttpServletRequest request, HttpServletResponse response) throws ServletException, IOException {
        PrintWriter out = response.getWriter();
        ServletContext application = this.getServletContext();
        //获取属性进行计数
        Integer counter = (Integer) application.getAttribute("counter");
        if (counter == null) {
            counter = 0;
        }
        counter++;
```

```
            //设置属性，保存计数值
            application.setAttribute("counter", counter);
            out.println("<html><head><title>Counter</title><body><h1>" + "[" + counter +
"]</h1></body> </html>");
            out.flush();
    }
```

通过运行程序可以看见，当刷新或访问网页时，计数器都会不断地累加 1,这是通过统计访问量的计数实现的。

【梳理回顾】

本节主要介绍了 ServletContext 的基本知识及其对象和方法的使用。如何灵活地应用方法进行实际案例的开发是本章的重点和难点，读者可以结合应用案例进行深入理解。

3.4 过滤器（Filter）

与 Servlet 相似，过滤器是一种 Web 应用程序组件，可以绑定到一个 Web 应用程序中。但是与其他 Web 应用程序组件不同的是，过滤器是“链”在容器的处理过程中的。这意味着它们会在 Servlet 处理器之前访问一个进入的请求，并在给客户端返回响应信息之前，由过滤器访问这些响应信息。这种访问使得过滤器可以检查并修改请求和响应的内容。

【提出问题】

在 Web 开发中，经常会遇到中文乱码问题，按照前面所学知识，解决乱码的一般方法是在 Servlet 程序中设置编码，但是，如果多个 Servlet 程序都需要设置编码，势必要书写大量重复代码。那么，怎样来设置统一的编码使程序不再出现乱码呢？

【知识储备】

3.4.1 过滤器概述

1. 什么是 Filter

Filter 被称作过滤器或者拦截器，其基本功能就是对 Servlet 容器调用 Servlet 的过程进行拦截，在 Servlet 进行响应处理前后实现一些特殊功能。Filter 在 Web 应用中进行拦截的过程如图 3-20 所示。

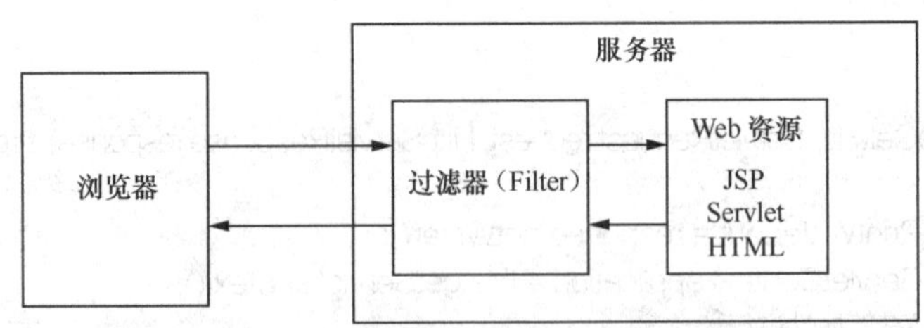

图 3-20 Filter 在 Web 应用中进行拦截的过程

当浏览器访问服务器中的目标资源时，会被 Filter 拦截，在 Filter 中进行预处理操作，然后将请求转发给目标服务器。服务器接收到这个请求后会对其进行响应，在服务器处理响应的过程中，也需要先将响应结果发送给 Filter，在 Filter 中对响应结果进行处理后才会发送给客户端。

2. Filter 的主要用途

过滤器是一段可复用的代码，可以转换 HTTP 请求、响应头信息的内容。过滤器通常不会像 Servlet 那样创建响应或响应用户请求，而是对请求、响应加以修改或调整，是用来拦截并修改请求和响应的组件框架。它在应用过程中主要有以下用途。

（1）缓存处理。

（2）响应数据压缩。

（3）输出日志信息。

（4）认证、访问控制及加密。

（5）内容转换。

3.4.2 实现第一个 Filter 程序

1. Filter 接口的方法

事实上，Filter 就是一个实现了 javax.servlet.Filter 接口的类，在 javax.servlet.Filter 接口中定义了 3 个方法，如表 3-8 所示。

表 3-8 Filter 接口的 3 个方法

方法声明	功能描述
init(FilterConfig filterConfig)	init()方法仅在 Filter 初始化时调用。通过调用 FilterConfig 对象获得 ServletContext 对象，并将其存于某处以便 doFilter()方法访问。通过调用 FilterConfig 对象的 getInitParameter()方法可以获取 Filter 初始参数
doFilter(ServletRequest request, ServletResponse response, FilterChain chain)	doFilter()方法有多个参数，其中，参数 request 和 response 分别为 Web 服务器或 Filter 链中的上一个 Filter 传递过来的请求和响应对象。参数 chain 代表当前 Filter 链的对象
destroy()	destroy()方法用于释放被 Filter 对象打开的资源，在 Web 服务器卸载 Filter 对象之前被调用

提示 **doFilter()方法中 chain 参数在当前 Filter 对象中的 doFilter()方法内部，需要调用 FilterChain 对象的 doFilter()方法才能把请求交付给 Filter 链中的下一个 Filter 或者目标程序去处理。**

为了获取 Filter 程序在 web.xml 文件中的配置信息，Servlet API 提供了一个 FilterConfig 接口，该接口封装了 Filter 程序在 web.xml 中的所有注册信息，并且提供了一系列获取这些配置信息的方法，如表 3-9 所示。

表 3-9 配置信息的相关方法

方法声明	功能描述
String getFilterName ()	getFilterName()方法用于返回在 web.xml 文件中为 Filter 设置的名称，也就是返回<filter-name>标签的设置值
ServletContext getServletContext()	getServletContext()方法用于返回 FilterConfig 对象中所包装的 ServletContext 对象的引用

续表

方法声明	功能描述
String getInitParameter(String name)	getInitParameter(String name)方法用于返回在 web.xml 文件中为 Filter 设置的某个名称的初始化参数值，如果指定名称的初始化参数不存在，则返回 null
Enumeration getInitParameterNames()	getInitParameterNames()方法用于返回一个 Enumeration 集合对象，该集合对象中包含了 web.xml 文件中为当前 Filter 设置的所有初始化参数的名称

2. 第一个 Filter 程序

为了帮助读者快速了解 Filter 的开发过程，下面分步骤实现“第一个 Filter 程序”，演示 Filter 程序如何对 Servlet 程序的调用过程进行拦截。

（1）在 com.example.Filter.FirstFilter 包中创建名为 FirstFilter 的 Servlet 程序，代码如下。

```
protected void doGet(HttpServletRequest request, HttpServletResponse response) throws ServletException,
IOException {
                response.getWriter().write("Hello world ");
}
```

此时，访问 FirstFilter 的 Servlet 程序，浏览器窗口会显示“Hello world”。运行结果如图 3-21 所示。

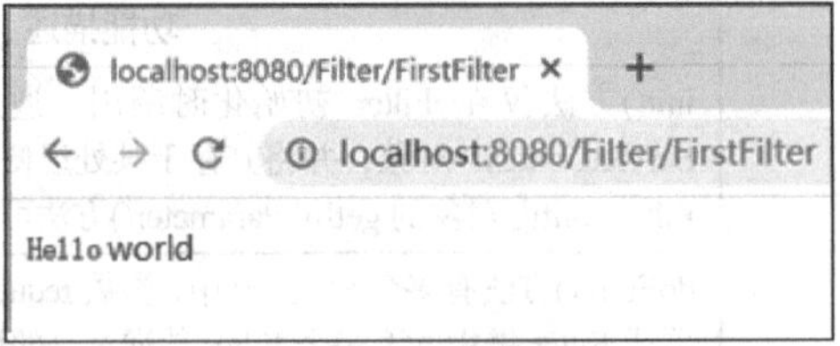

图 3-21　运行结果

（2）在 com.example.Filter.FirstFilter 包中创建名为 MyFilter 的过滤器，代码如下。

```
public class MyFilter implements Filter {
        public void init(FilterConfig fConfig) throws ServletException {
                // 过滤器对象在初始化时调用，可以配置一些初始化参数
        }
        public void doFilter(ServletRequest request, ServletResponse response,  FilterChain chain)
throws IOException, ServletException {
                // 用于拦截用户的请求，如果和当前过滤器的拦截路径匹配，则该方法会被调用
                PrintWriter out=response.getWriter();
                out.write("Hello MyFilter");
        }
        public void destroy() {
                // 过滤器对象在销毁时自动调用，释放资源
        }
}
```

过滤器程序与 Servlet 程序类似，同样需要在 web.xml 文件中进行配置，从而设置它所能拦截的资源。过滤器的配置信息中包含多个标签，这些标签的作用不同。

<filter>根标签用于注册一个 Filter。

<filter-name>子标签用于设置 Filter 名称。

<filter-class>子标签用于设置 Filter 类的完整名称。

<filter-mapping>根标签用于设置一个过滤器拦截的资源。

<filter-name>子标签必须与<filter>中的<filter-name>子标签相同。

<url-pattern>子标签用于匹配用户请求的 URL，例如“/MyServlet”，这个 URL 还可以使用通配符“*”来表示，如“*.do”适用于所有以“.do”结尾的 Servlet 路径。

```
Filter 声明
<filter>
    <filter-name>MyFilter</filter-name>
    <filter-class>com.example.Filter.FirstFilter.MyFilter</filter-class>
</filter>
Filter 映射
```

- url-pattern：根据请求路径进行过滤

```
<filter-mapping>
    <filter-name>MyFilter</filter-name>
<url-pattern>/*</url-pattern>
 </filter-mapping>
```

- servlet-name：根据 Servlet 名称过滤

```
<filter-mapping>
    <filter-name>MyFilter</filter-name>
<servlet-name>FirstFilter</servlet-name>
</filter-mapping>
```

运行结果如图 3-22 所示。

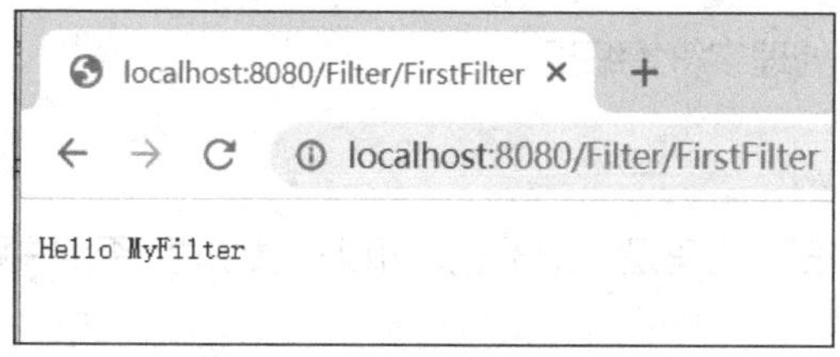

图 3-22　运行结果

过滤器定义和配置完成后，使用浏览器访问 FirstFilter 的 Servlet 程序，浏览器窗口中只显示 MyFilter 的输出信息，并没有显示 FirstFilter 的 Servlet 输出信息，这说明 MyFilter 成功拦截了 FirstFilter 的 Servlet 程序。

3.4.3　过滤器注解@WebFilter

@WebFilter 用于将一个类声明为过滤器，该注解会在部署时被容器处理，容器将根据具体的属性配置将相应的类部署为过滤器。该注解具有表 3-10 给出的一些常用属性。

表 3-10 @WebFilter 的常用属性

属性名	类型	描述
filterName	String	指定过滤器的 name 属性，等价于<filter-name>
value	String[ ]	该属性等价于 urlPatterns 属性，但是两者不可同时使用
urlPatterns	String[ ]	指定一组过滤器的 URL 匹配模式，等价于<url-pattern>标签
ServletNames	String[ ]	指定过滤器将应用于哪些 Servlet，取值是@WebServlet 中的 name 属性的取值，或者是 web.xml 中<servlet-name>的取值
dispatherTypes	DispatherType	指定过滤器的转发模式。具体取值包括 ASYNC、ERROR、FORWARD、INCLUDE、REQUEST
initParams	WebInitParam[ ]	指定一组过滤器初始化参数，等价于<init-param>标签
asyncSuppported	boolean	声明过滤器是否支持异步操作模式，等价于<async-supported>标签
description	String	该过滤器的描述信息，等价于<description>标签
displayName	String	该过滤器的显示名，通常配合工具使用，等价于<display-name>标签

提示 **以上所有属性均为可选属性，但是 value、urlPatterns、servletNames 三者至少要包含一个，且 value 和 urlPatterns 不能共存，如果同时指定两者，通常忽略 value 的取值。**

【应用案例】解决中文乱码问题

通过学习过滤器基础知识，本节提出的设置统一的编码使程序不再出现乱码的问题也迎刃而解。通过本案例的学习，读者将学会使用 Filter 统一处理业务，且会配置 Filter。

任务目标

（1）创建登录页面，包括用户名和密码，如图 3-23 所示。

（2）创建过滤器。

① 创建过滤器，统一处理字符集编码。

② 配置过滤器。

（3）实现登录功能。

① 如果用户名是“张三”，密码是“123”，则可以登录成功；否则失败，如图 3-24 和图 3-25 所示。

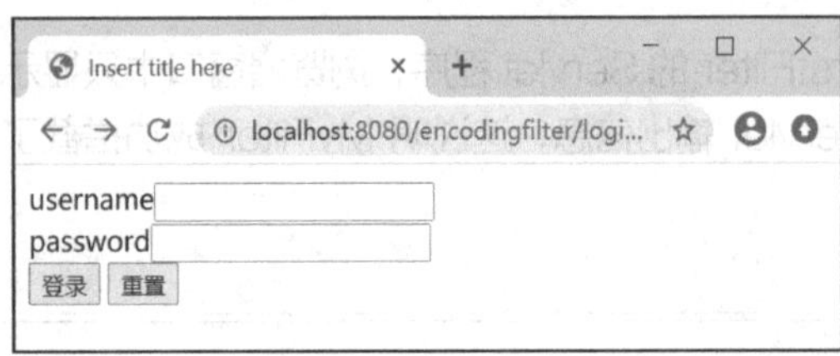

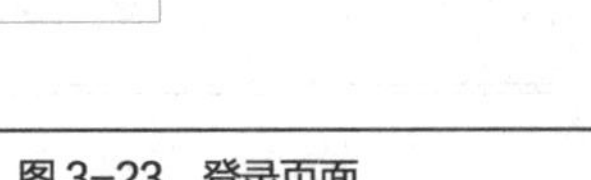

图 3-23 登录页面

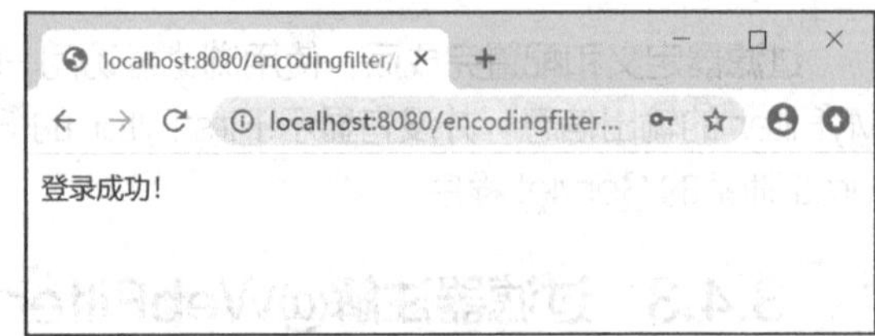

图 3-24 登录成功页面

② 登录后显示登录信息。

图 3-25　登录失败页面

实现步骤

第一步：创建登录页面。

```
<body>
    <form action="./login" method="post">
    username<input type="text" name="user" id="" /><br />
    password<input type="password" name="pwd" id="" /><br />
    <input type="submit" value="登录" />
    <input type="reset" value="重置" />
    </form>
</body>
```

第二步：创建过滤器统一字符集。

```
public class CharacterEncodingFilter implements Filter {
    private String encoding = null;
    public CharacterEncodingFilter() {
    }
    public void destroy() {
    }
    public void doFilter(ServletRequest request, ServletResponse response, FilterChain chain) throws
IOException, ServletException {
        System.out.println("CharacterEncodingFilter.....过滤字符编码");
        //设置 request 编码字符集
        request.setCharacterEncoding(encoding);
        //设置 response 编码字符集
        response.setCharacterEncoding(encoding);
        //设置页面字符集
        response.setContentType("text/html;charset=utf-8");
        //将处理好的请求直接发送给 Servlet
        chain.doFilter(request, response);
    }
    public void init(FilterConfig fConfig) throws ServletException {
        encoding = fConfig.getInitParameter("encoding");
    }
}
```

第三步：配置过滤器。

```
<web-app>
<filter>
<filter-name>characterEncoding</filter-name>
    <filter-class>com.example.filter.CharacterEncodingFilter</filter-class>
    <init-param>
        <param-name>encoding</param-name>
        <param-value>UTF-8</param-value>
    </init-param>
</filter>
<filter-mapping>
    <filter-name>characterEncoding</filter-name>
    <url-pattern>/*</url-pattern>
</filter-mapping>
</web-app>
```

第四步：创建 Servlet 处理登录。

```
protected void doGet(HttpServletRequest request, HttpServletResponse response)  throws ServletException,
IOException {
        //原先设置的编码形式可以去除
        //request.setCharacterEncoding("UTF-8");
        //response.setContentType("text/html;charset=UTF-8");
        PrintWriter out = response.getWriter();
        out.println("<html><head></head><body>");
        //获取用户名
        String user = request.getParameter("user");
        //获取密码
        String password = request.getParameter("pwd");
        //判断正误
        if ("张三".equalsIgnoreCase(user) && "123".equals(password)) {
            HttpSession session = request.getSession();
            session.setAttribute("user", user);
            out.println("登录成功！");
        } else {
            out.println("用户名或密码不正确，请重新输入");
        }
        out.println("</body></html>");
        out.flush();
}
```

3.4.4 Filter 映射

使用 Filter 拦截资源时，需要配置 Filter 映射，用 XML 进行配置的具体方式如下。

1. 使用通配符“*”拦截用户的所有请求

<filter-mapping>标签用于配置 Filter 拦截的资源信息，如果想让 Filter 拦截所有的访问请求，

那么需要使用通配符“*”来实现。

```
<filter>
<filter-name>MyFilter</filter-name>
<filter-class>com.example.Filter.FirstFilter.MyFilter</filter-class>
</filter>
<filter-mapping>
<filter-name>MyFilter</filter-name>
<url-pattern>/*</url-pattern>
</filter-mapping>
```

2. 拦截访问请求的不同方式

在 web.xml 文件中，一个<filter-mapping>标签用于配置一个 Filter 拦截的资源信息。<filter-mapping>标签中有一个特殊的子标签<dispatcher>，该标签用于指定 Filter 拦截的资源被 Servlet 容器调用的方式，<dispatcher>标签的值共有 4 个，具体如下。

（1）REQUEST

当用户直接访问页面时，Web 容器将会调用 Filter。如果目标资源通过 RequestDispatcher 的 include()方法或 forward()方法访问，那么 Filter 将不会被调用。如以下示例所示，如果未设置默认 REQUEST，Filter 将会作用于客户端请求的以“/products/…”开始的 request。

```
<filter-mapping>
<filter-name>Loggin Filter</filter-name>
<url-pattern>/products/*</url-pattern>
</filter-mapping>
```

（2）INCLUDE

如果目标资源是通过 RequestDispatcher 的 include()方法进行访问的，那么该 Filter 将被调用；否则，该 Filter 不会被调用。如以下示例所示，Filter 将会作用于 include（嵌入页面）的 request。

```
<filter-mapping>
<filter-name>Loggin Filter</filter-name>
<servlet-name>ProductServlet</servlet-name>
<dispatcher>INCLUDE</dispatcher>
</filter-mapping>
```

（3）FORWARD

如果目标资源是通过 RequestDispatcher 的 forward()方法进行访问的，那么该 Filter 将被调用；否则，该 Filter 不会被调用。如以下示例所示，Filter 将会作用于 FORWARD 转发的 request。

```
<filter-mapping>
<filter-name>All Dispatcher Filter</filter-name>
<servlet-name>*</servlet-name>
<dispatcher>FORWARD</dispatcher>
</filter-mapping>
```

（4）ERROR

如果目标资源是通过声明式异常处理机制进行调用的，那么该 Filter 将被调用；否则，Filter 不会被调用。如以下示例所示，Filter 将会作用于直接请求或转发过来的 request。

```
<filter-mapping>
<filter-name>Loggin Filter</filter-name>
<url-pattern>/products/*</url-pattern>
    <dispatcher>FORWARD</dispatcher>
    <dispatcher>REQUEST</diapatcher>
</filter-mapping>
```

3.4.5 Filter 链

在一个 Web 应用程序中可以注册多个 Filter 程序，每个 Filter 程序都可以针对某一个 URL 进行拦截。如果多个 Filter 程序都对同一个 URL 进行拦截，那么这些 Filter 会组成一个 Filter 链（也称为过滤器链）。

Filter 链用 FilterChain 对象来表示，FilterChain 对象中有一个 doFilter()方法，该方法的作用就是让 Filter 链上的当前 Filter 放行，使请求进入下一个 Filter。

图 3-26 展示了 Filter 链的拦截过程。当浏览器访问 Web 服务器中的资源时需要经过 Filter1 和 Filter2，首先 Filter1 会对这个请求进行拦截，在 Filter1 中处理好请求后，通过调用 Filter1 的 doFilter()方法将请求传递给 Filter2，Filter2 将用户请求处理好后同样调用 doFilter()方法，最终将请求发送给目标资源。当 Web 服务器对这个请求做出响应时，也会被 Filter 拦截，拦截顺序与之前相反，最终将响应结果发送给客户端。

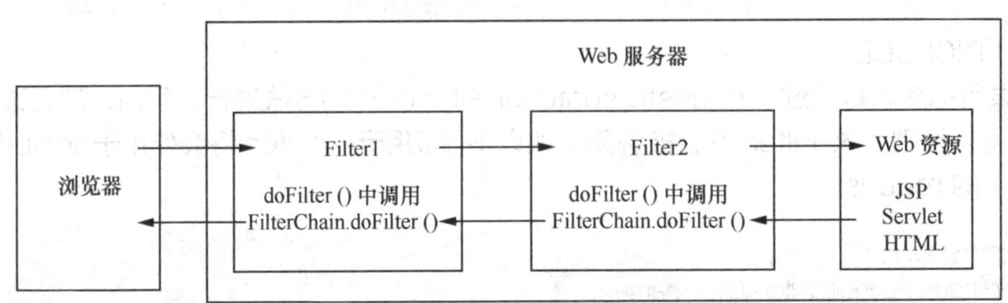

图 3-26 Filter 链的拦截过程

【应用案例】用过滤器检查用户是否登录

通过对本案例的学习，读者将实现对用户是否登录过进行检查，学会使用 Filter 统一处理业务，配置 Filter。

任务目标

（1）创建购买页面，单击相应链接进入登录页面，登录页面包括用户名和密码，如图 3-27 和图 3-28 所示。

（2）创建过滤器。

① 创建过滤器，统一处理字符集编码。

② 创建过滤器，对用户是否登录过进行判断。

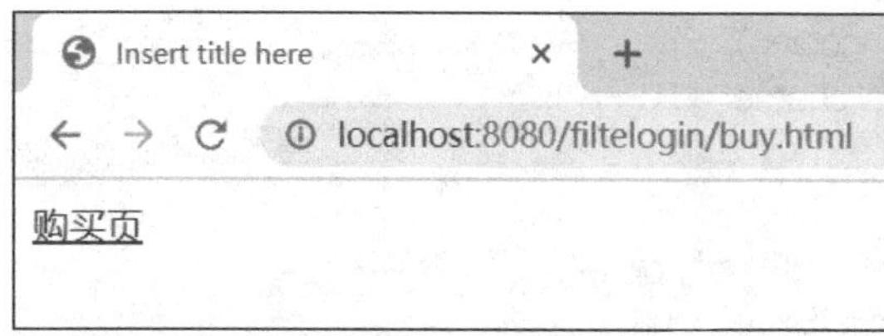

图 3-27　购买页面

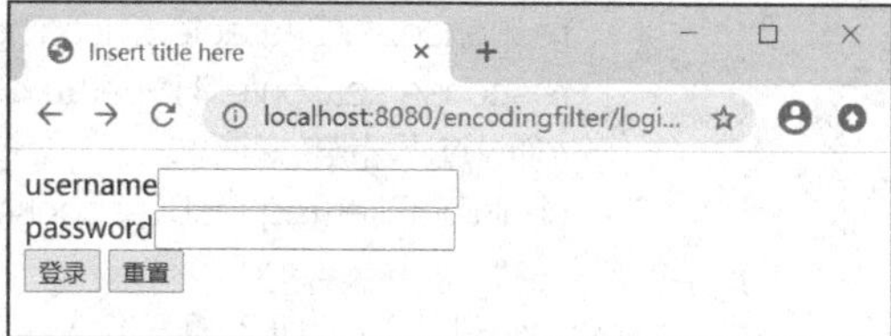

图 3-28　登录页面

（3）实现购物功能。

① 用户名是“张三”，密码是“123”，可以登录成功。

② 当再次浏览购买页面时允许选购商品，如图 3-29 所示。

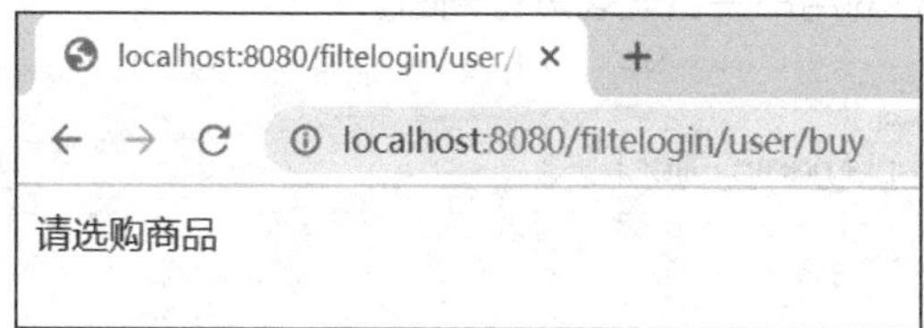

图 3-29　选购商品页面

实现步骤

第一步：创建购买页面和登录页面。

```
<body>
    <a href="user/buy">购买页</a>
</body>
<body>
    <form action="./login" method="post">
        username<input type="text" name="user" id="" /><br />
        password<input type="password" name="pwd" id="" /><br />
<input type="submit" value="登录" />
<input type="reset" value="重置" />
</form>
</body>
```

第二步：创建过滤器统一字符集。

```
@WebFilter(value = "/*", initParams = { @WebInitParam(name = "encoding", value = "UTF-8") })
public class CharacterEncodingFilter implements Filter {
    public CharacterEncodingFilter() {
    }
    public void destroy() {
    }
    public void doFilter(ServletRequest request, ServletResponse response, FilterChain chain) throws
IOException, ServletException {
            HttpServletRequest req = (HttpServletRequest) request;
            HttpServletResponse resp = (HttpServletResponse) response;
            System.out.println("CharacterEncodingFilter......过滤字符编码 1");
            req.setCharacterEncoding(encoding);
```

```
                response.setCharacterEncoding(encoding);
                response.setContentType("text/html;charset=UTF-8");
                //通过过滤器链传递请求
                chain.doFilter(request, response);
        }
        public void init(FilterConfig fConfig) throws ServletException {
                encoding = fConfig.getInitParameter("encoding");
        }
        String encoding = null;
    }
```

第三步：创建过滤器，对用户是否登录进行判断。

```
    @WebFilter("/user/*")
    public class LogoFilter implements Filter {
        public LogoFilter() {
        }
        public void destroy() {
        }
        public void doFilter(ServletRequest request, ServletResponse response, FilterChain chain) throws
IOException, ServletException {
                System.out.println("Loginfilter...过滤是否登录   2");
                HttpServletRequest req = (HttpServletRequest) request;
                HttpServletResponse resp = (HttpServletResponse) response;
                HttpSession session = req.getSession();
                Object user = session.getAttribute("user");
                if (user == null) {
                        resp.sendRedirect("../login.html");
                } else {
                        chain.doFilter(request, response);
                }
        }
        public void init(FilterConfig fConfig) throws ServletException {

        }
    }
```

第四步：创建 Servlet，处理购物信息。

```
    protected void doGet(HttpServletRequest request, HttpServletResponse response) throws ServletException,
IOException {
                System.out.println("Buyservlet....处理购买");
                PrintWriter out = response.getWriter();
                out.println("<html><head></head><body>");
                out.print("请选购商品");
                out.println("</body></html>");
                out.flush();
    }
```

第五步：创建 Servlet、处理登录信息。

```
    protected void doGet(HttpServletRequest request, HttpServletResponse response) throws ServletException,
IOException {
            System.out.println("LoginServlet......处理登录");
            PrintWriter out = response.getWriter();
            out.println("<html><head></head><body>");
            String user = request.getParameter("user");
            String password = request.getParameter("pwd");
            if ("张三".equalsIgnoreCase(user) && "123".equals(password)) {
                HttpSession session = request.getSession();
                session.setAttribute("user", user);
                out.println("登录成功！ ");
            } else {
                out.println("用户名或密码不正确，请重新输入");
            }
            out.println("</body></html>");
            out.flush();
    }
```

【梳理回顾】

本节主要介绍了 Filter 和 Filter 链，重点强调了 Filter 的用途、适用的场景、编写和配置，以及开发 Filter 的注意事项。

通过学习本部分内容，读者应当理解 Filter 是用于封装公共逻辑的组件技术，可以根据需要进行可插拔式的配置。

3.5 监听器

Servlet 监听器是在 Servlet 2.3 规范中与 Servlet 过滤器一起引入的，并且在 Servlet 2.4 中进行了较大的改进，主要用于对 Web 进行监听和控制，监听器对象可以在事件发生前后做一些必要的处理。

【提出问题】

在线人数的统计可以很好地体现网站的访问峰值、访问时段等，对于网站运营计划的修订、网站内容和风格的改进等都有重要作用。那么，如何准确地获取网站在线的用户数量呢？

【知识储备】

3.5.1 监听器概述

Servlet 监听器的功能类似于 Java GUI 程序的事件监听器，如监听鼠标单击事件、监听键盘按下事件等，监听器在监听的过程中会涉及几个重要组成部分，具体如下。

（1）事件（Event）：用户的一个操作，如单击一个按钮、调用一个方法、创建一个对象等。

（2）事件源：产生事件的对象。

（3）事件监听器（Listener）：负责监听发生在事件源上的事件。

（4）事件处理器：监听器的成员方法，当事件发生的时候会触发对应的处理器（成员方法）。

Servlet 监听器是 Web 应用程序事件模型的一部分。当 Web 应用中的某些状态发生改变时，

Servlet 容器就会产生相应的事件。例如，部署 Web 应用时会创建 ServletContext 对象，此时会触发 ServletContextEvent 事件，HttpSession 对象创建或销毁时会触发 HttpSessionEvent 事件，Servlet 监听器可接收这些被触发的事件，并可以在事件发生前做一些必要的处理。

3.5.2 监听器的类型

在开发 Web 应用程序时，经常会使用事件监听器，这个事件监听器被称为 Servlet 事件监听器，Servlet 事件监听器是一个实现特定接口的 Java 程序，专门用于监听 Web 应用程序，根据监听事件的不同可将这些接口分为 3 类。

1. 用于监听域对象创建和销毁的事件监听器

Servlet 中用于监听域对象创建和销毁的事件监听器需要用到 3 个接口：HttpSessionListener 接口、ServletContextListener 接口和 ServletRequestListener 接口。

HttpSessionListener 接口主要用于监听用户会话对象的创建与销毁，以及对应会话的建立与释放，主要方法如表 3-11 所示。

表 3-11　HttpSessionListener 接口主要方法

方法声明	功能描述
sessionCreated(HttpSessionEvent hse)	创建 HttpSession 时触发此方法
sessionDestroyed(HttpSessionEvent hse)	销毁 HttpSession 时触发此方法

ServletContextListener 接口主要用于监听应用程序环境对象的创建与销毁，以及对应用的部署与取消部署，主要方法如表 3-12 所示。

表 3-12　ServletContextListener 接口主要方法

方法声明	功能描述
contextInitialized(ServletContextEvent sce)	创建 ServletContext 时触发此方法
contextDestroyed(ServletContextEvent sce)	销毁 ServletContext 时触发此方法

ServletRequestListener 接口用于监听请求消息对象的创建与销毁，以及对应连接的建立与释放，主要方法如表 3-13 所示。

表 3-13　ServletRequestListener 接口主要方法

方法声明	功能描述
requestDestroyed(ServletRequestEvent sre)	销毁 ServletRequest 时触发此方法
requestInitialized(ServletRequestEvent sre)	创建 ServletRequest 时触发此方法

2. 用于监听域对象属性增加、修改和删除的事件监听器

Servlet 中用于监听域对象属性增加、修改和删除的事件监听器需要用到 3 个接口：ServletContextAttributeListener 接口、HttpSessionAttributeListener 接口和 ServletRequestAttributeListener 接口。

ServletContextAttributeListener 接口主要用于监听 ServletRequest 对象中属性的变化。

HttpSessionAttributeListener 接口主要用于监听 HttpSession 对象中属性的变化。Servlet RequestAttributeListener 接口主要用于监听 ServletContext 对象中属性的变化。监听域对象属性的监听器主要方法如表 3-14 所示。

表 3-14　　监听域对象属性的监听器主要方法

方法声明	功能描述
attributeAdded(ServletContextAttributeEvent scae)	增加属性时触发该方法
attributeRemoved(ServletContextAttributeEvent scae)	删除属性时触发该方法
attributeReplaced(ServletContextAttributeEvent scae)	修改属性时触发该方法

3. 用于监听绑定到 HttpSession 域中某个对象状态的事件监听器

Servlet 中用于监听绑定到 HttpSession 域中某个对象状态的事件监听需要用到 2 个接口：HttpSessionBindingListener 接口和 HttpSessionActivationListener 接口。

HttpSessionBindingListener 接口用于监听 HttpSession 对象的绑定状态，例如添加对象和移除对象，主要方法如表 3-15 所示。

表 3-15　　HttpSessionBindingListener 接口主要方法

方法声明	功能描述
valueBound(HttpSessionBindingEvent hsbe)	调用 setAttribute()方法时触发此方法
valueUnbound(HttpSessionBindingEvent hsbe)	调用 removeAttribute ()方法时触发此方法

HttpSessionActivationListener 接口用于监听 HttpSession 对象的状态，例如 HttpSession 对象是被激活还是被钝化，主要方法描述见表 3-16。

表 3-16　　HttpSessionActivationListener 接口主要方法

方法声明	功能描述
sessionDidActivate(HttpSessionEvent se)	激活 HttpSession 时触发该方法
sessionWillPassivate(HttpSessionEvent se)	钝化 HttpSession 时触发该方法

3.5.3　监听器应用

1. 监听器工作步骤

监听器在进行工作时，可分为 3 个步骤，具体如下。

（1）注册监听器：将监听器绑定到事件源，即注册监听器。

（2）传递事件发生对象：事件发生时会触发监听器的成员方法，即事件处理器，传递事件对象。

（3）处理事件源：事件处理器通过事件对象获得事件源，并对事件源进行处理。

2. 监听器开发步骤

开发监听器可以通过两个步骤完成，具体如下。

（1）编写监听器。首先根据要监听的事件选择要实现的监听器接口，然后根据要监听的事件覆盖监听器接口的相应方法。

（2）配置监听器 。采用 web.xml 方式或注解方式进行配置。

【应用案例】监听在线人数

通过学习监听器基础知识，本节提出的“如何准确地获取网站在线的用户数量”的问题也迎刃而解。通过对本案例的学习，读者可以通过监听网站的在线人数，理解监听器的工作原理，使用 HttpSessionListener 接口监听会话对象。

任务目标

（1）创建 HttpSessionListener 监听器。

（2）如果监听到 Session 创建，则在线人数加 1；如果监听到 Session 销毁，则在线人数减 1。监听网站在线人数页面如图 3-30 所示。

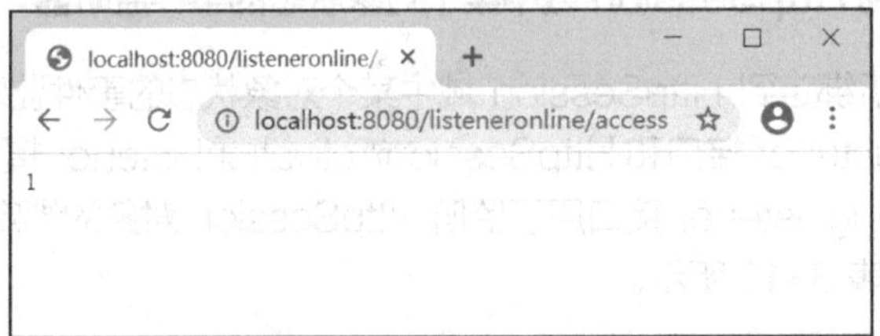

（a）谷歌浏览器监听网站在线人数界面

（b）360 浏览器监听网站在线人数界面

图 3-30　监听网站在线人数

实现步骤

第一步：创建监听器。

```
@WebListener
public class OnlineUserListener implements HttpSessionListener {
    //在线人数的变量
    private int onlineCount;
    public OnlineUserListener() {
            onlineCount=0;
    }

    //会话创建时的处理
    public void sessionCreated(HttpSessionEvent event) {
            //在线人数加 1
            onlineCount++;
            HttpSession session = event.getSession();
```

```
            ServletContext application = session.getServletContext();
            application.setAttribute("onlineCount", onlineCount);
    }
    //会话销毁时的处理
    public void sessionDestroyed(HttpSessionEvent event) {
            //在线人数减 1
            onlineCount--;
            HttpSession session = event.getSession();
            ServletContext application = session.getServletContext();
            application.setAttribute("onlineCount", onlineCount);
    }
}
```

第二步：创建 Servlet。

```
@WebServlet("/access")
public class AccessServlet extends HttpServlet {
        private static final long serialVersionUID = 1L;
        public AccessServlet() {
                super();
        }
        protected void doGet(HttpServletRequest request, HttpServletResponse response)
throws ServletException, IOException {
        // 省略登录过程
        HttpSession session = request.getSession();
        // 显示在线人数
        response.getWriter().println(this.getServletContext().getAttribute("onlineCount"));
        }
        protected void doPost(HttpServletRequest request, HttpServletResponse response) throws
ServletException, IOException {
        doGet(request, response);
        }
}
```

【梳理回顾】

本节主要介绍了监听器的类型、监听器的工作步骤和监听器的开发步骤。通过本部分内容的学习，读者可以了解监听器 3 类接口并可以应用于实际开发中。

3.6 本章小结

本章主要介绍了 Servlet 应用，使用 Cookie 进行读和写操作、request 对象属性的方法、ServletContext 对象和方法、过滤器和监听器的工作原理。

3.7 本章练习

通过完成以下练习，实现 Servlet 表单数据的获取，掌握使用 Servlet 处理业务的方法，解决不同表单类型数据读取、乱码问题。

1．编写注册页面 reg.html，用户可以输入个人基本信息。

要求：

（1）注册页面中需要添加表单元素，文本框、单选按钮、下拉列表、复选框、提交按钮和重置按钮。

（2）在复选框中添加多种学历类型。

注册页面运行效果如图 3-31 所示。

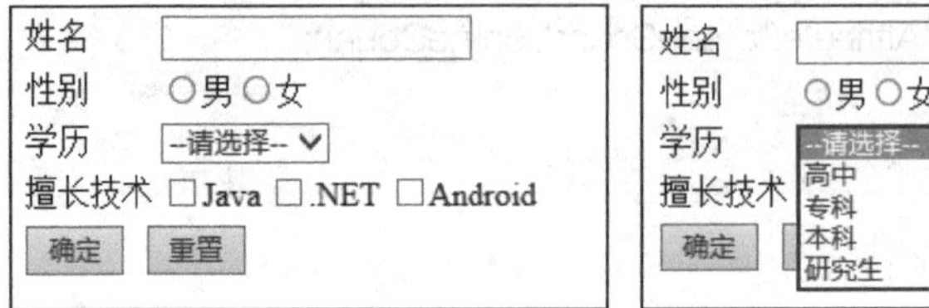

图 3-31　注册页面

2．创建处理注册请求的 Servlet。

要求：

（1）创建类名为 DealReg 的 Servlet，其 mapping url 配置为/DealReg。

（2）在 Servlet 中获取用户在 reg.html 中的所有输入信息，并将信息存入会话有效范围内。

（3）使用重定向方式，跳转到名为 Result 的 Servlet，其映射 URL 配置为/Result。

3．创建能够输出信息的 Servlet。

创建类名为 Result 的 Servlet，在 Servlet 中，从会话有效范围内读取信息并利用表格输出用户基本信息，如图 3-32 所示。

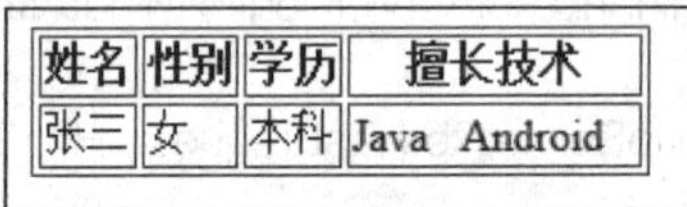

姓名	性别	学历	擅长技术
张三	女	本科	Java Android

图 3-32　用户基本信息页面

第 4 章 JSP应用开发

04

▶ 内容导学

本章主要介绍 JSP 的运行原理，从中反推出 JSP 元素——脚本元素、指令元素和动作元素，使读者了解 JSP 页面的基本语法构成；通过讲解 JSP 常用内置对象，读者能够了解只需调用其方法就能实现特定的功能。通过学习本章知识，读者能够对 JSP 语法及内置对象有进一步的了解，熟练掌握它们可以使 Java Web 编程更加快捷、方便。

▶ 学习目标

① 了解 JSP 的运行原理。
② 理解 JSP 与 Servlet 之间的联系。
③ 掌握 JSP 脚本元素、JSP 动作元素、JSP 指令元素。
④ 掌握 JSP 常用内置对象。

4.1 JSP 概述

JSP 是一种包含 Java 代码的 HTML 文档。接下来，本节将针对 JSP 及其运行原理进行详细的讲解。

【提出问题】

前面，我们已经对 Servlet 进行了非常详细的讲解，我们知道 Servlet 的功能非常强大，但是也有两个缺点。

（1）使用 println()输出 HTML 非常复杂。

（2）对输出的 HTML 文档进行维护非常不便。

那么如何解决这两个问题呢?

【知识储备】

4.1.1 JSP 基础与运行原理

1. JSP 简介

JSP（Java Server Pages，Java 服务器页面），是由 Sun 公司倡导、许多公司参与建立的一种应用范围广泛的动态网页技术标准。它是基于 Java 语言的动态网页技术，实现方式是将 Java 脚本嵌入 HTML 网页中。JSP 主要解决的问题：创建基于 B/S 架构的动态网站。

为了让读者了解 Java 脚本嵌入 HTML 网页的方法，接下来，通过一段代码进行讲解，同时根据代码的运行结果向读者介绍 JSP 的运行原理，具体示例如下。

```
<%@ page contentType="text/html;charset=GBK" %>
<HTML>
<BODY>
<%
  for ( int i=0; i<2; i++ )
  {
  %>
     你好<br/>
<%
  }
  %>
</BODY>
</HTML>
```

```
<HTML>
 <BODY>
  你好<br>
  你好<br>
 </BODY>
</HTML>
```

本程序的功能是循环两次输出“你好”，并将两次“你好”在页面中换行显示，如图 4-1 所示。

图 4-1　页面运行效果

从上述示例中可以看到，JSP 页面除了比普通的 HTML 页面多一些 Java 代码、指令和动作外，两者的基本结构相似。实际上，JSP 基本元素是嵌入在 HTML 页面中的，为了和 HTML 的标签进行区别，JSP 标记都是以“<%”或“<jsp”开头，以“%>”或“>”结尾。

2. JSP 的工作原理

JSP 应用程序运行在服务器端。服务器收到用户通过浏览器提交的请求后进行处理，再以 HTML 的形式返回给浏览器。JSP 的工作原理如图 4-2 所示。

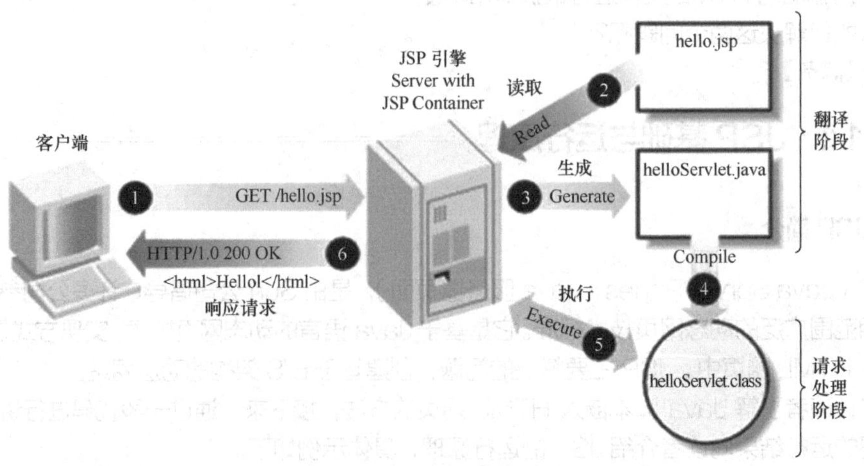

图 4-2　JSP 的工作原理

以下步骤表明了 Web 服务器是如何使用 JSP 来创建网页的。

（1）浏览器发送一个 HTTP 请求给服务器。

（2）Web 服务器识别出这是一个对 JSP 网页的请求，并且将该请求传递给 JSP 引擎，通过使用 URL 或者.jsp 文件来实现。

（3）JSP 引擎从磁盘中载入.jsp 文件，然后将它们转化为 Servlet。这种转化只是简单地将所有模板文本改用 println()语句，并且将所有的 JSP 元素转化成 Java 代码。

（4）JSP 引擎将 Servlet 编译成可执行类，并且将原始请求传递给 Servlet 引擎。

（5）Web 服务器的某组件将会调用 Servlet 引擎，然后载入并执行 Servlet 类。在执行过程中，Servlet 产生 HTML 格式的输出并将其内嵌于 HTTP response 中上交给 Web 服务器。

（6）Web 服务器以静态 HTML 网页的形式将 HTTP response 返回到浏览器中。

（7）最终，Web 浏览器处理 HTTP response 中动态产生的 HTML 网页。

一般情况下，JSP 引擎会检查 JSP 文件对应的 Servlet 是否已经存在，并且检查 JSP 文件的修改日期是否早于 Servlet。如果 JSP 文件的修改日期早于对应的 Servlet，那么容器就可以确定 JSP 文件没有被修改过以及 Servlet 有效。这使得整个流程与其他脚本语言（比如 PHP）相比要高效、快捷一些。

总的来说，JSP 网页就是用另一种方式来编写 Servlet。除了解释阶段外，JSP 网页几乎可以被当成一个普通的 Servlet 来对待。

4.1.2 JSP 与 Servlet 的关系

1. JSP 与 Servlet

Servlet 是一种在服务器端运行的 Java 程序。而 JSP 是继 Servlet 后，Sun 公司推出的新技术标准，它是以 Servlet 为基础开发的。Servlet 是 JSP 的早期版本。JSP 更加注重页面的表示，而 Servlet 则更注重业务逻辑的实现。因此，如果编写的页面显示效果比较复杂，或者在开发过程中 HTML 代码经常发生变化，而 Java 代码相对比较固定，可以选择 JSP。而在处理业务逻辑时，首选 Servlet。JSP 只能处理浏览器的请求，而 Servlet 可以处理一个客户端的应用程序请求。因此，Servlet 加强了 Web 服务器的功能。

二者不可相互代替。Servlet 的强项是进行“控制”和“转发”；JSP 的强项是进行“显示输出”。两者需要“精诚合作”。

在实际应用环境中，同时使用 Servlet 和 JSP 来构建 MVC 框架。Servlet 处理控制部分，JSP 处理显示部分。

2. JSP 的生命周期

理解 JSP 底层功能的关键就是去理解它们所遵守的生命周期。

JSP 生命周期就是从创建到销毁的整个过程，类似于在之前的章节中讲到的 Servlet 生命周期，区别在于，JSP 生命周期还包括将 JSP 文件编译成 Servlet。

以下是 JSP 生命周期中包含的几个阶段。

（1）编译阶段

Servlet 容器编译 JSP 源文件，生成 Servlet 类。

（2）初始化阶段

加载与 JSP 对应的 Servlet 类，创建其实例，并调用它的初始化方法。

（3）执行阶段

调用与 JSP 对应的 Servlet 实例的服务方法。

（4）销毁阶段

调用与 JSP 对应的 Servlet 实例的销毁方法，然后销毁 Servlet 实例。

很明显，JSP 生命周期的主要阶段和 Servlet 生命周期非常相似，如图 4-3 所示。

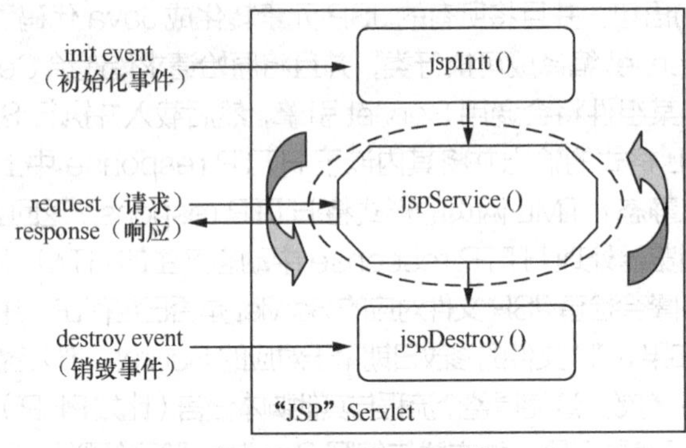

图 4-3　JSP 的生命周期

下面具体介绍 JSP 生命周期的各个阶段。

（1）JSP 编译

当浏览器请求 JSP 页面时，JSP 引擎首先会检查是否需要编译文件。如果这个文件没有被编译过，或者在上次编译后被更改过，则 JSP 引擎会编译这个 JSP 文件。

编译的过程包括 3 个步骤。

① 解析 JSP 文件。

② 将 JSP 文件转为 Servlet。

③ 编译 Servlet。

（2）JSP 初始化

容器载入 JSP 文件后，它会在为请求提供服务前调用 jspInit()方法。如果需要执行自定义的 JSP 初始化任务，复写 jspInit()方法即可，如下。

```
public void jspInit(){
  // 初始化代码
}
```

一般来讲，程序只初始化一次，Servlet 也是如此。通常情况下可以在 jspInit()方法中初始化数据库连接、打开文件和创建查询表。

（3）JSP 执行

这一阶段描述了 JSP 生命周期中一切与请求相关的交互行为，直到被销毁。

JSP 网页完成初始化后，JSP 引擎将会调用 jspService()方法。jspService()方法需要一个 HttpServletRequest 对象和一个 HttpServletResponse 对象作为它的参数，如下。

```
void jspService(HttpServletRequest request,HttpServletResponse response) {
    // 服务端处理代码
}
```

jspService()方法在每个 request 中会被调用一次，并且负责产生与之相对应的 response，并且它还负责产生所有 7 个 HTTP 方法（比如 GET、POST、DELETE 等）的响应。

（4）JSP 销毁

JSP 生命周期的销毁阶段描述了一个 JSP 网页从容器中被移除时所发生的一切。

jspDestroy()方法在 JSP 中等价于 Servlet 中的销毁方法。当需要执行销毁工作时可复写 jspDestroy()方法，比如释放数据库连接或者关闭文件夹等。

jspDestroy()方法的格式如下。

```
public void jspDestroy()
{
    // 清理代码
}
```

【梳理回顾】

现在我们已经知道如何解决前面提出的问题了，方法就是在设计好的 HTML 文档中嵌入逻辑代码，也就是 JSP（包含 Java 代码的 HTML 文档）。

本节对 JSP 的运行原理、JSP 和 Servlet 的关系及 JSP 的生命周期进行了详细的介绍，其中如何理解 JSP 和 Servlet 的关系是一个难点，读者可以结合描述加深理解。

4.2 JSP 页面元素

JSP 页面主要由 HTML、CSS、Java 代码段（脚本元素）、注释、JSP 指令和 JSP 动作等构成。接下来，将针对 JSP 页面语法构成进行详细的讲解。

【提出问题】

JSP 原始代码中包含了模板元素（HTML、JavaScript、CSS 等）和 JSP 元素：模板元素指的是 JSP 引擎不处理的部分；JSP 元素指的是由 JSP 引擎直接处理的部分，这一部分必须符合 JSP 语法，否则会产生编译错误。

我们在这里只讨论 JSP 元素，那么 JSP 元素又有哪些呢?

【知识储备】

4.2.1 JSP 脚本元素与注释

1. JSP 常用的脚本元素

在 JSP 页面中，经常使用一些变量、方法、表达式及脚本，根据 JSP 的运行原理，JSP 页面最终会转换为 Servlet 类，转换后的 Servlet 类中的代码全部来源于 JSP 页面。

下面分别介绍这些基本元素的使用方法。

（1）表达式

表达式用于将已声明的变量输出到网页上，在执行阶段，首先对表达式进行计算，并转换成字符串，然后将转换后的字符串插入 Servlet 输入流中，在 Servlet 中产生类似 out.println(expression)的代码，可以在表达式中使用预先定义的对象（如内置对象等）。

表达式的语法格式如下。

```
<%= Expression %>
```

表达式后面不允许出现分号。

为了避免在脚本中频繁地调用 out.println(String msg)语句，简化内容输出，我们可以适当使用表达式，它会最终转换为 out.println(Expression)形式，并出现在 Service 方法中。

例如：输出计算结果

```
<%=1+2+3%>
<%=getDate()%>
```

表达式示例如下。

```
使用 Date 类显示当前时间
 - Current time: <%= new java.util.Date() %>
使用 Math 类显示随机数字
 - Random number: <%= Math.random() %>
使用内置对象
 - Your parameter: <%= request.getParameter("yourParameter") %>
 - Server: <%= application.getServerInfo() %>
 - Session ID: <%= session.getId() %>
```

（2）脚本段

脚本段用于向生成 Servlet 的 jspService()方法中插入任何所需的代码，可以执行表达式无法完成的任务：执行包含循环、条件判断语句的 Java 程序，设置响应头部和状态码，写入服务器日志，更新数据库。在脚本段中可以使用预定义的变量（如内置对象）。

脚本段的语法格式如下。

```
<% Java code %>
```

在 JSP 页面中有的代码需要出现在转换后的 Servlet 的 service()方法中，服务器处理客户请求时，脚本段对应出现在转换后的 Servlet 的 service()方法中。

脚本段示例如下。

```
//显示请求查询字符串
<%
      request.setAttribute("test", "脚本段");
      String test =(String) request.getAttribute("test);
      out.println(test);
%>
//设置响应头部
<% response.setContentType("text/html; charset=utf-8 "); %>
```

（3）变量和方法的声明

声明用于定义插入 Servlet 类中的成员变量、方法及内部类，声明语法中声明的代码出现在 jspSevice()方法之外；声明语法中不能直接使用内置对象。

声明通常用在脚本段和表达式语法中，若要在 JSP 页面中完成初始化或释放所占用的资源，应当在声明中覆盖 jspInit()方法和 jspDestroy()方法。

声明的语法格式如下。

```
<%!
    变量、方法以及内部类
%>
```

在 Servlet 中可以声明类的属性、方法及内部类，因此在 JSP 页面中必须提供编写这些代码的位置：<%!Declarations %> 对应转换在 Servlet 的类体中。

声明示例如下。

```
//声明变量
<%!
        int i,a,b = 0;
%>
//声明方法
<%!
        private String randomHeading() {
        return "<H2>" + Math.random() + "</H2>";
        }
%>
<%= randomHeading() %>
```

提示　每个声明仅在对应 JSP 页面中有效，若想在多个 JSP 页面中有效，可以将声明写在一个 JSP 页面中，然后使用 include 指令将其包含在每个 JSP 页面中。

2. JSP 注释

在程序中添加注释是为了提高程序的可阅读性、可维护性和可扩展性。所以一个 Java Web 项目中需要各种各样的注释，且注释的位置要适当、便于理解。

在 JSP 中，注释有 3 种类型：HTML 注释、JSP 注释和 Java 语言注释。下面分别介绍这 3 种注释的使用方法。

（1）HTML 注释

在发布网页时可以在浏览器源文件窗口中看到 HTML 注释，即注释的内容会被输送到浏览器中，但不进行显示。在这种注释中也可以使用 JSP 的表达式。

其语法格式如下。

```
<!-- comment [ <%= expression %> ] -->
```

其中，comment 可以是文字说明，expression 为 JSP 表达式。

（2）JSP 注释

JSP 注释是 JSP 的标准注释，写在 JSP 程序中，在发布网页时完全被忽略，不发给客户，如果希望隐藏 JSP 程序的注释，此类注释是很有用的。JSP 注释用于描述 JSP 程序代码，不会被 JSP 引擎解释，也不会输出到客户端。

其语法格式如下。

```
<%-- comment --%>
```

其中，comment 为要添加的文本注释内容。

（3）Java 语言注释

由于 JSP 是在 HTML 中嵌入 Java 代码，因此 Java 本身的注释机制在 JSP 中仍然可以使用。Java 注释和 JSP 注释相似，在发布网页时不会在页面上显示，在浏览器的源文件中也看不到注释内容。

其语法格式如下。

```
<%/*注释语句*/%>
```

或者

```
<%//注释语句%>
```

其中，注释语句为要添加的注释文本。

【应用案例】JSP 脚本元素实例

下面将使用 JSP 脚本元素来实现圆面积的求解。

任务目标

（1）能够使用 JSP 脚本元素的声明、表达式、脚本段和注释。

（2）能够使用 JSP 脚本元素声明变量、声明 increase()方法。

（3）能够使用 JSP 脚本元素完成圆类的编写，并输出变量和圆的面积。

（4）学会使用注释。

本例运行效果如图 4-4 所示。

http://localhost:8080/jspelement/jspelement.jsp

j=1
i=1
圆的面积：314.1592653589793

图 4-4　运行结果

实现步骤

第一步：声明变量、声明 increase()方法。

```
<%!
        //声明变量
        int i = 0;
        //声明 increase()方法
        public void increase() {
        i++;
    }
%>
```

第二步：编写圆类。

```
//声明类
<%!
```

```
public class Circle {
        private double r;
        public void setR(int r){
            this.r = r;
        }
        public double area(){
            return Math.PI * r * r;
        }
}
%>
```

第三步：编写脚本段计算变量自增及圆的面积。

```
<%
        //脚本段
        int j = 0;
        j++;
        //调用 increase()方法
        increase();
        Circle c = new Circle();
        c.setR(10);
%>
```

第四步：使用表达式输出变量的值和圆的面积。

```
<!--表达式输出  -->
<%
        j=<%=j%><br />
        i=<%=i%><br />
        圆的面积：<%=c.area()%>
%>
```

4.2.2 JSP 指令与动作

【知识储备】

1. 指令元素概述

指令（Directive）：指令元素的作用是在将 JSP 源文件解析成 Java 文件时指示 JSP 引擎进行相应的操作，从而达到预期的目的。JSP 指令在整个页面范围内有效，且不在客户端产生任何输出。

基本格式如下。

```
<%@directive attribute1=""... attribute2=""%>
```

2. 常用指令

JSP 的常用指令有 page、include 等。

（1）page 指令

page 指令：用来设定 JSP 页面的全局属性和相关功能，作用于整个 JSP 文件，可以放到 JSP 页面的任何位置，但为了便于阅读和规范格式，通常放到 JSP 页面开始的位置。

一个 JSP 文件可以包含多个 page 指令，指令之间是独立的。除了 import 属性，其他属性不可以被设置不同的值。

page 指令的语法格式如下。

```
<%@ page [language="java"]
            [info="text"]
[import="{package.class|package.*},…" ]
            [session="true|false"]
  [contentType="mimeType[;charset=characterSet]"|"text/html;charset=8859-1"]
[pageEncoding="GBK|8859-1|…"]
            [errorPage= "relativeURL"]
            [isErrorPage= "true|false"]
            [buffer="none|8kb|sizekb"]
            [autoFlush="true|false"]
[isELIgnored="true|false"]
%>
```

提示 **加粗字体为 JSP 1.x 中较为常用的属性，加粗并倾斜字体为 JSP 2.0 中的新属性。**

page 指令中有很多属性，如表 4-1 所示。

表 4-1　　page 指令的属性

属性	描述
buffer	指定 out 对象使用缓存区的大小
autoFlush	控制 out 对象的缓存区
contentType	指定当前 JSP 页面的 MIME 类型和字符编码
errorPage	指定当 JSP 页面产生异常时需要转向的错误处理页面
isErrorPage	指定当前页面是否可以作为另一个 JSP 页面的错误处理页面
extends	指定 Servlet 从哪一个类继承
import	导入要使用的 Java 类
info	定义 JSP 页面的描述信息
isThreadSafe	指定对 JSP 页面的访问是否为线程安全
language	定义 JSP 页面所用的脚本语言，默认是 Java 语言
session	指定 JSP 页面是否使用 session
isELIgnored	指定是否执行 EL 表达式
isScriptingEnabled	确定脚本元素能否被使用

表 4-1 中列出了 page 指令的所有属性，由于大多数属性不常用到，下面只针对一些常用属性的含义和用法进行介绍。

① language 属性

language 属性用于指定 JSP 页面中使用的脚本语言，默认值为 Java。根据 JSP 2.0 规范，目前 JSP 页面的脚本语言只可以使用 Java 语言。

例如，

```
<%@ page language="java" %>
```

如果 language 属性使用了其他脚本语言，将会产生异常。

② import 属性

import 属性用于导入 JSP 页面使用的 Java API 类库。import 属性是所有 page 属性中唯一可以多次设置的属性，用来指定 JSP 页面中所用到的类。

③ contentType 属性

contentType 属性用于设置返回浏览器网页的内容类型和字符编码格式。内容类型包括 text/plain、text/html（默认）、application/x-msexecl 和 application/msword 等。对于普通 JSP 页面，默认的 contentType 属性值为“text/html;charset=ISO-8859-1”。对于 JSP 文档，默认的 contentType 属性值为“text/html;charset=ISO-8859-1”。

如果需要在返回浏览器的 HTML 页面中显示中文，我们经常会用到字符集 UTF-8。

例如，

```
<%@page contentType= content="text/html; charset=UTF-8"%>
```

④ pageEncoding 属性

pageEncoding 属性用于指定 JSP 页面的编码方式，默认值为“ISO-8859-1”，为了支持显示中文，可设置为“UTF-8”。

例如，

```
<%@page pageEncoding="UTF-8"%>
```

⑤ errorPage 属性

errorPage 属性用于指定错误页面，无默认值。当页面出现一个没有被捕获的异常时，错误信息将以 throw 语句抛出，而被设置为错误处理页面的 JSP 页面，将通过 exception 隐含对象获取错误信息。relativeURL 默认设置为空，即没有错误处理页面。

⑥ isErrorPage 属性

isErrorPage 属性用来指定一个异常处理页面，默认值为 false。如果将 isErrorPage 属性设置为 true，则固有的 exception 对象脚本元素可用。

（2）include 指令

include 指令用于在页面当前位置静态插入一个文件，该文件可以是 HTML 文件、JSP 文件、其他文本文件或者只是一段 Java 代码。

JSP 编译器在遇到 include 指令时，会读入包含的文件。

① include 指令常见功能：通常当应用程序中所有的页面存在相同的部分（例如标题、页脚、导航栏或信息栏）时，我们就可以考虑使用 include 指令。

当被包含文件中使用<html>、</html>和<body>、</body>等标签时，要避免与包含文件中的相应标签冲突而造成错误。

include 指令的语法格式如下。

```
<%@ include file="URL" %>
```

其中，URL 是要插入文件的 URL。

② include 指令路径问题：include 指令不能跨应用包含文件。在路径字符串中，若第一个字符是斜杠（/），则该斜杠表示应用根目录。“../” 表示上一层目录。

例如，已知文件 a.jsp 的路径为 d:\myjsp\login，文件 b.jsp 的路径为 d:\myjsp，则：

- JSP 页面包含 b.jsp 正确的写法为：<%@ include file="../b.jsp"%>；
- JSP 页面包含 a.jsp 的正确写法为：<%@ include file="login/a.jsp"%>。

【应用案例】include 指令实例 1

下面将使用 JSP 指令来实现页面的复用。

任务目标

（1）熟悉 JSP 基本语法。

（2）熟练使用 page 指令。

（3）熟练使用 include 指令。

本例运行效果如图 4-5 所示。

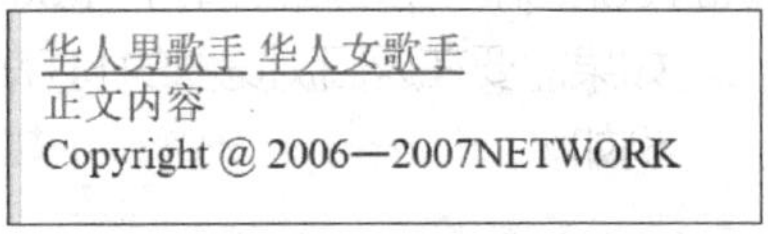

华人男歌手 华人女歌手
正文内容
Copyright @ 2006—2007NETWORK

图 4-5 运行结果

实现步骤

第一步：制作网页头部（head.html）。

```
<%@page contentType="text/html;charset=utf-8" %>
<a href="chinaboy.jsp">华人男歌手</a>
<a href="chinagirl.jsp">华人女歌手</a>
```

第二步：制作网页版权页（Copyright.html）。

```
<%@page contentType="text/html;charset=utf-8" %>Copyright @ 2006—2007NETWORK
```

第三步：编写主页面，复用网页头文件和版权页（home.jsp）

```
<%@page pageEncoding="utf-8"%>
<%@include file="head.htm"%>
      <br>
      正文内容
      <br>
<%@include file="copyright.htm"%>
```

【应用案例】include 指令实例 2

下面通过一个较为复杂的案例来展示 include 指令的应用，以此来和后续的 include 动作进行对比。

任务目标

（1）熟悉 JSP 基本语法。

（2）熟练使用 page 指令。

（3）熟练使用 include 指令。

本例运行效果如图 4-6 所示。

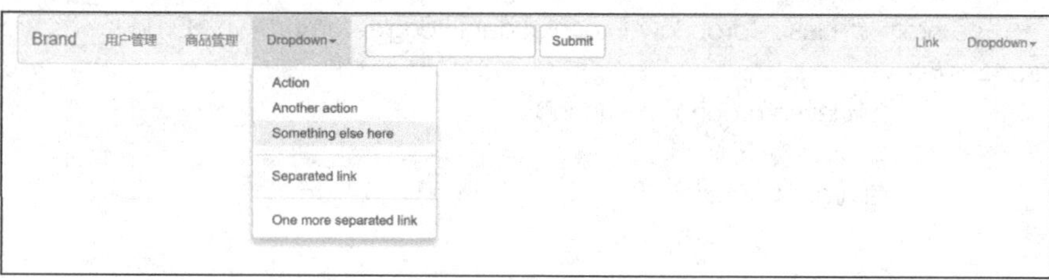

图 4-6　运行结果

实现步骤

在这个案例中，我们使用了 bootstrap 和 JQuery 技术，相关知识点读者可以参考其他资料，这里不做详细介绍。

第一步：制作网页头文件（head.jsp），在这里加入 bootstrap 技术和自定义的 CSS 样式的相关文件。

```
<link href="css/bootstrap.min.css" rel="stylesheet">
<link href="css/style.css" rel="stylesheet">
```

第二步：编写导航页面主体部分（top.jsp），在这里用到 bootstrap 框架中的相关样式设置，读者可以自行查阅相关资料。

```
<%@page contentType="text/html;charset=utf-8" %>
        <div class="row">
        <div class="col-md-12">
        <nav class="navbar navbar-default" role="navigation">
        <div class="navbar-header">
            <button type="button" class="navbar-toggle" data-toggle="collapse" data-target="#bs-
example- navbar-collapse-1">
            <span class="sr-only">Toggle navigation</span><span class="icon-bar"></span><span class=
"icon-bar"> </span><span class="icon-bar"></span>
            </button> <a class="navbar-brand" href="#">Brand</a>
        </div>
        <div class="collapse navbar-collapse" id="bs-example-navbar-collapse-1">
            <ul class="nav navbar-nav">
        <li %if(request.getParameter("page")!=null&&request.getParameter("page").
    equals("user")){
                    out.println("class='active'");
                } %>>
            <a href="#">用户管理</a>
                </li>
                <li %if(request.getParameter("page")!=null&&request.getParameter("page").
    equals("goods")){
                    out.println("class='active'");
```

```
                    } %>>
                    <a href="#">商品管理</a>
                </li>
            <li class="dropdown">
            <a href="#" class="dropdown-toggle" data-toggle="dropdown">Dropdown<strong class=
"caret"></strong></a>
                    <ul class="dropdown-menu">
                    <li>
                    <a href="#">Action</a>
                    </li>
                    <li>
                    <a href="#">Another action</a>
                    </li>
                    <li>
                    <a href="#">Something else here</a>
                    </li>
                    <li class="divider">
                    </li>
                    <li>
                    <a href="#">Separated link</a>
                    </li>
                    <li class="divider">
                    </li>
                    <li>
                    <a href="#">One more separated link</a>
                    </li>
                    </ul>
            </li>
            </ul>
            <form class="navbar-form navbar-left" role="search">
                    <div class="form-group">
                    <input type="text" class="form-control">
                    </div>
                    <button type="submit" class="btn btn-default">
                        Submit
                    </button>
            </form>
            <ul class="nav navbar-nav navbar-right">
                    <li>
                    <a href="#">Link</a>
            </li>
                    <li class="dropdown">
            <a href="#" class="dropdown-toggle" data-toggle="dropdown">Dropdown<strong class=
"caret"></strong></a>
                    <ul class="dropdown-menu">
                        <li>
                        <a href="#">Action</a>
                        </li>
```

```
                        <li>
                        <a href="#">Another action</a>
                        </li>
                        <li>
                        <a href="#">Something else here</a>
                        </li>
                        <li class="divider">
                        </li>
                        <li>
                            <a href="#">Separated link</a>
                        </li>
                    </ul>
                    </li>
            </ul>
</div>
</nav>
        <div class="row">
                <div class="col-md-8">
        </div>
                <div class="col-md-4">
        </div>
        </div>
        </div>
</div>
```

第三步：编写 footer.jsp 文件，这里主要是引入一些样式。

```
<%@page contentType="text/html;charset=utf-8" %>
<div class="row">
    <div class="col-md-12">
    </div>
</div>
```

第四步：编写 tail.jsp 文件，在这个文件中引入 jQuery 和 bootstrap 技术所依赖的相关文件。

```
<%@page contentType="text/html;charset=utf-8" %>
<script src="js/jquery.min.js"></script>
<script src="js/bootstrap.min.js"></script>
<script src="js/scripts.js"></script>
```

第五步：制作网页整体布局（main.jsp），在这里将所有 JSP 文件通过 include 指令进行加载复用，形成最终的导航页面。

```
<%@page contentType="text/html;charset=utf-8" %>
<%@include   file="head.jsp"%>
<div class="container-fluid">
<%@include   file="top.jsp"%>
<div class="row">
    <div class="col-md-4">
```

```
<%@include  file="left.jsp"%>
        </div>
        <div class="col-md-8">
        </div>
        </div>
        <%@include  file="footer.jsp"%>
</div>
<%@include  file="tail.jsp"%>
```

3. 动作元素概述

动作元素也称作标记元素，指将部分常用的脚本片段封装成类似于 HTML 标记的元素，从而提高代码的可读性和可维护性。

JSP 动作就是 JSP 规范中定义的动作元素，容器在处理 JSP 时，如果遇到 JSP 动作，就会根据标记所要实现的语义执行相应的脚本代码。与 JSP 指令元素不同的是，JSP 动作元素在请求处理阶段起作用。JSP 动作元素是用 XML 语法写成的。利用 JSP 动作可以动态地插入文件、重用 JavaBean 组件、把用户重定向到其他页面、为 Java 插件生成 HTML 代码。

动作元素只有一种语法，它符合 XML 标准，如下。

```
<jsp:action_name attribute="value" />
```

动作元素大都是预定义的函数，JSP 规范定义了一系列的标准动作，以 JSP 作为前缀，可用的标准动作元素语法如表 4-2 所示。

表 4-2　可用的标准动作元素语法

语法	描述
jsp:include	在页面被请求的时候引入一个文件
jsp:useBean	寻找或者实例化一个 JavaBean
jsp:setProperty	设置 JavaBean 的属性
jsp:getProperty	输出某个 JavaBean 的属性
jsp:forward	把请求转到一个新的页面
jsp:plugin	根据浏览器类型为 Java 插件生成 OBJECT 或 EMBED 标记
jsp:element	定义动态 XML 元素
jsp:attribute	设置动态定义的 XML 元素属性
jsp:body	设置动态定义的 XML 元素内容
jsp:text	在 JSP 页面和文档中使用写入文本的模板

所有的动作元素都有两个属性：id 属性和 scope 属性。

（1）id 属性

id 属性是动作元素的唯一标识，可以在 JSP 页面中引用。动作元素创建的 id 值可以通过 PageContext 来调用。

（2）scope 属性

scope 属性用于识别动作元素的生命周期。id 属性和 scope 属性有直接关系，scope 属性定义了相关联 id 对象的寿命。scope 属性有 4 个可能的值：page、request、session 和 application。

4. 常用的动作元素

下面我们针对一些常用的动作元素进行详细讲解。

（1）<jsp:include>动作元素

<jsp:include>动作元素用来包含静态和动态的文件。如果是静态网页，则直接将文件内容加入 JSP 网页中；如果是动态网页，则编译文件后加入 JSP 网页中。

语法格式如下。

```
<jsp:include page="相对 URL 地址" flush="true" />
```

或者

```
<jsp:include page="待包含的资源 URL">
    {<jsp:param name="parameterName" value="parameterValue"/>}*
</jsp:include>
```

表 4-3 是<jsp:include>动作元素相关的属性。

表 4-3 <jsp:include>动作元素相关的属性

属性	描述
page	包含在页面中的相对 URL 地址，代表所要包含进来的文件位置
flush	布尔属性，定义在包含资源前是否刷新缓存区

提示 **<jsp:param>传递一个或多个参数给被包含的网页，后面会详细介绍其使用方法。**

【应用案例】<jsp:include>动作元素实例

下面将使用 JSP 的<jsp:include>动作元素来实现页面的复用，同时讲解 include 动作和 include 指令的区别。

任务目标

（1）熟练使用<jsp:include>动作元素。

（2）了解 include 动作和 include 指令的区别。

本例运行效果也如图 4-6 所示。

实现步骤

第一步：制作网页头文件（head.jsp）。

第二步：编写导航页面主体部分（top.jsp）。

第三步：编写 footer.jsp 文件。

第四步：编写 tail.jsp 文件。

在这里，前面 4 步的所有代码和 include 指令中的一致，读者可以自行参阅前面的应用案例。

第五步：制作网页整体布局（main.jsp），在这里将所有 JSP 文件通过<jsp:include>动作元素进行加载复用，并向 top.jsp 文件中传递参数 page，形成最终的导航页面。

```
<%@page contentType="text/html;charset=utf-8" %>
<jsp:include page="head.jsp"/>
<div class="container-fluid">
<jsp:include page="top.jsp">
<jsp:param value="user" name="page"/>
</jsp:include>
<div class="row">
        <div class="col-md-4">
<jsp:include page="left.jsp"/>
        </div>
        <div class="col-md-8">
        </div>
        </div>
        <jsp:include page="footer.jsp"/>
</div>
<jsp:include page="tail.jsp"/>
```

前面已经介绍过 include 指令，我们知道 include 指令和 include 动作都能实现将外部文档包含到 JSP 文档中的效果，虽然它们的名称相似，但也有区别。

include 指令在 JSP 文件被转换成 Servlet 的时候引入文件，而 include 动作在页面被请求的时候引入文件。

两者的区别与比较如下。

① 语法

- include 指令（静态包含）语法：<%@include file="被包含的页面"%>。
- include 动作（动态包含）语法：<jsp:include page="被包含的页面">。

② 参数传递

- 静态包含不能向被包含页面传递参数。
- 动态包含可以使用<jsp:param>标签向被包含页面传递参数。

③ 原理

- 静态包含：先合并再翻译。

在转换之前把包含的文件合在一起，然后编译，从而只生成一个 Java 文件和一个 Class 文件。

- 动态包含：先翻译再合并。

当执行到被包含页面时才转换，所以生成两个 Java 和 Class 文件，两个文件的 request 对象不是同一个。

提示 

使用 include 动作还是 include 指令？

include 指令适用于一些不常变动的页面，而 include 动作适用于一些变动较多的页面。

仅当 include 动作不能满足要求时，我们才使用 include 指令。

当两种方法都可以使用时，include 动作肯定是首选的方法。

既然 include 指令会产生难以维护的代码，为什么还要使用它？

因为 include 指令更为强大。include 指令允许所包含的文件中含有影响主页面的 JSP 代码，比如响应报头的设置和字段、方法的定义。

（2）<jsp:forward>动作元素

<jsp:forward>动作元素可以把请求转到其他页面。<jsp:forward>只有一个属性 page。语法格式如下。

```
<jsp:forward page="转向的页面">
    {<jsp:param name="name" value="value"/>}*
</jsp:forward>
```

提示　<jsp:forward>后面的代码不会被执行。用户看到的地址是当前页面的地址，看到的内容则是另一个页面的。

表 4-4 是<jsp:forward>动作元素相关联的属性列表。

表 4-4　<jsp:forward>动作元素相关联的属性列表

属性	描述
page	page 属性包含的是一个相对 URL。page 的值既可以直接给出，又可以在请求的时候动态计算，可以是一个 JSP 页面或者一个 Java Servlet

【应用案例】使用动作元素实现登录

下面通过本案例实现登录功能，让读者学会使用 JSP 动作元素进行页面跳转。如果用户名和密码正确，则可以使用<jsp:forward>动作元素跳转到 Success.jsp 页面；否则，返回 login.jsp 页面。

任务目标

（1）熟练使用<jsp:forward>动作元素。
（2）创建登录页面，包含用户名和密码。
（3）创建欢迎页面，显示欢迎语和用户名。
（4）用户名和密码与指定值相匹配，判断用户是否登录成功。如果登录成功，则跳转到登录成功页面；如果登录失败，则跳转回登录页面。

本例运行效果如图 4-7 和图 4-8 所示。

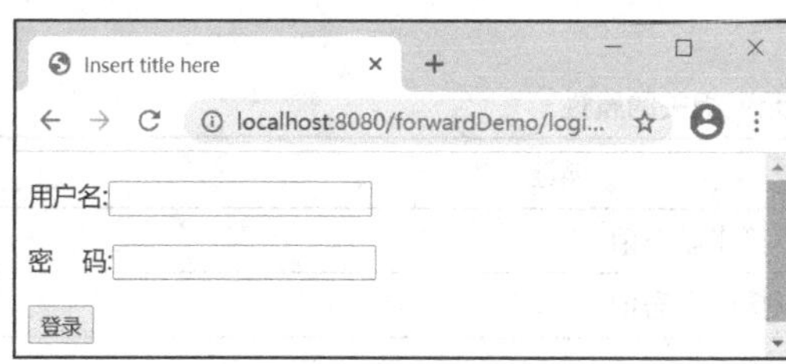

图 4-7　登录页面

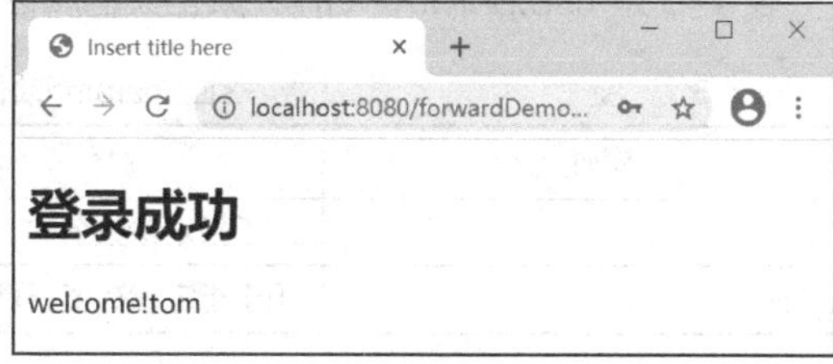

图 4-8　登录成功页面

实现步骤

第一步：制作登录页面（login.jsp）。

```
<form action="CheckLogin.jsp" method="post">
        <p>用户名:<input type="text" name="name" /></p>
        <p>密    码:<input type="password" name="password"></p>
        <p> <input type="submit" value="登录"></p>
</form>
```

第二步：处理登录请求（CheckLogin.jsp）。

```
<body>
        <%
                String name = request.getParameter("name");
                String password = request.getParameter("password");
                if (name.equals("tom") && password.equals("123")) {
        %>
        <jsp:forward page="Success.jsp" />
        <%
                } else {
        %>
        <jsp:forward page="login.jsp" />
        <%
                }
        %>
</body>
```

第三步：创建登录成功页面（Success.jsp）。

```
<body>
        <H1>登录成功</H1>
        welcome!<%=request.getParameter("name")%>
</body>
```

（3）<jsp:param>动作元素

<jsp:param>动作元素用来提供 key/value 的信息，可以与<jsp:include>、<jsp:forward>等一起搭配使用。

表 4-5 是<jsp:param>动作元素相关的属性。

表 4-5　<jsp:param>动作元素相关的属性

属性	描述
name	用于指定参数名称，不接受动态值
value	用于指定参数值，可以接受动态值

例如：

```
<jsp:forward page="URL">
<jsp:param name="parameterName1" value="parameterValue1"/>
<jsp:param name="parameterName2" value="parameterValue2"/>
</jsp:forward>
```

【应用案例】JSP 语法综合案例

下面通过介绍一个 JSP 语法的综合案例，让读者熟悉 JSP 基本语法结构，熟练使用 page 指令、include 指令和 JSP 标准动作。

任务目标

（1）熟悉 JSP 基本语法。

（2）熟练使用 page 指令。

（3）熟练使用 include 指令和 JSP 标准动作。

（4）编写页面，包括：底部页面，包含分隔线和链接，并居中显示；登录页面，包含表单元素文本框、单选按钮及提交按钮等，并包含底部页面；男性频道页面，显示用户名和专题链接，包含底部页面；女性频道页面，显示用户名和专题链接，包含底部页面；错误页面，显示错误信息，提供跳转至登录页面的链接。

（5）根据用户填写的信息跳转到相应页面。编写登录处理页面，获取用户的性别，如果性别为“女”，则跳转到女性频道页面；如果性别为“男”，则跳转到男性频道页面。当用户未经登录页面、用户名为空或直接访问处理页面时，跳转到错误页面。

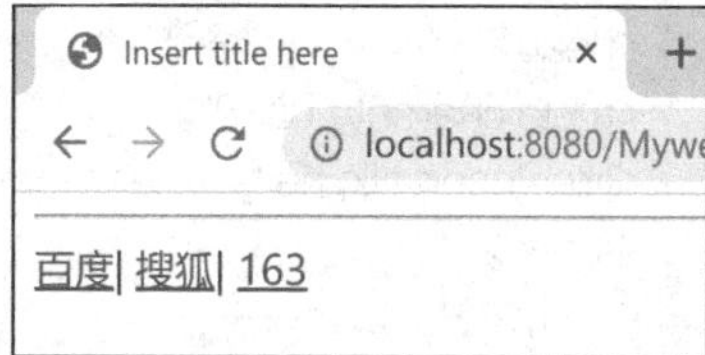

图 4-9 底部页面

本例运行效果如图 4-9～图 4-13 所示。

图 4-10 登录页面

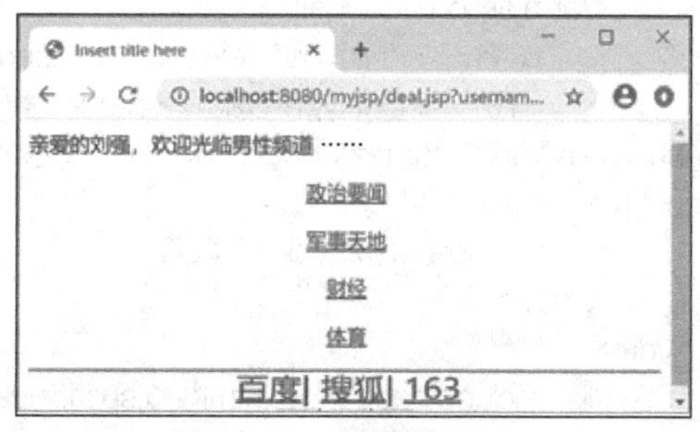

图 4-11 男性频道页面

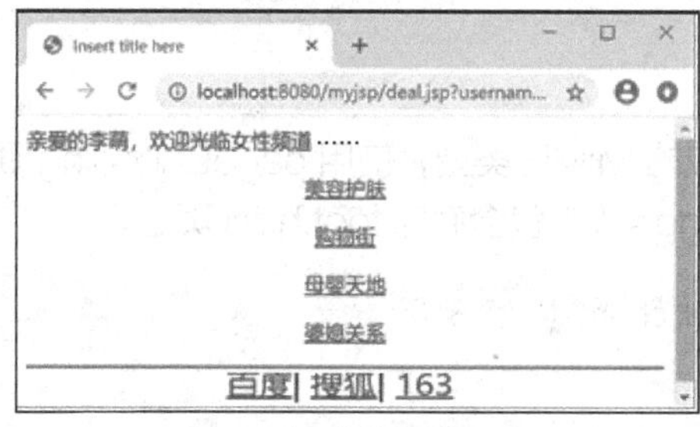

图 4-12 女性频道页面

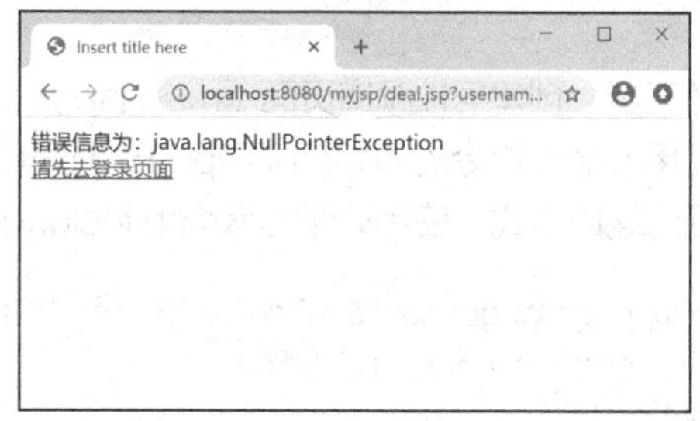

图 4-13 错误页面

实现步骤

第一步：创建底部页面（foot.html）。

使用分隔符、超链接标签，通过 CSS 样式居中显示。

```
<body>
<div id="content">
```

```
        <hr class="bg"/>
        <a href="">百度</a>|
        <a href="">搜狐</a>|
        <a href="">163</a>
</div>
</body>
```

第二步：创建登录页面（login.jsp）。

使用 page 指令的 contentType 属性设置响应的 MIME 类型，使用 pageEncoding 属性设置页面的编码方式，使用动作元素<jsp:include page=" " />包含底部 foot.html 页面。

```
<%@ page language="java" contentType="text/html; charset=utf-8"
    pageEncoding="utf-8"%>
<html>
<head>
<meta charset="utf-8">
<title>Insert title here</title>
</head>
<body>
  <div id="content">
      <h1>登录</h1>
      <form action="deal.jsp">
          姓名：<input type="text" name="username"><br/>
          性别：<input type="radio" name="gender" value="男"/>男
<input type="radio" name="gender" value="女"/>女<br/>
<input type="submit" value="确定">
      <input type="reset" value="取消">
      </form>
  </div>
      <jsp:include page="foot.html"></jsp:include>
</body>
</html>
```

第三步：创建男性频道页面（men.jsp）。

使用 page 指令的 contentType 属性设置响应的 MIME 类型，使用 pageEncoding 属性设置页面的编码方式，使用动作元素<jsp:include page=" " />包含底部 foot.html 页面。

```
<%@ page language="java" contentType="text/html; charset=utf-8"
    pageEncoding="utf-8"%>
<html>
<head>
<meta charset="utf-8">
<title>Insert title here</title>
</head>
<body>
    亲爱的<%=request.getParameter("username") %>，欢迎光临男性频道…
    <div id="content">
        <p><a href="">政治要闻</a></p>
```

```
            <p><a href="">军事天地</a></p>
            <p><a href="">财经</a></p>
            <p><a href="">体育</a></p>
        </div>
        <jsp:include page="foot.html"></jsp:include>
    </body>
    </html>
```

第四步：创建女性频道页面（women.jsp）。

使用 page 指令的 contentType 属性设置响应的 MIME 类型，使用 pageEncoding 属性设置页面的编码方式，使用动作元素<jsp:include page=" " />包含底部 foot.html 页面。

```
    <%@ page language="java" contentType="text/html; charset=utf-8"
        pageEncoding="utf-8"%>
    <html>
    <head>
    <meta charset="utf-8">
    <title>Insert title here</title>
    </head>
    <body>
        亲爱的<%=request.getParameter("username") %>，欢迎光临女性频道…
        <div id="content">
            <p><a href="">美容护肤</a></p>
            <p><a href="">购物街</a></p>
            <p><a href="">母婴天地</a></p>
            <p><a href="">婆媳关系</a></p>
        </div>
        <jsp:include page="foot.html"></jsp:include>
    </body>
    </html>
```

第五步：创建错误页面（error.jsp）。

使用 page 指令的 isErrorPage 属性来指明页面是错误处理页面，可以使用内置对象 exception。有关 exception 对象的相关知识将在 4.3 节进行详细介绍。

```
    <%@ page language="java" contentType="text/html; charset=utf-8" pageEncoding="utf-8" isErrorPage=
"true"%>
    <html>
        <head>
          <meta charset="ISO-8859-1">
          <title>Insert title here</title>
        </head>
        <body>
            错误信息为：<%=exception %><br/>
            <a href="login.jsp">请先去登录页面</a>
        </body>
    </html>
```

第六步：创建登录处理页面（deal.jsp）。

使用 page 指令的 isErrorPage 属性来指明页面是错误处理页面，使用动作元素<jsp:forward page=" ">实现页面跳转。

```
<%@ page language="java" contentType="text/html; charset=utf-8"
        pageEncoding="utf-8" errorPage="error.jsp"%>
<html>
        <head>
          <meta charset="ISO-8859-1">
          <title>Insert title here</title>
        </head>
        <body>
          <%
                    String username=request.getParameter("username");
                    if(username==null||"".equals(username)){
                       throw new NullPointerException();
                    }else{
                       String gender = request.getParameter("gender");
                       if("男".equals(gender)){
                     %>
                     <jsp:forward page="men.jsp"></jsp:forward>
                     <%
                       }else if("女".equals(gender)){
                    %>
                    <jsp:forward page="women.jsp"></jsp:forward>
                <%}
                }%>
          %>
      </body>
</html>
```

【梳理回顾】

本节主要介绍了 JSP 页面的基本语法构成，本节内容为读者学习 JSP 页面开发奠定了基础，同时本节知识也是 Java Web 应用程序开发的基础，读者应该熟练掌握以下内容。

- page 指令：用于设置 JSP 页面的属性。
- include 指令：静态包含 HTML 页面、JSP 页面、Java 代码。
- <jsp:forward>动作元素：页面跳转。
- <jsp:include>动作元素：动态包含页面。
- <jsp:param>动作元素：传递参数。
- include 指令和 include 动作的区别。

4.3 JSP 内置对象

JSP 提供了一些由 JSP 容器实现和管理的内置对象，在 JSP 页面中不需要预先声明和创建这些对象就能直接使用。编写 JSP 的人员不需要对这些内部对象进行实例化，只要调用其中的方法就能实现特定的功能，这样可以使 Java Web 编程更加快捷、方便。接下来，本节将针对 JSP 内置对象进行详细的讲解。

【提出问题】

Servlet 的常用接口在 JSP 页面中有对应的内置对象，在前面章节中已经对 out 对象、request 对象、response 对象、session 对象及 application 对象进行了详细介绍，那么如何利用这些内置对象实现动态网页编程呢?

【知识储备】

4.3.1 JSP 内置对象概述

JSP 解析器在将 JSP 页面解析为 Servlet 类时，会在转换后的 Service()方法中初始化一些局部变量，可供脚本段<% %>及表达式语法<%=%>使用，这样的变量称作内置对象或隐含对象。

在 JSP 页面中可以直接使用内置对象，不需要实例化，通过这些对象实现与 JSP 页面的 Servlet 环境的相互访问。

在 JSP 页面中，Servlet 的常用接口有对应的内置对象，如表 4-6 所示。

表 4-6　常用的内置对象

对象名	类型
request	javax.servlet.http.HttpServletRequest
response	javax.servlet.http.HttpServletResponse
session	javax.servlet.http.HttpSession
application	javax.servlet.ServletContext
out	javax.servlet.jsp.JspWriter
exception	java.lang.Throwable
pageContext	javax.servlet.jsp.PageContext
config	javax.servlet.ServletConfig
page	java.lang.Object

我们在 Servlet 部分已经讨论过加粗字体的内置对象，在 4.3.2 节和 4.3.3 节将通过几个案例进行回顾，对 pageContext 对象和 exception 对象进行详细讲解。

1. 使用 JSP 处理表单数据

在网页中表单用来供用户填写信息，以使服务器获得用户信息，使网页具有交互功能。我们将表单设计在一个 JSP 文档中，当用户填写完信息执行提交操作后，表单的内容就从客户端传送到服务器，经过服务器的处理程序处理后，再将用户所需信息传送回客户端，这样网页就具有了交互性。

常用的表单域有文本框、单选框、复选框和下拉列表框等，用于用户输入和交互的控件。下面我们来学习用 JSP 来处理常用的表单域数据的方法。

（1）文本框

文本框页面如图 4-14 所示。

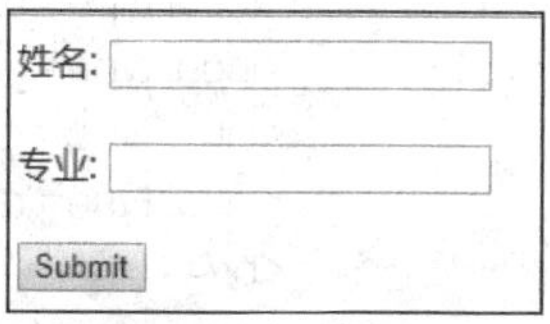

姓名:

专业:

Submit

图 4-14　文本框页面

前台页面代码如下。

```
<body>
<form action="student-response.jsp" method="post">
```

```
		姓名: <input type="text" name="name" />
		<br/><br/>
		专业: <input type="text" name="major" />
		<br/><br/>
		<input type="submit" value="Submit" />
</form>
</body>
```

处理页面代码如下。

```
<body>
<%request.setCharacterEncoding("UTF-8"); %>
		姓名：<%=request.getParameter("name") %>
		<br />
		专业：<%=request.getParameter("major") %>
		<br/><br/>
</body>
```

（2）单选框

单选框页面如图 4-15 所示。

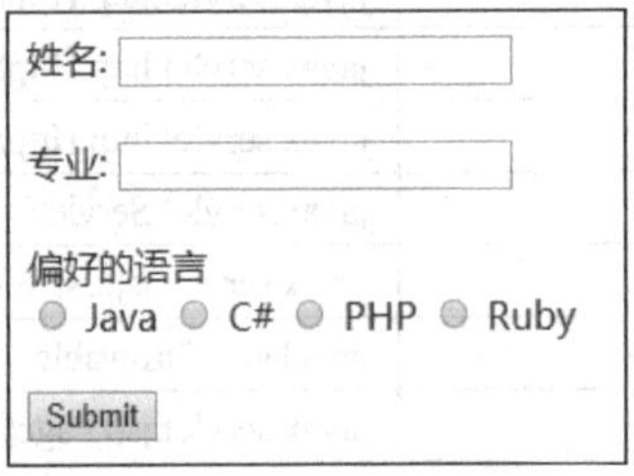

姓名:

专业:

偏好的语言

Java C# PHP Ruby

Submit

图 4-15　单选框页面

前台页面代码如下。

```
<body>
<form action="student-radio-response.jsp" method="post">
		姓名: <input type="text" name="name" />
		<br/><br/>
		专业: <input type="text" name="major" />
		<br/><br/>
		偏好的语言 <br/>
		<input type="radio" name="favoriteLanguage" value="Java"> Java
		<input type="radio" name="favoriteLanguage" value="C#"> C#
		<input type="radio" name="favoriteLanguage" value="PHP"> PHP
		<input type="radio" name="favoriteLanguage" value="Ruby"> Ruby
		<br/><br/>
		<input type="submit" value="Submit" />
</form>
</body>
```

处理页面代码如下。

```
<body>
<%request.setCharacterEncoding("UTF-8"); %>
        姓名：<%=request.getParameter("name") %>
        <br />
        姓名：<%=request.getParameter("major") %>
        <br/><br/>
        偏好的语言: <%=request.getParameter("favoriteLanguage") %>
</body>
```

（3）复选框

复选框页面如图 4-16 所示。

姓名: [ ]
专业: [ ]
喜欢的语言有 ☐ Java ☐ C# ☐ PHP ☐ Ruby
Submit

图 4-16　复选框页面

前台页面代码如下。

```
<body>
    <form action="student-checkbox-response.jsp" method="post">
        姓名: <input type="text" name="name" />
        <br/><br/>
        专业: <input type="text" name="major" />
        <br/><br/>
         喜欢的语言有
        <input type="checkbox" name="favoriteLanguage" value="Java"> Java
        <input type="checkbox" name="favoriteLanguage" value="C#"> C#
        <input type="checkbox" name="favoriteLanguage" value="PHP"> PHP
        <input type="checkbox" name="favoriteLanguage" value="Ruby"> Ruby
        <br/><br/>
        <input type="submit" value="Submit" />
    </form>
</body>
```

处理页面代码如下。

```
<body>
<%request.setCharacterEncoding("UTF-8"); %>
         姓名：<%=request.getParameter("name") %>
         <br />
         专业：<%=request.getParameter("major") %>
         <br/><br/>
         喜欢的语言有<br/>
         <ul>
```

```
            <%
            String[ ] langs = request.getParameterValues("favoriteLanguage");
            for (String tempLang : langs) {
                out.println("<li>" + tempLang + "</li>");
            }
            %>
    </ul>
</body>
```

（4）下拉列表框

下拉列表框页面如图 4-17 所示。

姓名:

专业:

来自国家： 中国

Submit

图 4-17　下拉列表框页面

前台页面代码如下。

```
<body>
    <form action="student-dropdown-response.jsp" method="post">
        姓名: <input type="text" name="name" />
        <br/><br/>
        专业: <input type="text" name="major" />
        <br/><br/>
        来自国家：<select name="country">
        <option>中国</option>
                <option>巴西</option>
                <option>法国</option>
                <option>德国</option>
                <option>印度</option>
                <option>美国</option>
        </select>
        <br/><br/>
        <input type="submit" value="Submit" />
    </form>
</body>
```

处理页面代码如下。

```
<body>
<%request.setCharacterEncoding("UTF-8"); %>
        姓名：<%=request.getParameter("name") %>
        <br />
        专业：<%=request.getParameter("major") %>
```

```
        <br/><br/>
        <br/><br/>
        来自国家:<%=request.getParameter("country") %>
</body>
```

【应用案例】使用 JSP 处理表单元素的数据

本案例通过实现注册功能，让读者掌握使用 JSP 获取不同表单元素的数据的方法。

任务目标

（1）学会使用 JSP 读取表单元素 text、radio、checkbox、select 的数据。
（2）正确使用 request 对象读取表单元素的数据，并处理中文乱码。
（3）学会使用 JSP 脚本段、表达式获取和显示数据。
（4）制作注册页面，页面表单元素包括姓名、专业、性别、喜欢的语言和来自国家。
（5）获取表单提交的数据。

本例运行效果如图 4-18 和图 4-19 所示。

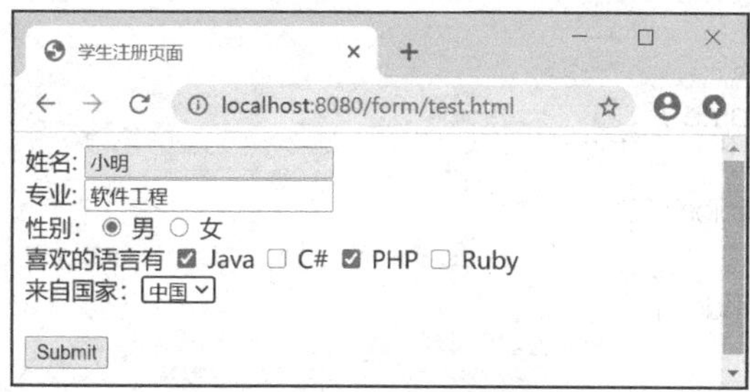

图 4-18　学生注册页面

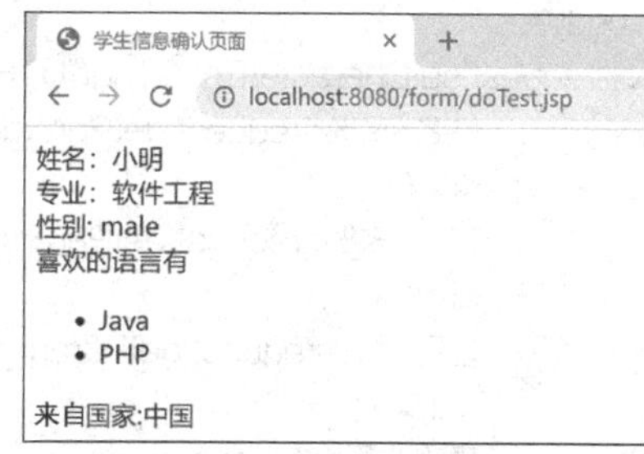

图 4-19　学生信息确认页面

实现步骤

第一步：创建注册页面（student.html）。

```
<html>
<head><title>学生注册页面</title>
<meta charset="utf-8">
</head>
<body>
<form action="doStudent.jsp" method="post">
        姓名: <input type="text" name="name" />
        <br/>
        专业: <input type="text" name="major" />
        <br/>
        性别: <input type="radio" name="gender" value="male"> 男
        <input type="radio" name="gender" value="female"> 女<br/>
        喜欢的语言有
        <input type="checkbox" name="favoriteLanguage" value="Java"> Java
        <input type="checkbox" name="favoriteLanguage" value="C#"> C#
        <input type="checkbox" name="favoriteLanguage" value="PHP"> PHP
        <input type="checkbox" name="favoriteLanguage" value="Ruby"> Ruby
```

```
            <br/>
            来自国家：<select name="country">
            <option>中国</option>
                    <option>巴西</option>
                    <option>法国</option>
                    <option>德国</option>
                    <option>印度</option>
                    <option>美国</option>
            </select>
            <br/><br/>
             <input type="submit" value="Submit" />
</form>
</body>
</html>
```

第二步：取值并显示（doStudent.jsp）。

```
<body>
<%request.setCharacterEncoding("UTF-8"); %>
        姓名：<%=request.getParameter("name") %>
        <br />
        专业：<%=request.getParameter("major") %>
        <br/>
        性别: <%=request.getParameter("gender") %>
        <br/>
        喜欢的语言有<br/>
        <ul>
                <%
                String[ ] langs = request.getParameterValues("favoriteLanguage");
                for (String tempLang : langs) {
                        out.println("<li>" + tempLang + "</li>");
                }
                %>
        </ul>
        来自国家:<%=request.getParameter("country") %>
</body>
```

2. 使用 JSP 实现 TodoList

TodoList 无须注册即可使用，数据存储在集合中，是最简单、最安全的待办事项列表应用。

【应用案例】使用 JSP 实现 TodoList

本案例通过实现 TodoList，让读者掌握 session 对象的使用方法。

任务目标

（1）可以使用 session 对象存储待完成事项。
（2）掌握 session 存储数据时转变为集合进行保存的方法。
（3）创建表单，可以添加新事项。

（4）向待完成事项列表中添加新事项，如果该列表不存在，则创建新的列表。

（5）将新添加事项显示在浏览器上。

本例运行效果如图 4-20 和图 4-21 所示。

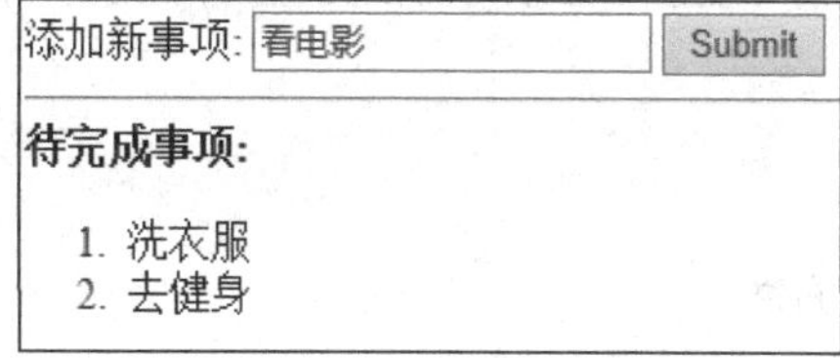

图 4-20　添加新事项页面

添加新事项:
Submit
待完成事项:
1. 洗衣服
2. 去健身
3. 看电影

图 4-21　显示添加新事项后的结果

实现步骤

第一步：创建表单。

```
<form action="todo-demo.jsp">
        添加新事项: <input type="text" name="theItem" />
        <input type="submit" value="Submit" />
</form>
```

第二步：向待完成任务列表中添加新事项。

```
<%
        // 从 session 中获取原有待完成事项
        List<String> items = (List<String>) session.getAttribute("myToDoList");
        // 如果待完成事项列表不存在，则创建一个新的列表
        if (items == null) {
              items = new ArrayList<String>();
              session.setAttribute("myToDoList", items);
        }
        // 如果客户端发送新的待完成事项，则添加到列表中
        String theItem = request.getParameter("theItem");
        if (theItem != null) {
              items.add(theItem);
        }
%>
```

第三步：显示待完成事项列表。

```
<hr>
<b>待完成事项:</b> <br/>
<ol>
<%
        for (String temp : items) {
              out.println("<li>" + temp + "</li>");
        }
%>
</ol>
```

下面通过一个综合案例回顾前面所学的常用内置对象。

【应用案例】使用 JSP 实现用户注册及登录功能

在本案例中，使用 Map 集合存储注册成功的用户账号、密码。用户登录时需输入与集合中存储的账号、密码相匹配的账号、密码，如果输入正确，则登录成功；如果该用户未注册，即在集合中未找到相应的账号、密码，则登录失败。

任务目标

（1）掌握使用 request 对象获取客户端数据的方法。

（2）掌握使用 application 对象存储数据的方法。

（3）掌握使用 out 对象在浏览器输出相关信息的方法。

（4）掌握正确使用集合进行数据存储。

（5）能够进行注册和登录操作。用户第一次进入登录页面，如果输入账号、密码后，显示登录失败，则需先注册。用户注册成功后，使用已注册的账号、密码重新登录，显示登录成功。

（6）学会空值的判断。

本例运行效果如图 4-22～图 4-25 所示。

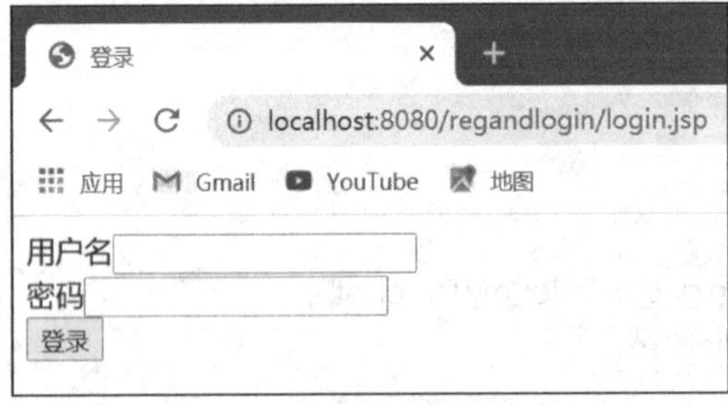

图 4-22　登录页面

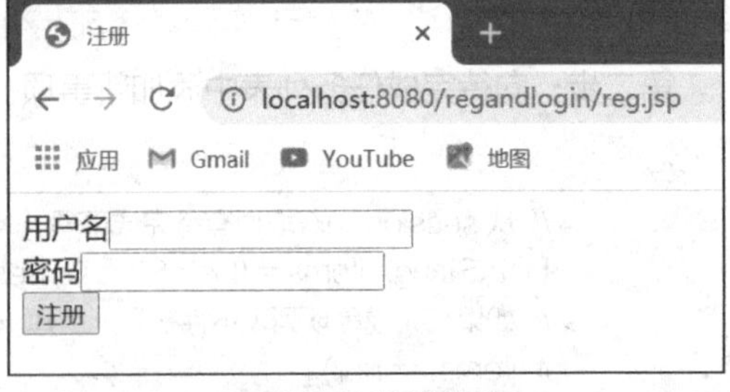

图 4-23　注册页面

图 4-24　注册成功页面

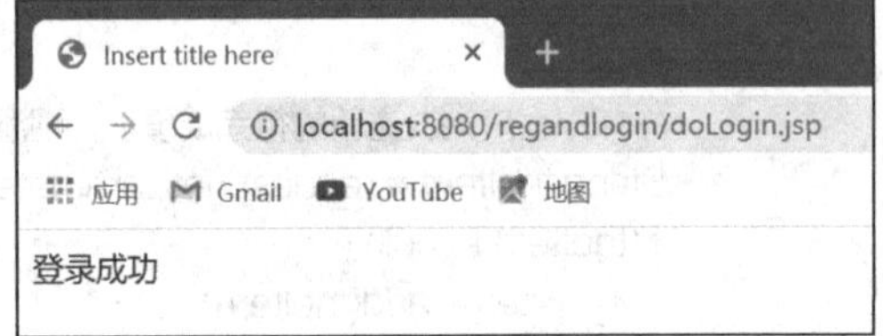

图 4-25　登录成功页面

实现步骤

第一步：创建登录页面（login.jsp）。

```
<body>
    <form action="doLogin.jsp" method="post">
        用户名<input type="text" name="user" id="" />
        <br />
        密码<input type="password" name="pwd" id="" />
        <br />
        <input type="submit" value="登录" />
```

```
	</form>
</body>
```

第二步：创建注册页面（reg.jsp）。

```
<body>
	<form action="doReg.jsp" method="post">
		用户名<input type="text" name="user" id="" />
		<br />
		密码<input type="password" name="pwd" id="" />
		<br />
		<input type="submit" value="注册" />
	</form>
</body>
```

第三步：编写登录处理后台代码（doLogin.jsp）。

```
<body>
	<%
		String name = request.getParameter("user");
		String pwd = request.getParameter("pwd");
		Map users = (Map) application.getAttribute("users");
		if (users != null) {
			String getPwd = (String) users.get(name);
			if (getPwd != null) {
				if (getPwd.equals(pwd)) {
					out.println("登录成功");
				} else {
					out.println("密码不正确");
				}
			} else {
				out.println("用户不存在");
			}
		} else {
			out.println("用户不存在");
		}
	%>
</body>
```

第四步：编写注册处理后台代码（doReg.jsp）。

```
<body>
	<%
		String name = request.getParameter("user");
		String pwd = request.getParameter("pwd");
		Map users = (Map) application.getAttribute("users");
		if (users == null) {
			users = new HashMap();
		}
```

```
            //根据用户名获取的密码判断是否为空值来判断用户名是否唯一
            String getUser = (String) users.get(name);
            if (getUser != null) {
                out.println("user exist");
            } else {
                users.put(name, pwd);    //Map 存储用户，键为名，值为密码
                application.setAttribute("users", users);
                out.println("good");
            }
        %>
    </body>
```

4.3.2 pageContext 对象

pageContext 对象提供了对 JSP 页面内使用的所有对象和命名空间的访问操作，如访问 out 对象、request 对象、response 对象、session 对象、application 对象，即使用 pageContext 对象可以获取其他内置对象中的值。

1. 获取对象的方法

pageContext 提供了对几种页面属性的访问操作，并且允许向其他应用组件转发 request 对象。它的创建和初始化都是由容器来实现的。pageContext 对象提供的方法可以处理与 JSP 容器有关的信息及其他对象的属性。

pageContext 对象是 javax.servlet.jsp.PageContext 类的实例对象，它代表当前 JSP 页面的运行环境，并提供了一系列用于获取其他隐式对象的方法。表 4-7 描述了 pageContext 对象获取内置对象的方法。

表 4-7　　pageContext 对象获取内置对象的方法

方法声明	功能描述
JspWriter getOut()	用于获取 out 隐式对象
Object getPage()	用于获取 page 隐式对象
ServletRequest getRequest()	用于获取 request 隐式对象
ServletResponse getResponse()	用于获取 response 隐式对象
HttpSession getSession()	用于获取 session 隐式对象
Exception getException()	用于获取 exception 隐式对象
ServletConfig getServletConfig()	用于获取 config 隐式对象
ServletContext getServletContext()	用于获取 application 隐式对象

2. 存储数据的方法

pageContext 对象不仅提供了获取隐式对象的方法，还提供了存储数据的功能，pageContext 对象是通过操作属性来实现存储数据的，其操作属性的一系列方法如表 4-8 所示。

表 4-8 pageContext 对象操作属性方法

方法声明	功能描述
void setAttribute(String name,Object value)	用于设置 pageContext 对象的属性
Object getAttribute(String name,int scope)	用于获取 pageContext 对象的属性
void removeAttribute(String name)	删除 pageContext 中名称为 name 的属性
Enumeration getAttributeNames()	获取 pageContext 中所有属性的名称

提示 name 参数是用来指定属性的名称的。

3. 设置属性范围

除了可以对 pageContext 对象的属性进行操作，pageContext 对象还可以对其他范围（request、session、application）的对象进行设置，如表 4-9 所示。

表 4-9 pageContext 对象设置属性的方法

方法声明	功能描述
void setAttribute(String name,Object value,int scope)	用于设置 pageContext 对象的属性
Object getAttribute(String name,int scope)	用于获取 pageContext 对象的属性
void removeAttribute(String name,int scope)	删除指定范围内名称为 name 的属性
Object findAttribute(String name)	从 4 个域对象中查找名称为 name 的属性

提示 参数 scope 指定的是属性的作用范围，它有 4 个值，如下。

- pageContext.PAGE_SCOPE：表示页面范围。
- pageContext.REQUEST_SCOPE：表示请求范围。
- pageContext.SESSION_SCOPE：表示会话范围。
- pageContext.APPLICATION_SCOPE：表示 Web 应用程序范围。

4. 对象的有效范围

pageContext、request、session、application 对象都可以通过 setAttribute()和 getAttribute()方法来设置或读取属性，但它们设置属性的有效范围不同。

（1）pageContext 对象

pageContext 对象设置的属性在当前页面内有效。采用 pageContext.setAttribute()方法设置的属性只在当前页面有效，通过 pageContext.getAttribute()方法来获取属性。

（2）request 对象

request 对象设置的属性在同一个请求内有效。采用 request.setAttribute()方法设置的属性在同一个请求中有效，通过 request.getAttribute()方法来获取属性。

适用情况：<jsp:forward>、<jsp:include>

（3）session 对象

session 对象设置的属性在同一个会话内有效。采用 session.setAttribute()方法设置的属性在同一个会话中有效，同一会话中的其他页面可以通过 session.getAttribute()方法来获取属性。

（4）application 对象

application 对象设置的属性在同一个应用内有效。采用 application.setAttribute()方法设置的属性在同一个应用中有效，同一应用中的其他页面可以通过 application.getAttribute()方法来获取属性。

【应用案例】使用 4 个作用域对象存储数据

下面通过一个具体的案例来对 pageContext 对象获取对象的有效范围进行详细讲解，通过讲解存储数据内容，读者应掌握 4 个作用域对象的使用范围，能在处理业务时合理选择作用域对象来存储数据。

任务目标

（1）掌握使用 page 对象存储数据的方法。

（2）掌握使用 request 对象存储数据的方法。

（3）掌握使用 session 对象存储数据的方法。

（4）掌握使用 application 对象存储数据的方法。

（5）掌握通过 4 个作用域存储数据的方法：分别在 4 个作用域中存储字符串，制作转发页面。

（6）掌握在 4 个作用域中取值的方法：从 4 个作用域中取值并显示，改变访问路径后观察数据。

本例运行效果如图 4-26～图 4-29 所示。

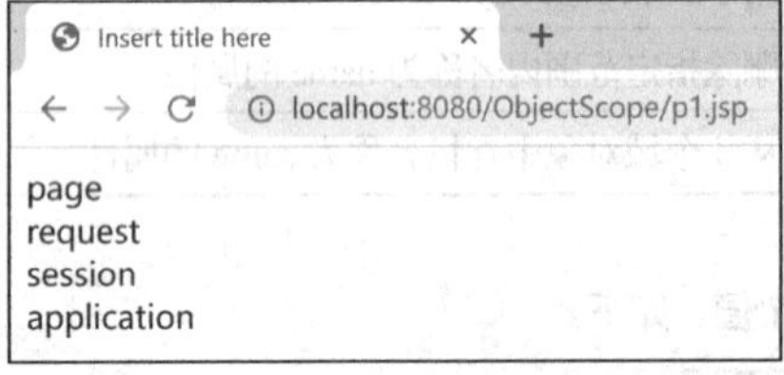

图 4-26　page 作用域

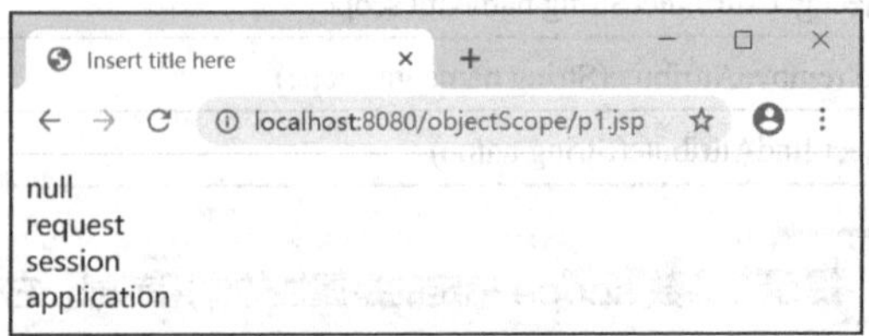

图 4-27　request 作用域

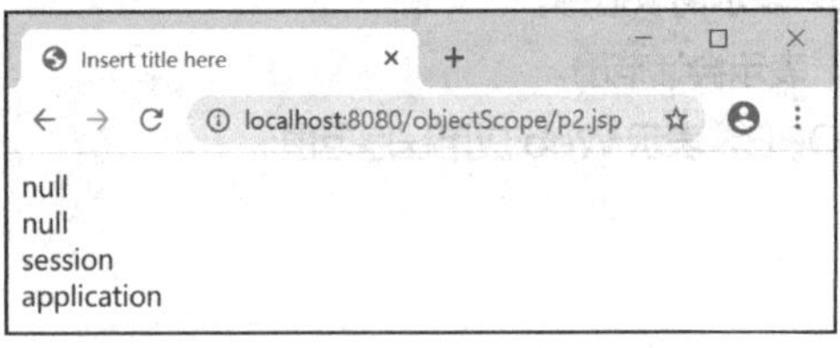

图 4-28　session 作用域

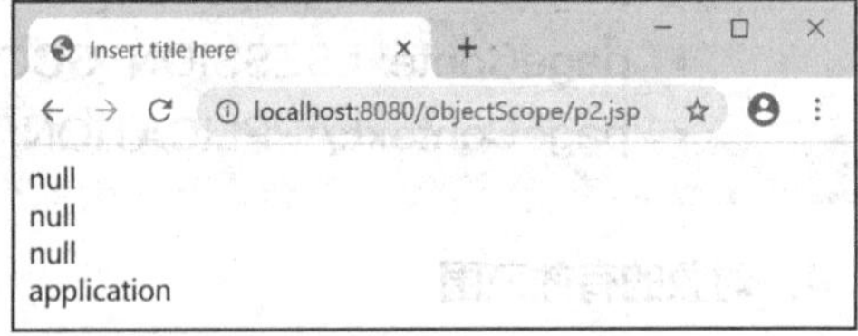

图 4-29　application 作用域

实现步骤

第一步：创建页面，存储 4 个作用域的值（p1.jsp）。

```
<body>
   <%
      pageContext.setAttribute("attr", "page");
      request.setAttribute("attr", "request");
      session.setAttribute("attr", "session");
      application.setAttribute("attr", "application");
   %>
```

```
    <jsp:forward page="p2.jsp"/>
</body>
```

第二步：取值并显示（p2.jsp）。

```
<body>
        <%=pageContext.getAttribute("attr")%><br />
        <%=request.getAttribute("attr")%><br />
        <%=session.getAttribute("attr")%><br />
        <%=application.getAttribute("attr")%>
</body>
```

4.3.3 exception 对象

exception 对象用来处理 JSP 文件在执行时产生的错误和异常。exception 对象和 Java 语言中 exception 对象的定义几乎一样。

1. exception 对象的基础知识

exception 对象可以配合 page 指令一起使用，在 page 指令中应将 isErrorPage 属性设为 true，即<%@page isErrorPage="true"%>，否则无法编译。通过 exception 对象的方法指定某一个页面为错误处理页面，并在该页面集中所有的错误进行处理，可以使得整个系统的健壮性得到加强，也使得程序的流程更加简单明晰。

2. exception 对象的常用方法

exception 对象是 java.lang.Throwable 的一个实例，常用的方法如表 4-10 所示。

表 4-10　　exception 对象常用方法

方法声明	功能描述
public String getMessage()	返回错误信息
public String toString()	
public void printStackTrace()	输出详细的错误信息
public void printStackTrace(PrintStream ps)	
public void printStackTrace(PrintWriter pw)	

下面针对 exception 对象中的重要方法进行说明，如下。

（1）public String getMessage()

该方法返回异常信息。这个信息在 Throwable()构造函数中被初始化。

（2）public String toString()

该方法返回类名。

（3）public void printStackTrace()

该方法将异常栈轨迹输出至 System.err。

（4）public void printStackTrace(PrintStream ps)

该方法将异常栈轨迹输出至字节打印流 PrintStream 中。

（5）public void printStackTrace(PrintWriter pw)

该方法将异常栈轨迹输出至字符打印流 PrintStream 中。

【应用案例】exception 对象应用实例

通过下面的应用实例进一步了解和掌握 exception 对象及其常用方法。JSP 提供了可选项来为每个 JSP 页面指定错误页面。无论页面何时抛出异常，JSP 容器都会自动地调用错误页面。

下面的案例使用<%@page errorPage="XXXXX"%>指令为 first.jsp 指定了一个错误页面。

任务目标

（1）学会使用 exception 对象处理异常信息。

（2）制作页面，在页面中增加一个 add()方法用于自增计数器的值。

（3）在页面中打印出九九乘法表。

（4）在页面中输出当前的日期、计数器的值和 SessionID 的值。观察运行结果。

（5）为使页面产生异常，做除数为 0 的假设，再次运行程序，观察运行结果。

本例运行效果如图 4-30 和图 4-31 所示。

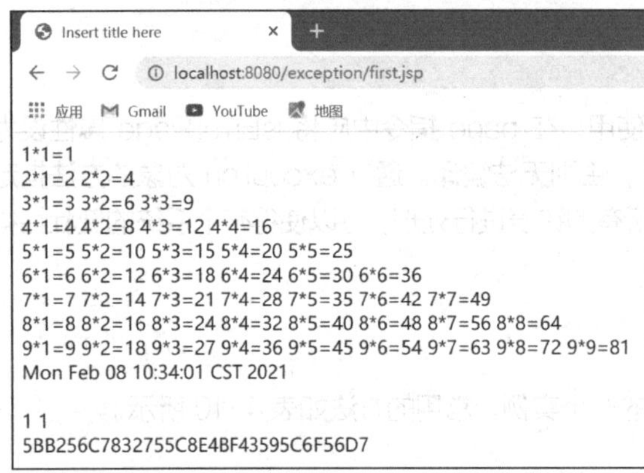

图 4-30　异常情况发生之前的运行结果

图 4-31　异常情况发生时的运行结果

实现步骤

第一步：创建页面，增加 add()方法（first.jsp）。

```
<%!int count=0;
  public void add(){
         count++;
  }
%>
```

第二步：在页面中打印九九乘法表。

```
<%for(int i=1;i<=9;i++){
        for(int j=1;j<=i;j++){
                out.println(i+"*"+j+"="+i*j+"   ");
        }
        out.println("<br/>");
} %>
```

第三步：输出当前的日期、计数器的值和 sessionID 的值。

```
<%=new Date() %><br/>
<% add();%><br/>
<% out.print(count); %>
<%=count %><br/>
<%=session.getId() %>
```

第四步：设置异常情况。

```
<%=10/0%>
```

第五步：使用 exception 对象处理异常情况（error.jsp），并且在 first.jsp 文件中指定一个错误页面。

```
<%@ page language="java" contentType="text/html; charset=ISO-8859-1"
        pageEncoding="ISO-8859-1"
        isErrorPage="true"
 %>
<body>
        sorry,we make a mistake.
        the exception is<%=exception.getMessage() %>
</body>
<%@ page language="java" contentType="text/html" import="java.util.Date "errorPage="error.jsp"
pageEncoding="utf-8"%>
```

提示 **error.jsp 文件使用了<%@page isErrorPage="true"%>指令，这个指令告知 JSP 编译器产生一个异常实例变量。**

【梳理回顾】

本节主要介绍了 JSP 脚本元素（表达式语法）中可以不经声明直接使用的变量，我们将其称为内置对象或隐式对象。这些对象由 JSP 解析器负责声明和初始化，编程人员可以直接使用。

在 JSP 页面中提供了 9 个内置对象：pageContext、request、response、session、application、config、page、out 及 exception。

本节重点介绍了 pageContext 和 exception 对象，并讲解了对象的范围及使用场景，读者需要掌握这两个对象并在项目开发中灵活运用。

4.4 本章小结

本章主要介绍了 JSP 技术的基础知识及其运行原理、JSP 的脚本元素、指令、动作、注释的基本语法构成，以及 JSP 常用内置对象的基础知识及其应用。

4.5 本章练习

1. 选择题

（1）在 JSP 程序中若想定义一个方法，必须将该方法放在下列哪种标记中（　　）。

A. <%　%>　　B. <%@　%>

C. <%!　%>　　D. <%--　--%>

（2）给定代码：

```
<html><body>Today is: <%= new Date() %></body></html>
```

为了让 JSP 页面能够正常运行，需要在空白处填写哪条语句？（　　）

A. <%@page import= "java.util.Date" %>　　B. <%@import class="java.util.Date" %>

C. <%@include file="java.util.Date" %>　　D. <%@include class="java.util.Date" %>

（3）page 指令用于定义 JSP 文件中的全局属性，下列关于该指令用法的描述不正确的是（　　）。

A. <%@ page %>作用于整个 JSP 页面

B. 可以在一个页面中使用多个<%@ page %>指令

C. <%@ page %>指令须放在 JSP 文件的开头

D. <%@ page %>指令中的每个属性只能出现一次

（4）JSP 开发人员希望所编写的注释能够最终输出到浏览器中，那么需要在 JSP 页面中使用哪种形式的注释？（　　）

A. <!-- this is a comment -->　　B. <% // this is a comment %>

C. <%-- this is a comment -- %>　　D. <% /** this is a comment **/ %>

（5）JSP 内置对象中的 request 对象是以下哪个接口的示例（　　）。

A. javax.servlet.http.HttpServletRequest　　B. javax.servlet.http.HttpRequest

C. javax.servlet.Jsp.HttpRequest　　D. javax.servlet.JspServletRequest

（6）根据开发的需要，开发人员需要在当前页面中包含 menu.jsp，下列哪个选项不能够实现此功能（　　）。

A. <%@ include file="menu.jsp" %>　　B. <jsp:include page="menu.jsp" />

C. <c:import url="menu.jsp"/>　　D. <jsp:import value="menu.jsp"/>

（7）在 JSP 的 page 指令中，errorPage 属性的作用是（　　）。

A. 将本页面设置为错误的页面

B. 将本页面中所有错误信息保存到 url 变量中

C. 为本页面指定一个错误处理页面

D. 没有具体的含义

（8）下面哪个选项不能实现页面的跳转（　　）。

A. <jsp:redirect url=" someurl"/>

B. <%response.sendRedirect("someurl");%>

C. <jsp:forward page="someurl" />

D. <c:redirect url="someurl"/>

（9）下列哪条语句能够将一个对象存储到 session 中（　　）。

A. session.set(String name, Object value)

B. session.putAttribute(String name, Object value)

C. session.setAttribute(String name, Object value)

D. session.addAttribute(String name, Object value)

（10）request 对象中的哪个方法可以取出复选框中所有选中的选项值？（　　）

A. getParameterValues　　B. getParameters

C. getParameter　　D. getParameterNames

2. 填空题

（1）对于页面内有效的属性范围，需要使用 JSP 内置对象________的 setAttribute()和 getAttribute()方法来传递数据。

（2）我们可以使用 JSP 内置对象________的 sendRedirect("url")方法进行页面重定向。

（3）表单的提交方式分为________和________两种。

（4）在 JSP 应用程序中可以用________JSP 内置对象来保存与特定用户会话相关的信息。

3. 问答题

（1）请简述 JSP 的运行原理。

（2）请简述 POST 请求和 GET 请求有什么不同。（至少 2 点）

（3）请列出 page 指令的常用属性及该属性所实现的功能。（至少 3 个）

（4）简述请求转发与重定向的异同。（至少写 3 点）

（5）请简要描述注册功能的设计思路。

（6）请列出 JSP 内置对象的名称及其主要功能。（至少列出 5 个）

（7）请简述 include 指令与 include 动作的区别。

4. 编程题

（1）请使用 include 标签编写两个 JSP 页面，要求：访问 b.jsp 页面时先输出 b.jsp 页面的内容，等待 5 秒，再输出 a.jsp 页面中的内容。

（2）设计一个登录页面（login.jsp），包括用户名文本框、密码文本框。用户单击“提交”按钮，转到登录验证页面（check.jsp），当用户输入指定用户名（zhangsan）和密码（123）时，跳转到新的页面（welcome.htm），并显示“欢迎登录”；否则返回登录页面（login.jsp），并提示“用户名或密码输入错误”，请写出实现上述功能所涉及的 login.jsp、check.jsp 和 welcome.htm 页面代码。

（3）编写 login.jsp 和 deallog.jsp（或 DeallogServlet）页面代码，实现简单的登录功能，要求：用户在登录页面 login.jsp 中输入用户名（username）、密码（password），用户单击“提交”按钮，提交给 deallog.jsp（或 DeallogServlet），程序验证用户是否输入了用户名、密码。如果用户名为 neusoft，密码为 123，则完成登录操作，并转到页面 main.jsp；否则跳转回登录页面 login.jsp（注意：不需要编写 main.jsp 页面）。

（4）编写一个用户信息输入页面 form.htm 和一个提交处理页面 form.jsp。

要求：在 form.htm 中提供用户名、性别（男/女）、所在城市（大连/北京/上海）3 项输入功能，分别使用单行文本框、单选按钮和单选下拉列表来进行用户输入；在 form.jsp 中显示用户提交的信息（用户名、性别、所在城市；能够支持中文输入和显示）。

（5）编写程序实现如下功能。

在 login.jsp 页面中输入姓名和年龄，将数据提交给 judge.jsp 进行处理，在该页面中判断年龄是否大于 18 岁。如果年龄大于 18 岁，则跳转到 welcome.jsp 页面，显示图 4-32 所示内容；如果年龄小于 18 岁，则跳转到 forbid.jsp 页面，该页面显示图 4-33 所示内容。

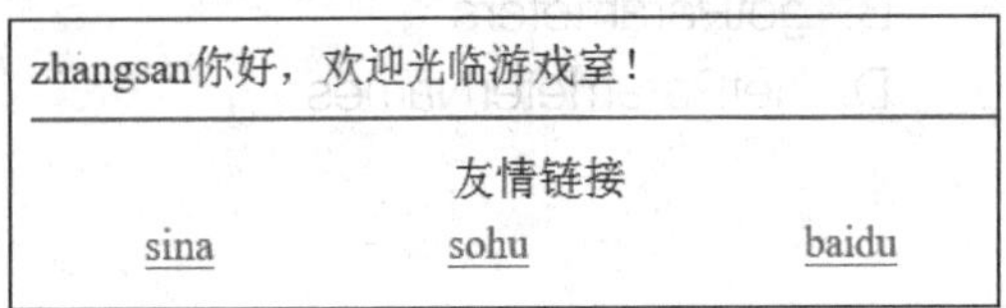

图 4-32　示例页面 1

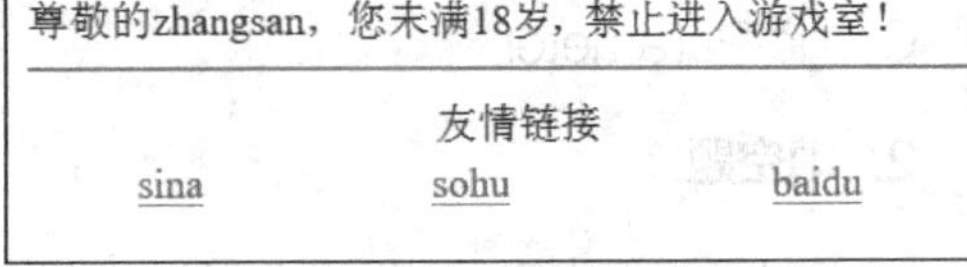

图 4-33　示例页面 2

其中，友情链接部分编写在 links.jsp 文件中。

编写以上所涉及的 login.jsp、judge.jsp、welcome.jsp、forbid.jsp 及 links.jsp 文件。

（6）编写 HTML 代码实现图 4-34 所示表单，只写出 body 内的代码即可。要求：性别默认选中“男”；表单提交方式为“POST”，并编写 JSP 或 Servlet 程序获取图 4-34 中所填写的数据（注意：程序要能够显示输入的中文）。

用户名：	
密码：	
性别：	⊙男 ○女
爱好：	□旅游 □登山 □健身
学历：	--请选择-- ▼ (--请选择-- / 专科或本科 / 硕士及以上)
自我介绍：	
	提交 重置

图 4-34　表单页面

第 5 章 JDBC数据库应用开发

05

▶ 内容导学

本章主要通过讲解 JDBC 常用接口、基于 Statement 和 PreparedStatement 访问数据库的基本步骤、数据库的封装及数据库连接池技术，对 JDBC 数据库应用进行剖析。通过学习本章，读者可以对 JDBC 数据库应用开发有一定的了解，为开发项目奠定扎实的基础。

▶ 学习目标

① 了解 JDBC 规范。
② 掌握 JDBC 规范中的常用接口。
③ 掌握访问 JDBC 数据库的基本步骤。
④ 掌握基于 Statement 实现数据库访问的方法。
⑤ 掌握基于 PreparedStatement 实现数据库访问的方法。
⑥ 掌握数据库的封装方法。
⑦ 了解数据库连接池技术。

5.1 JDBC 概述

Java 数据库连接（JDBC，Java Database Connectivity）是基于 Java 语言访问数据库的一种技术，是一种用于执行 SQL 语句的 Java API，可以为多种关系数据库提供统一访问。JDBC 提供了一种基准，据此可以构建更高级的工具和接口，使数据库开发人员能够编写数据库应用程序。本节将针对 JDBC 基础知识进行详细的讲解。

【提出问题】

在前面课程的学习中涉及了很多的业务处理，业务处理过程中会产生各种数据，那么如何将业务处理过程中产生的数据永久存储起来，如何访问所需的业务数据呢？

【知识储备】

5.1.1 JDBC 基本概念

1. JDBC 简介

JDBC 是一种用于执行 SQL 语句的 Java API，可以在 Java 应用程序中与关系数据库建立连接，并执行相关操作。JDBC 也是 Java 核心类库的一部分，由一组用 Java 语言编写的类和接口组成。JDBC 为数据库应用开发人员、数据库前台工具开发人员提供了一种标准的应用程序设计接口，使开发人员可以用纯 Java 语言编写完整的数据库应用程序。

JDBC 的功能如下。

（1）与数据库建立连接。

（2）向数据库发送 SQL 语句。

（3）处理数据库返回的结果。

2. JDBC API

JDBC API 是一组用于访问数据库的 Java 接口，开发人员只需要使用这些接口执行数据库操作，无须了解底层访问的细节。JDBC API 由两个部分组成，一部分是核心的 API，其类的包路径为 java.sql，这是 J2EE 的一部分，它具有可以滚动的结果集、批量更新的实现类；另一部分是扩展的 API，其类的包路径为 javax.sql，它具有访问 Java 命名和目录接口（JNDI，Java Naming and Directory Interface）资源、分布式事务等实现类。

java.sql 包中的接口和类如下。

（1）DriverManager：完成驱动程序的装载和建立新的数据库连接。

（2）Connection：表示对某一指定数据库的连接。

（3）Statement：用于执行静态 SQL 语句并返回其生成结果的对象。

（4）ResultSet：一个 SQL 语句的执行结果。

（5）PreparedStatement：继承了 Statement 接口，用于执行预编译的 SQL 语句。

（6）CallableStatement：继承了 Statement 接口，用来访问数据库中的存储过程。

javax.sql 包中的接口如下。

DataSource：可以直接从数据源中获得数据库连接，由驱动程序供应商实现。

3. JDBC 工作原理

为了更清晰地了解 JDBC 的工作原理，通过一张图来描述，如图 5-1 所示。

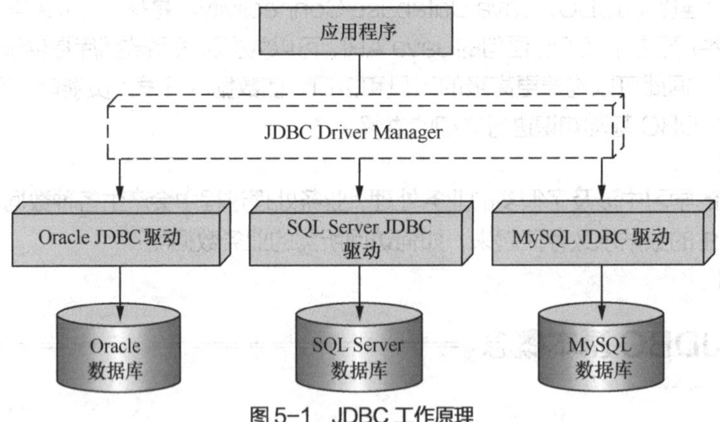

图 5-1　JDBC 工作原理

Java 应用程序可以访问多种不同类型的数据库，例如主流的 Oracle、SQL Server、MySQL 数据库，而每种数据库的开发商都开发了适合某一种开发语言的驱动程序，例如 Oracle JDBC Driver、MySQL JDBC Driver 等 JDBC 驱动，这些驱动程序负责与特定的数据库连接，处理通信细节。在 JDBC API 中，提供了 JDBC Driver Manager，即 JDBC 驱动管理器，统一管理各种数据库驱动，负责注册特定驱动程序。

4. JDBC 驱动

JDBC 驱动是由各数据库厂家遵循接口所实现的各个实现类，每个数据库服务器都必须提供相应的 JDBC 驱动。JDBC 存在 4 种类型的数据库驱动，如图 5-2 所示。

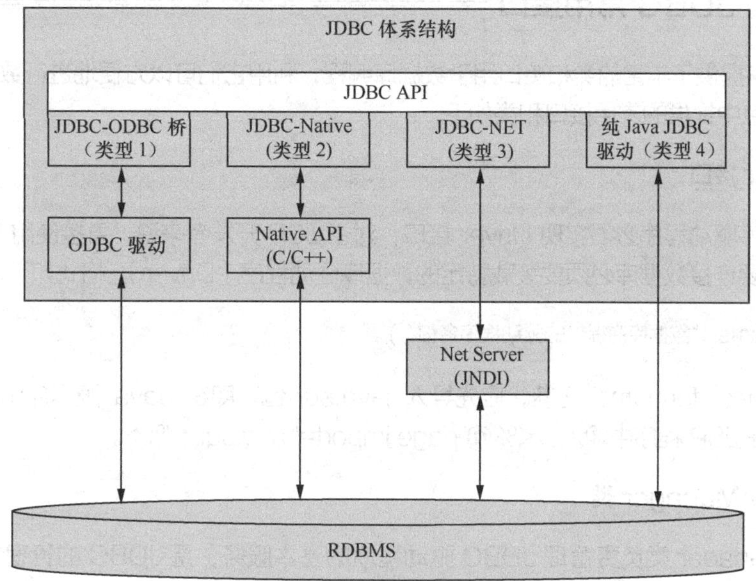

图 5-2 JDBC 数据库驱动类型

第 1 种类型为 JDBC-ODBC 桥接模式，这是当时 Sun 公司为了和 ODBC 兼容提出的一种驱动类型，这种驱动只具备实验性质，不建议在产品中使用。

第 2 种类型为 JDBC-Native 连接模式，这种模式的优点是可以充分利用本地接口的优势，缺点是失去了 Java 的可移植性，一般也不推荐使用。

第 3 种类型为 JDBC-NET 模式，使用 JNDI 和数据连接池方式，它可以避免频繁打开与关闭数据库所造成的资源消耗，从而提高系统的效率。其基本思想是先通过中间件服务器打开若干与数据库的连接，将这些打开的连接称作连接池，当应用程序需要访问数据库时，只需从连接池中取得与数据库的连接，避免建立与数据库的新连接。当应用程序完成任务关闭与数据库的连接时，关闭的仅仅是应用程序与中间件服务器的连接，释放后的连接被重新放回连接池，而没有真正关闭，从而避免了关闭数据库连接所造成的资源消耗，这种模式是在软件产品中推荐使用的，缺点是需要相应的中间件服务器支持。

第 4 种类型为纯 Java JDBC 驱动模式，直接使用软件厂商提供的数据库驱动直连数据，这种模式是本书介绍的主要方式，主要优点是简单方便；缺点是频繁建立、关闭与数据库的连接造成数据库性能下降。

常见的数据库驱动如下。

（1）Oracle：oracle.jdbc.driver.OracleDriver。

（2）MySQL：com.mysql.jdbc.Driver (mysql-connector-java 5);
　　　　　　com.mysql.cj.jdbc.Driver (mysql-connector-java 6+)。

（3）DB2：com.ibm.db2.jcc.DB2Driver。

提示 每一种数据库的版本不一样，相应的驱动也会有所变化。

5.1.2 JDBC 常用接口

Java 语言提供了丰富的类和接口用于数据库编程，利用它们可以方便地进行数据的访问和处理。java.sql 包中提供的常用接口和类如下。

1. Driver 接口

每个数据库驱动程序必须实现 Driver 接口，对于 JSP 开发者来说，直接使用 Driver 接口即可。在编程中要连接数据库必须要装载特定的数据库驱动程序（Driver），格式如下。

```
Class.forName("数据库商提供的驱动程序名称");
```

在使用 Class.forName 之前，应先导入 java.sql 包，即在 Java 源程序中输入：import java.sql.*;，在 JSP 程序中输入：<%@ page import="java.sql.* "%>。

2. DriverManager 类

DriverManager 类负责管理 JDBC 驱动程序的基本服务，是 JDBC 的管理层，作用于用户和驱动程序之间，用来管理数据库中的所有驱动程序。它可以跟踪可用的驱动程序，注册、注销及为数据库连接合适的驱动程序，设置登录时间限制等。DriverManager 类的常用方法如表 5-1 所示。

表 5-1　DriverManager 类的常用方法

方法	作用
public static synchronized Connection getConnection(String url,String user,String password) throws SQLException	获得 url 对应数据库的一个连接

表 5-1 中的方法中有 3 个参数，第 1 个参数 url 是连接的具体数据库的路径，第 2 个参数 user 是访问数据库的用户名，第 3 个参数 password 是访问数据库的密码。

url 由三部分组成，各个部分用冒号分隔，格式如下。

```
jdbc:<子协议>:<子名称>
```

（1）<子协议>：数据库驱动程序名或数据库连接机制的名称。

（2）<子名称>：标记数据库。子名称随着子协议的变化而变化，使用子名称的目的是定位数据库。

例如，下面的 url 的写法。

```
jdbc:oracle:thin:@127.0.0.1:1521:dbname
jdbc:db2://127.0.0.1:50000/dbname
jdbc:mysql://localhost:3306/mydb   //mysql 为子协议，localhost:3306/mydb 为子名称
```

3. Connection 接口

Connection 表示数据库的连接对象，对数据库的访问都是在这个连接（Connection）的基础上进行的，通过 DriverManager.getConnection()方法可获得 Connection。常用方法如表 5-2 所示。

表 5-2　Connection 常用方法

方法	作用
Statement createStatement() throws SQLException	创建 Statement 对象，用于执行不带占位符的 SQL 语句
PreparedStatement prepareStatement (String sql) throws SQLException	创建 preparedStatement 对象，能预编译 SQL 语句（一般带有占位符），以提高执行效率
CallableStatement prepareCall (String sql)	创建 CallableStatement 对象，用来调用数据库存储过程

4. Statement 接口

Statement 接口用于在已经建立连接的基础上向数据库发送静态 SQL 语句，以及不带占位符的 SQL 语句,使用 Statement 执行 SQL 语句前首先要创建 Statement 对象实例，具体语法格式如下。

```
Statement stmt= conn.createStatement( int type,int concurrency);
```

其中，参数 type 用来设置结果集的类型：若取值为 ResultSet.TYPE_INSENSITIVE，结果集的游标上下滚动，当数据库变化时，当前结果集不变；若取值为 ResultSet.TYPE_SENSITIVE，结果集的游标上下滚动，当数据库变化时，当前结果集随之变化。参数 concurrency 用来设置结果集更新数据库的方式：若取值为 ResultSet.CONCUR_READ_ONLY，不能用结果集更新数据库中的表；若取值为 ResultSet.CONCUR_READ_UPDATETABLE，可用结果集更新数据库中的表。

Statement 还提供了一些操作结果集的方法，常用方法如表 5-3 所示。

表 5-3　Statement 常用方法

方法	作用
ResultSet executeQuery(String sql) throws SQLException	执行一个查询：select 语句，返回结果集
int executeUpdate(String sql) throws SQLException	执行更新操作：insert、update、delete 语句，返回影响的行数
boolean execute(String sql) throws SQLException	执行更新或查询语句，返回是否有结果集
void close()	关闭 Statement 对象，释放其资源

5. PreparedStatement 接口

PreparedStatement 可以将 SQL 语句传给数据库进行预编译处理，即在执行的 SQL 语句中包含一个或多个 IN 参数，可以通过设置 IN 参数值多次执行 SQL 语句，不必重新给出 SQL 语句，这样可以大大提高 SQL 语句的执行速度。IN 参数就是指那些在 SQL 语句创立时尚未指定值的参数，在 SQL 语句中 IN 参数用“?”代替，按索引的位置，使用 setXXX()方法设置参数的值。

PreparedStatement 接口的常用方法和 Statement 常用方法类似。

下面我们通过书写一段代码来理解 PreparedStatement 的用法。

```
//声明 SQL 语句
String sql = "update customer set name=?,phone=?,email=? where id=?";
//创建 PreparedStatement 语句对象
PreparedStatement pstmt = conn.prepareStatement(sql);
//设置参数
pstmt.setString(1, "江丽丽");
pstmt.setString(2, "138********");
pstmt.setString(3, "***@sohu.com");
pstmt.setInt(4, 4);
```

6. ResultSet 接口

ResultSet 接口是查询结果集接口，它对返回的结果集进行处理。它不仅具有存储功能，还具有操作数据的功能,常用方法如表 5-4 所示。

表 5-4 ResultSet 常用方法

方法	作用
boolean next()	把当前指针定位到下一行。注意，最初 ResultSet 的指针位于第一行之前
Object get×××(int index)	根据索引值获取当前行中某列的值
Object get×××(String colName)	根据字段名获取当前行中某列的值
boolean previous()	记录指针向上移动，当移动到结果集第一行之前时，返回 false
boolean beforeFirst()	将记录指针移到结果集的第一行之前
boolean afterLast()	将记录指针移到结果集的最后一行之后
boolean first()	将记录指针移到结果集的第一行
boolean last()	将记录指针移到结果集的最后一行
boolean isAfterLast()	判断记录指针是否到达结果集的最后一行之后
boolean isFirst()	判断记录指针是否到达结果集的第一行
boolean isLast()	判断记录指针是否到达结果集的最后一行
boolean getRow()	返回当前记录指针所指向的行号，行号从 1 开始，如果没有记录，则返回结果为 0
boolean absolute(int row)	将记录指针移到指定的第 row 行
void close()	关闭 ResultSet 接口，并释放它所占的资源

提示 其中“XXX”与列的数据类型有关，例如，如要获取的列是 String 类型，则使用 getString() 方法获取该列的值。

getXXX()方法具体的用法示例如下。

```
//获取第一列的值
int id = rs.getInt(1);
```

```
//获取第二列的值
String name = rs.getString(2);
//获取列名为“phone”的值
String phone = rs.getString("phone");
//获取列名为“email”的值
String email = rs.getString("email");
```

【梳理回顾】

本节对 JDBC 的基本概念、JDBC 与数据库驱动之间的关系、JDBC API 的主要接口和类进行了详细的介绍，其中对 JDBC 及 JDBC API 的主要接口和类的理解是重点，也是难点，读者可以根据后面章节的案例进行深入理解。

5.2 JDBC 操作数据库

数据库程序常被称为 CURD 程序，CURD 包括对数据的创建（CREATE）、更新（UPDATE）、读取查询（READ）和删除（DELETE）等逻辑操作。CURD 概括了数据库的程序结构。本节将利用 JDBC 技术实现对数据表的 CURD 操作。

5.2.1 JDBC 连接数据库

【提出问题】

相信大家都有注册各种账号及使用这些账号的经历，那么注册的账号是怎么永久保存的？如何判断输入的账号和密码是否是正确的？我们又如何来修改自己的密码呢？其实这些都与数据库的操作有关。

【知识储备】

1. JDBC 访问数据库的步骤

在操作数据库程序前，首先需要通过 JDBC 驱动建立与数据库的连接。使用 JDBC 进行数据库访问的基本思路如下。

（1）建立与数据库的连接。

（2）向数据库发送 SQL 语句。

（3）处理数据库返回的结果。

（4）关闭与数据库的连接。

为了更清晰地了解 JDBC 访问数据库的步骤，我们通过一张图描述 JDBC 访问数据库的步骤，如图 5-3 所示。

根据图 5-3 总结出 Statement 编程的具体步骤如下。

第一步：注册数据库的 JDBC 驱动。

第二步：建立与数据库的连接。

第三步：声明 SQL 语句。

第四步：创建 Statement 语句对象。

第五步：执行 SQL 语句。

第六步：对执行结果进行分析。

第七步：释放资源。

图 5-3　JDBC 访问数据库的步骤

2. JDBC 连接 MySQL 数据库

在操作数据库程序前，首先需要通过 JDBC 驱动建立与数据库的连接。数据库的连接通过 DriverManager 类来实现。下面我们通过书写一段代码对 MySQL 数据库进行连接。

```
//1.注册数据库的 JDBC 驱动
Class.forName("com.mysql.jdbc.Driver");
//2.指定连接数据库的 URL
String url="jdbc:mysql://localhost:3306/web_customer_tracker";
//3.建立与数据库的连接
Connection conn = DriverManager.getConnection(url,"root", "root");
```

其中，在数据库的 URL 字符串“url”中，“localhost”表示本机，“3306”是 MySQL 数据库端口号，“web_customer_tracker”是数据库名称。

3. Java 数据类型和 SQL 数据类型

JDBC 使用 Java 语言来访问数据库中的数据，数据库的数据类型和 Java 的数据类型不同，所以在使用 JDBC 技术时，需要将 Java 与数据库的数据类型进行转化。常用的 SQL 数据类型和 Java 数据类型对照如表 5-5 所示。

表 5-5　　常用的 Java 数据类型和 SQL 数据类型对照

SQL 数据类型	Java 数据类型	JDBC 访问方法
bit	boolean	getBoolean()
tinyint	byte	getByte()
smallint	short	getShort()
integer	int	getInt()
bigint	long	getLong()
float	double	getDouble()
double	double	getDouble()
decimal	java.math.BigDecimal	getBigDecimal()
numberic	java.math.BigDecimal	getBigDecimal()

续表

SQL 数据类型	Java 数据类型	JDBC 访问方法
char	java.lang.String	getString()
varchar	java.lang.String	getString()
date	java.sql.Date	getDate()
time	java.sql.Time	getTime()
timestamp	java.sql.Timestamp	getTimestamp()
blob	java.sql.Blob	getBlob()
clob	java.sql.Clob	getClob()

4. 数据的操作

数据创建、查询、更新与删除是数据库的基本操作，通常使用结构化查询语言（SQL，Structured Query Language）完成。JDBC 提供 3 种接口实现 SQL 语句的发送和执行，分别是 Statement、PreparedStatement 和 CallableStatement（JDBC 接口详见 5.1.2 节）。

【应用案例】customer 表数据的查询和更新

下面的案例将使用 JDBC 连接 MySQL 数据库来实现 customer 表数据的查询与更新。

任务目标

（1）通过 JDBC 连接 MySQL 数据库。

（2）查询数据库中 customer 表的所有信息。

（3）使用 Statement 对象向 customer 表中插入一条记录。

（4）使用 PreparedStatement 修改 customer 表中的某条记录。

实现步骤

第一步：在 MySQL 数据库中创建数据库 web_customer_tracker 和 customer 表。

customer 表的数据如图 5-4 所示。

图 5-4　customer 表的数据

第二步：在 Eclipse 中创建 Java 项目 JDBC，并在项目中加载 MySQL 的驱动。

在项目 JDBC 上单击鼠标右键选择“Build Path”，再选择“Configure Build Path...”命令，如图 5-5 所示。在弹出的对话框中选择选项卡“Libraries”，再选择“Add External JARs...”，如图 5-6 所示，找到 MySQL 的 JDBC 驱动程序所在位置，并选中驱动程序，至此，在 Eclipse 中配置完成 MySQL 的 JDBC 驱动程序。

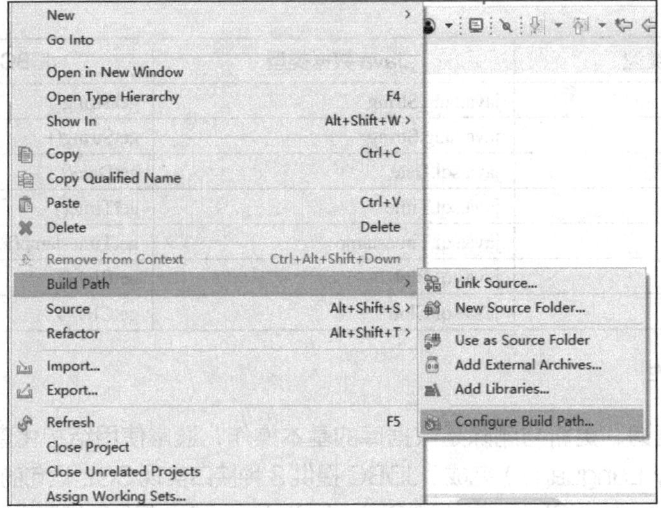

图 5-5 查找 Configure Build Path 属性

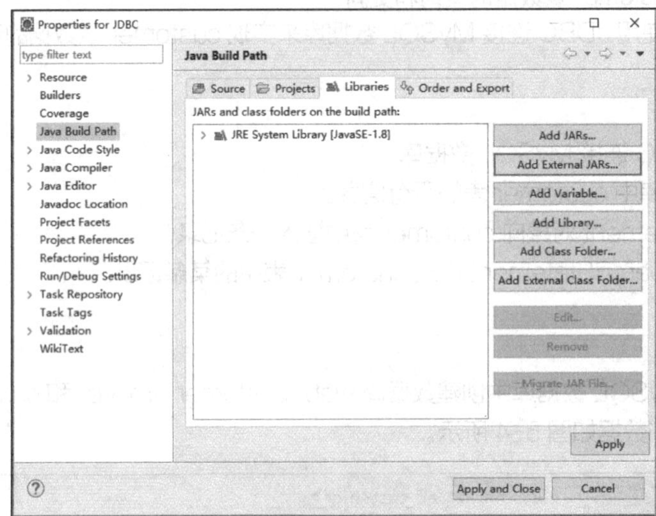

图 5-6 添加 JARs 文件对话框

第三步：编写查询 customer 表的所有信息的类（JdbcQuery.java），并运行。

```
package cn.jdbc;
import java.sql.Connection;
import java.sql.DriverManager;
import java.sql.ResultSet;
import java.sql.SQLException;
import java.sql.Statement;
/**
 * 查询用户信息
 * @author zhangsan
 *
 */
public class JdbcQuery {
```

```
	public static void main(String[ ] args) {
		Connection conn = null;
		Statement stmt = null;
		ResultSet rs = null;
		try {
			//1.注册数据库的 JDBC 驱动
			Class.forName("com.mysql.jdbc.Driver");
			//2.建立与数据库的连接
			conn = DriverManager.getConnection("jdbc:mysql://localhost:3306/
web_customer_tracker","root", "root");
			//3.声明 SQL 语句
			String sql = "select * from customer";
			//4.创建 Statement 语句对象
			stmt = conn.createStatement();
			//5.执行 SQL 语句
			rs = stmt.executeQuery(sql);
			//6.对执行结果进行分析
			while(rs.next()) {
				int id = rs.getInt(1);
				String name = rs.getString(2);
				String phone = rs.getString("phone");
				String email = rs.getString("email");
				System.out.println(id+"\t"+name+"\t"+phone+"\t"+email);
			}
		} catch (ClassNotFoundException e) {
			e.printStackTrace();
		} catch (SQLException e) {
			e.printStackTrace();
		}finally {
			//7.释放资源
			try {
				rs.close();
				stmt.close();
				conn.close();
			} catch (Exception e2) {
				e2.printStackTrace();
			}
		}
	}
}
```

第四步：编写使用 Statement 对象向 customer 表中插入一条记录的类（JdbcAdd.java），并运行。

```
package cn.jdbc;
import java.sql.Connection;
import java.sql.DriverManager;
import java.sql.SQLException;
```

```
import java.sql.Statement;
/**
 * 增加用户信息
 * @author zhangsan
 *
 */
public class JdbcAdd {
        public static void main(String[ ] args) {
                Connection conn = null;
                Statement stmt = null;
                int result = 0;
                try {
                        //1.注册数据库的 JDBC 驱动
                        Class.forName("com.mysql.jdbc.Driver");
                        //2.建立与数据库的连接
                        conn = DriverManager.getConnection("jdbc:mysql://localhost:3306/
web_customer_tracker","root","root");
                        //3.声明 SQL 语句
                        String sql = "insert into customer(name,phone,email) values('豆豆','136********',
'***@ sohu.com')";
                        //4.创建 Statement 语句对象
                        stmt = conn.createStatement();
                        //5.执行 SQL 语句
                        result = stmt.executeUpdate(sql);
                } catch (ClassNotFoundException e) {
                        e.printStackTrace();
                } catch (SQLException e) {
                        e.printStackTrace();
                }finally {
                        //6.释放资源
                        try {
                                stmt.close();
                                conn.close();
                        } catch (Exception e2) {
                                e2.printStackTrace();
                        }
                }
                if(result>0) {
                        System.out.println("添加成功");
                }else {
                        System.out.println("添加失败");
                }
        }
}
```

第五步：编写使用 PreparedStatement 对象修改 customer 表中某条记录的类。（JdbcUpdate.java），并运行。

```
package cn.jdbc;
import java.sql.Connection;
import java.sql.DriverManager;
import java.sql.PreparedStatement;
import java.sql.SQLException;
/**
 * 修改用户信息
 * @author zhangsan
 *
 */
public class JdbcUpdate {
        public static void main(String[ ] args) {
                Connection conn = null;
                PreparedStatement pstmt = null;
                int result = 0;
                try {
                        //1.注册数据库的 JDBC 驱动
                        Class.forName("com.mysql.jdbc.Driver");
                        //2.建立与数据库的连接
                        conn = DriverManager.getConnection("jdbc:mysql://localhost:3306/
web_customer_tracker","root","root");
                        //3.声明 SQL 语句
                        String sql = "update customer set name=?,phone=?,email=? where id=?";
                        //4.创建 PreparedStatement 语句对象
                        pstmt = conn.prepareStatement(sql);
                        //5.设置参数
                        pstmt.setString(1, "江丽丽");
                        pstmt.setString(2, "138********");
                        pstmt.setString(3, "***@sohu.com");
                        pstmt.setInt(4, 4);
                        //6.执行 SQL 语句
                        result = pstmt.executeUpdate();
                } catch (ClassNotFoundException e) {
                        e.printStackTrace();
                } catch (SQLException e) {
                        e.printStackTrace();
                }finally {
                        //7.释放资源
                        try {
                                pstmt.close();
                                conn.close();
                        } catch (Exception e2) {
                                e2.printStackTrace();
                        }
                }
                if(result>0) {
                        System.out.println("修改成功");
```

```
                }else {
                        System.out.println("修改失败");
                }
        }
}
```

【梳理回顾】

本节对 JDBC 连接数据库的步骤、Statement 对象及 PreparedStatement 对象的应用进行了详细的介绍，其中通过 PreparedStatement 对象设置参数是一个难点，读者可以结合应用案例加深理解。

5.2.2 JDBC 数据封装

【提出问题】

在 5.2.1 节中我们已经学习了使用 JDBC 实现数据的查询和更新的方法，在各个方法中我们发现创建数据库的连接是相同的，释放资源的代码有很多相似的部分。这么多冗余的代码，我们应该如何进行优化呢?

【知识储备】

1. 配置数据库的连接

在 5.2.1 节中，我们编写了配置数据库连接的程序代码，如下。

```
//1.注册数据库的 JDBC 驱动
Class.forName("com.mysql.jdbc.Driver");
//2.建立与数据库的连接
conn = DriverManager.getConnection("jdbc:mysql://localhost:3306/web_customer_tracker","root", root");
```

我们之前在程序中编写这些代码时有一定的弊端，因为当数据库发生改变时，要重新修改、编译和部署这些代码。如果我们将数据库信息写在配置文件中，程序通过读取配置文件来获得这些信息，当数据库发生改变时，只需更换配置文件即可。配置文件采用的是属性文件，其后缀为.properties，数据的格式为“键=值”，文件中可以使用“#”来进行注释。属性文件必须放到 src 的根目录下，具体的格式如下。

```
driverClassName=com.mysql.jdbc.Driver
url=jdbc:mysql://localhost:3306/stusys
username=root
password=root
```

2. 封装数据库工具类

抽取相似功能的代码封装成方法，可以减少代码冗余。我们可以把建立数据库的连接进行封装，获得连接对象的方法；也可以把释放资源进行封装，获得释放资源的方法。格式如下。

```
//获得连接对象
public static Connection getConnection() throws SQLException { }
//释放资源
public static void closeAll(Connection conn, Statement stmt, ResultSet rs) throws SQLException {}
```

3. ResourceBundle 类

Java 语言中提供了 ResourceBundle 类来读取资源属性文件（.properties），根据.properties文件的名称信息可以获取相应的属性文件的内容。格式如下。

```
ResourceBundle bundle = ResourceBundle.getBundle("jdbc") //jdbc 为属性文件名(jdbc.properties)
```

【应用案例】数据库的封装

本案例将学习数据库的封装方法。

任务目标

（1）创建数据库配置的属性文件。
（2）封装数据库连接的方法。
（3）封装释放资源的方法。
（4）对数据库的连接进行测试。

案例项目的结构如图 5-7 所示。

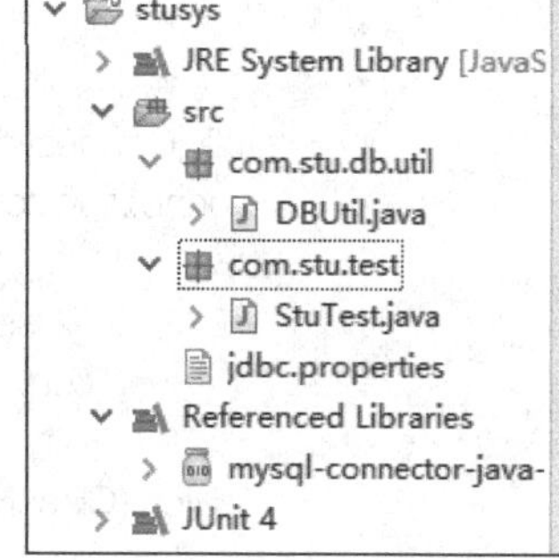

图 5-7　案例项目的结构

实现步骤

第一步：在 MySQL 数据库中创建数据库 stusys 和表 students。

第二步：在 Eclipse 中创建 Java 项目 stusys，并在项目中加载 MySQL 的驱动（具体过程参考 5.2.1 节）。

第三步：创建配置数据库信息的属性文件（jdbc.properties）。

```
#MySQl 数据库的驱动
driverClassName=com.mysql.jdbc.Driver
#serverTimezone 代表设置时区，GMT%2B8 代表当前的北京时间，characterEncoding 设置数据库支持的
#字符集编码
#多个参数使用“&”分隔
url=jdbc:mysql://localhost:3306/stusys?serverTimezone=GMT%2B8&characterEncoding=utf8
username=root
password=root
```

第四步：创建封装数据库连接和释放资源的工具类（DBUtil.java）。

```
package com.stu.db.util;
import java.sql.Connection;
import java.sql.DriverManager;
import java.sql.ResultSet;
import java.sql.SQLException;
import java.sql.Statement;
import java.util.ResourceBundle;
public class DBUtil {
        private static String driver = "", url = "", userName = "", password = "";
        static {
                //读取属性文件 jdbc 中的内容
                ResourceBundle bundle = ResourceBundle.getBundle("jdbc");
```

```
		url = bundle.getString("url");
		driver = bundle.getString("driverClassName");
		userName = bundle.getString("username");
		password = bundle.getString("password");
	}

	/**
	 * 获得连接对象
	 *
	 */
	public static Connection getConnection() throws SQLException {
		Connection conn = null;
		try {
			Class.forName(driver);
			conn = DriverManager.getConnection(url, userName, password);

		} catch (ClassNotFoundException e) {
			e.printStackTrace();
		}
		return conn;

	}

	/**
	 * 释放资源
	 *
	 * @param conn 连接对象
	 * @param stmt 语句对象
	 * @param rs    结果集
	 */
	public static void closeAll(Connection conn, Statement stmt, ResultSet rs) throws SQLException {
		if (rs != null) {
			rs.close();
		}
		if (stmt != null) {
			stmt.close();
		}
		if (conn != null && !conn.isClosed()) {
			// 关闭数据库连接
			conn.close();
		}
	}
}
```

第五步：创建测试类（StuTest.java）测试数据库是否连接成功。

```
package com.stu.test;
import java.sql.Connection;
```

```
import java.sql.SQLException;
import org.junit.Test;
import com.stu.db.util.DBUtil;
public class StuTest {
	@Test
	public void connTest()   {
		Connection conn = null;
		try {
			conn = DBUtil.getConnection();
		} catch (SQLException e) {
			e.printStackTrace();
		}
		if(conn!=null) {
			System.out.println("连接成功");
		}else {
			System.out.println("连接失败");
		}
	}
}
```

提示 **为了方便案例的扩充，测试类 StuTest.java 采用的是单元测试，因此在方法中添加单元测试的注解@Test。**

【梳理回顾】

本节对 JDBC 数据库的配置信息、数据库连接及释放资源的封装方法进行了详细的介绍，其中对数据库的封装是一个难点，读者可以结合应用案例加深理解。

5.2.3 JDBC 执行数据操作

【提出问题】

在 5.2.1 节中使用 JDBC 访问数据库时，数据的增、删、改、查方法代码中除了 SQL 语句和设置的参数不一样，其他代码都类似，这么多冗余的代码，我们能不能像前面封装数据库连接那样，把对数据的操作也进行封装，实现代码的重用呢？

【知识储备】

1. 查询操作的封装

查询返回的结果可能只有一行数据，也可能有多行数据。如果返回的是多行数据，我们可以把它们封装在一个集合中。

```
	//查询结果只有一行数据的封装方法
	public static <T> T queryForObject(String sql, RowMapper<T> rowMapper, Object... args) throws SQLException {}
	//查询结果有多行数据的封装方法
	public static <T> List<T> query(String sql, RowMapper<T> rowMapper, Object... args) throws SQLException {}
```

在查询方法中，每次查询操作返回的实体对象可能不同，可以利用泛型<T>根据具体的业务需求进行处理并返回相应的实体对象。方法中有 3 个参数，具体如下。

（1）String sql：操作需要的 SQL 语句。

（2）RowMapper<T> rowMapper：封装查询结果，通过结果集返回一个具体的对象，可以把 RowMapper<T>定义为一个接口，如下。

```
public interface RowMapper<T> {
    //根据结果集 ResultSet 返回对象 T
    public T mapRow(ResultSet rs) throws SQLException;
}
```

可以通过建立内部类实现 RowMapper 接口，例如，对 student 实体进行操作的内部类如下。

```
private class StudentRowMapper implements RowMapper<Student> {
            public Student mapRow(ResultSet rs) throws SQLException {
                Student student = new Student();
                student.setId(rs.getInt("id"));
                student.setName(rs.getString("name"));
                student.setClazz(rs.getString("clazz"));
                student.setPhone(rs.getString("phone"));
                student.setEmail(rs.getString("email"));
                return student;
            }
}
```

（3）Object... args：SQL 语句中的参数，即“?”的值。

2. 更新操作的封装

数据的增加、删除和修改都是对数据库的数据进行了更改，我们都将它称为数据的更新。

```
public static int update(String sql, Object... args) throws SQLException {}
```

3. 使用实体类传输数据

数据的查询、增加、删除和修改等操作的方法可能需要传入多个参数，可以将这些参数封装成具体的对象进行操作，即使用具体的实体类来传输数据。如果对学生信息进行一些操作，则需要定义实体类 student。定义学生信息的增、删、改、查操作方法如下。

```
//查询所有的学生信息
public List<Student> getAllStudent() throws SQLException {}
//增加学生信息
public int addStudent(Student student) throws SQLException {}
//根据 id 号查询学生信息
public Student getStudentById(Integer id) throws SQLException {}
//修改学生信息
public int updateStudent(Student student) throws SQLException {}
```

```
//删除学生信息
public int deleteStudent(int id) throws SQLException {}
```

【应用案例】学生信息的 CURD

本案例将通过学生信息的 CURD 操作，使读者掌握对数据封装的操作。

任务目标

（1）创建封装对数据进行增、删、改、查操作的类。
（2）创建封装查询结果的接口。
（3）创建学生实体类。
（4）创建对学生实体进行操作的类。
（5）实现学生信息的 CURD 操作。

案例的项目结构如图 5-8 所示。

```
stusys
  JRE System Library [JavaSE-1.8]
  src
    com.stu.dao
      StudentDAO.java
    com.stu.db.util
      DBUtil.java
      JDBCTemplate.java
      RowMapper.java
    com.stu.model
      Student.java
    com.stu.test
      StuTest.java
    jdbc.properties
  Referenced Libraries
  JUnit 4
```

图 5-8　案例的项目结构

实现步骤（此案例是在 5.2.2 节应用案例的基础上完成的）

第一步：在项目 stusys 的包 com.stu.db.util 中创建封装查询结果的接口（RowMapper.java）。

```
package com.stu.db.util;
import java.sql.ResultSet;
import java.sql.SQLException;
public interface RowMapper<T> {
        //根据结果集返回对象
        public T mapRow(ResultSet rs) throws SQLException;
}
```

第二步：在包 com.stu.db.util 中创建封装增、删、改、查方法的类（JDBCTemplate.java）。

```
package com.stu.db.util;
import java.sql.*;
import java.util.*;
public class JDBCTemplate {
        /**
         * 查询返回一个对象的方法
         * @param sql   SQL 语句
         * @param rowMapper 结果映射，需要在 DAO 中实现
         * @param args SQL 语句的参数
         * @return 查询对象，只有一行，如果查询无结果，则返回 null
         * @throws SQLException
         */
        public static <T> T queryForObject(String sql, RowMapper<T> rowMapper, Object... args)
throws SQLException {
                Connection conn = DBUtil.getConnection();
                PreparedStatement pstmt = conn.prepareStatement(sql);
                // 判断是否有参数
                if (args != null) {
```

```
                    //如果有参数，就循环为参数赋值
                    for (int i = 0; i < args.length; i++) {
                            pstmt.setObject(i + 1, args[i]);
                    }
            }
            ResultSet rs = pstmt.executeQuery();
            if (rs.next()) {
                    // 获取实现类的映射封装对象，实现类在对应的 DAO 类中编写
                    T result = rowMapper.mapRow(rs);
                    DBUtil.closeAll(conn, pstmt, rs);
                    return result;
            } else {
                    return null;
            }
    }
    /**
     * 查询返回一个集合的方法
     * @param sql
     * @param rowMapper
     * @param args
     * @return
     * @throws SQLException
     */
    public static <T> List<T> query(String sql, RowMapper<T> rowMapper, Object... args) throws
SQLException {
            List<T> list = new ArrayList<>();
            Connection conn = DBUtil.getConnection();
            PreparedStatement pstmt = conn.prepareStatement(sql);
            if (args != null) {
                    for (int i = 0; i < args.length; i++) {
                            pstmt.setObject(i + 1, args[i]);
                    }
            }
            ResultSet rs = pstmt.executeQuery();
            while (rs.next()) {
                    T t = rowMapper.mapRow(rs);
                    list.add(t);
            }
            DBUtil.closeAll(conn, pstmt, rs);
            return list;
    }
    /**
     * 更新（增、删、改）操作的封装方法
     * @param sql
     *            SQL 语句
     * @param args
     *            参数列表
     * @return 影响的行数
```

```
     * @throws SQLException
     */
    public static int update(String sql, Object... args) throws SQLException {
        Connection conn = DBUtil.getConnection();
        PreparedStatement pstmt = conn.prepareStatement(sql);
        if (args != null) {
            for (int i = 0; i < args.length; i++) {
                pstmt.setObject(i + 1, args[i]);
            }
        }
        int count = pstmt.executeUpdate();
        DBUtil.closeAll(conn, pstmt, null);
        return count;
    }
}
```

第三步：创建包 com.stu.model，并在包中创建实体类(Student.java)。

```
package com.stu.model;
public class Student {
    private int id;
    private String name,clazz,phone,email;
    public int getId() {
        return id;
    }
    public void setId(int id) {
        this.id = id;
    }
    public String getName() {
        return name;
    }
    public void setName(String name) {
        this.name = name;
    }
    public String getClazz() {
        return clazz;
    }
    public void setClazz(String clazz) {
        this.clazz = clazz;
    }
    public String getPhone() {
        return phone;
    }
    public void setPhone(String phone) {
        this.phone = phone;
    }
    public String getEmail() {
        return email;
```

```
        }
        public void setEmail(String email) {
                this.email = email;
        }
}
```

第四步：创建包 com.stu.dao，并在包中创建 student 的实现类（StudentDAO）。

```
package com.stu.dao;
import java.sql.ResultSet;
import java.sql.SQLException;
import java.util.List;
import com.stu.db.util.JDBCTemplate;
import com.stu.db.util.RowMapper;
import com.stu.model.Student;

public class StudentDAO {
        /**
         * Student 的映射实现类，内部类只供 Student 使用。
         * */
        private class StudentRowMapper implements RowMapper<Student> {
                public Student mapRow(ResultSet rs) throws SQLException {
                        Student student = new Student();
                        student.setId(rs.getInt("id"));
                        student.setName(rs.getString("name"));
                        student.setClazz(rs.getString("clazz"));
                        student.setPhone(rs.getString("phone"));
                        student.setEmail(rs.getString("email"));
                        return student;
                }
        }
        public List<Student> getAllStudent() throws SQLException {
                String sql = "select * from students";
                return JDBCTemplate.query(sql, new StudentRowMapper());
        }

        /**
         * @param student
         * @return 增、删、改操作影响的行数
         * @throws SQLException
         */
        public int addStudent(Student student) throws SQLException {
                String sql = "insert into students(name,clazz,phone,email) values(?,?,?,?)";
                return JDBCTemplate.update(sql, student.getName(), student.getClazz(), student.
getPhone(), student.getEmail());
        }

        public Student getStudentById(Integer id) throws SQLException {
```

```
            String sql = "select * from students where id=?";
            return JDBCTemplate.queryForObject(sql, new StudentRowMapper(), id);
        }

        public int updateStudent(Student student) throws SQLException {
            String sql = "update students set name=?,clazz=?,phone=?,email=?  where id=?";
            return  JDBCTemplate.update(sql,  student.getName(),  student.getClazz(),  student.
getPhone(), student.getEmail(),
                    student.getId());
        }

        public int deleteStudent(int id) throws SQLException {
            String sql = "delete from students where id=?";
            return JDBCTemplate.update(sql, id);
        }
    }
```

第五步：在测试类（StuTest.java）中实现学生信息的增、删、改、查操作。

```
package com.stu.test;
import java.sql.Connection;
import java.sql.SQLException;
import java.util.List;
import org.junit.Test;
import com.stu.dao.StudentDAO;
import com.stu.db.util.DBUtil;
import com.stu.model.Student;
public class StuTest {
        StudentDAO studentDAO = new StudentDAO();
        //数据库的连接测试
        public void connTest()  {
                Connection conn = null;
                try {
                        conn = DBUtil.getConnection();
                } catch (SQLException e) {
                        e.printStackTrace();
                }
                if(conn!=null) {
                        System.out.println("连接成功");
                }else {
                        System.out.println("连接失败");
                }
        }
        //查询所有学生的信息
        public void findAllStu() {
                List<Student> list = null;
                try {
                        list = studentDAO.getAllStudent();
```

```
            } catch (SQLException e) {
                    e.printStackTrace();
            }
            System.out.println("学生信息如下：");
            for (Student student : list) {

    System.out.println(student.getId()+"\t"+student.getName()+"\t"+student.getClazz()
    +"\t"+student.getPhone()+"\t"+student.getEmail());
            }
    }
    //增加学生的信息
    public void addStudent() {
            Student stu = new Student();
            stu.setName("张月");
            stu.setClazz("软件 19002");
            stu.setPhone("136********");
            stu.setEmail("***@qq.com");
            int resutl = 0;
            try {
                    resutl = studentDAO.addStudent(stu);
            } catch (SQLException e) {
                    e.printStackTrace();
            }
            if(resutl>0) {
                    System.out.println("添加成功");
                    this.findAllStu();
            }else {
                    System.out.println("添加失败");
            }
    }
    //修改学生的信息
    public void updateStudent() {
            Student stu = new Student();
            stu.setId(6);
            stu.setName("张明月");
            stu.setClazz("软件技术 19002");
            stu.setPhone("136********");
            stu.setEmail("***@qq.com");
            int resutl = 0;
            try {
                    resutl = studentDAO.updateStudent(stu);
            } catch (SQLException e) {
                    e.printStackTrace();
            }
            if(resutl>0) {
                    System.out.println("修改成功");
                    this.findAllStu();
            }else {
```

```
                System.out.println("修改失败");
            }
        }
        //删除学生的信息
        public void delStudent() {
            int resutl = 0;
            try {
                resutl = studentDAO.deleteStudent(6);
            } catch (SQLException e) {
                e.printStackTrace();
            }
            if(resutl>0) {
                System.out.println("删除成功");
                this.findAllStu();
            }else {
                System.out.println("删除失败");
            }
        }
    }
```

【梳理回顾】

本节对数据增、删、查、改操作的封装进行了详细的介绍，其中对数据操作的封装是一个难点，读者可以结合应用案例加深理解。

5.3 数据库连接池

数据库连接是一种昂贵且有限的资源，尤其体现在多用户的网页应用程序中。对数据库连接进行管理能显著提升整个应用程序的伸缩性和健壮性，以及程序的性能指标，数据库连接池正是针对这个问题提出来的。数据库连接池负责分配、管理和释放数据库连接，它允许应用程序重复使用一个现有的数据库连接。本节将针对数据库连接池（DBCP）的数据源的使用进行详细的讲解。

【提出问题】

在前面课程的学习中我们了解了通过 JDBC 访问数据库的步骤，每一次对数据库的访问都需要建立连接，访问完后要断开连接，这样频繁地创建、断开数据库的连接会影响数据库的访问效率，那么如何解决这个问题呢?

【知识储备】

5.3.1 连接池简介

1. 连接池的工作原理

连接池在程序启动时建立足够的数据库连接，其核心思想是连接的复用，通过建立一个数据库连接池及一套连接使用、分配和管理策略，使该连接池中的连接可以得到高效、安全的复用，减少了数据库连接频繁建立和关闭造成的系统开销。连接池的工作主要分为 3 个部分，分别为连接池的建立、连接池的管理和连接池的关闭。

为了更清晰地了解连接池的工作原理，接下来通过一张图来具体描述，如图 5-9 所示。

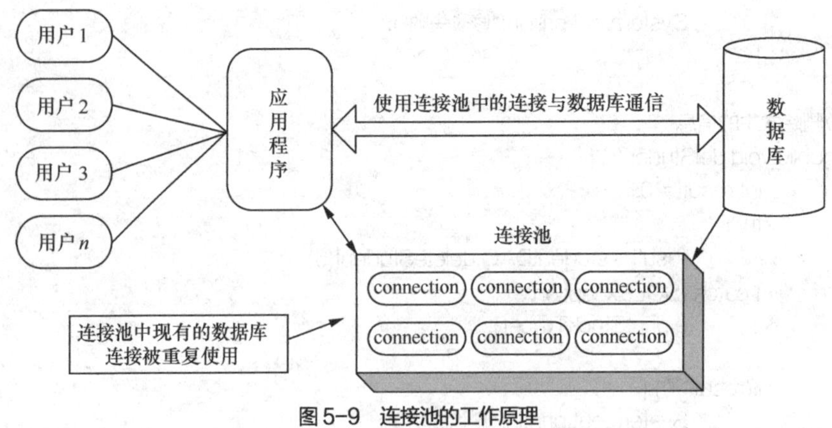

图 5-9　连接池的工作原理

（1）连接池的建立。一般在系统初始化时，连接池会根据系统配置建立，并在连接池中建立几个连接对象，以便使用时能从连接池中获取。由于连接池中的连接不能随意创建和关闭，这就减少了连接建立和关闭造成的系统开销。

（2）连接池的管理。连接池管理策略是连接池机制的核心，连接池内连接的分配和释放对系统的性能有很大的影响。连接池的管理策略是：当客户请求数据库连接时，首先查看连接池中是否有空闲连接，如果存在空闲连接，则将连接分配给用户使用；如果没有空闲连接，则查看当前的连接数是否已经达到最大连接数，如果没有达到，就给请求的用户重新创建一个连接；如果达到最大连接数，请求的用户就按设定的最长等待时间进行等待，若超出最长等待时间，则给用户抛出异常。

（3）连接池的关闭。当应用程序退出时，关闭连接池中所有的连接，释放连接池相关资源，该过程与创建连接池恰好相反。

2. 连接池的优势

连接池主要有以下优势。

（1）资源复用：减少频繁创建、释放连接所引起的系统开销，增加系统运行环境的平稳性。

（2）更快的响应速度：使用连接池中可用连接，减少系统响应时间。

（3）统一管理数据库连接、避免数据库连接泄露：连接池统一管理连接的申请、使用和释放，避免存在未关闭的连接。

3. DataSource 接口

DataSource 接口主要负责与数据库建立连接，并定义返回值为 Connection 对象的方法。

```
Connection getConnection() //获得连接对象的无参数方法
Connection getConnection(String username, String password) //返回连接对象的有参数方法
```

实现 DataSource 接口的类称为数据源，数据源中存储了所有建立数据库连接的信息。常用的数据源如图 5-10 所示。

图 5-10　常用的数据源

5.3.2 DBCP 数据源的使用

数据库连接池（DBCP，DataBase Connection Pool）是 Apache 下的开源连接池实现，也是 Tomcat 服务器使用的连接池组件。DBCP 的使用有两种方式。

（1）容器管理方式：按照容器配置并使用的方式。

（2）开发人员自管理方式：需要的 jar 包括 commons-dbcp.jar 和 commons-pool.jar。commons-dbcp.jar 包中有两个核心类：BasicDataSourceFactory 和 BasicDataSource，这两个类都用来获取 DBCP 数据源的对象。

1. 建立数据源

（1）通过 BasicDataSource 建立数据源

BasicDataSource 是 DataSource 接口的实现类，主要包含一些设置数据源对象的方法，如表 5-6 所示。

表 5-6 设置数据源对象的方法

方法声明	功能描述
void setDriverClassName(String driverClassName)	设置数据源的驱动类
void setUrl(String url)	设置连接数据库的路径
void setUsername(String username)	设置数据库的登录账号
void setPassword(String password)	设置数据库的登录密码
void setInitialSize(int initialSize)	设置数据库连接池初始化的连接数目
void setMaxActive (int maxIdle)	设置数据库连接池最大活跃连接数目
void setMinIdle(int minIdle)	设置数据库连接池最小闲置连接数目
Connection getConnection()	从连接池中获取一个数据库连接

下面我们通过编写一段代码来使用 BasicDataSource 类创建一个数据源对象，并手动给数据源对象设置属性值，以及获取数据库连接对象的方法。

```
//获取数据库信息的属性文件 jdbc
ResourceBundle bundle=ResourceBundle.getBundle("jdbc");
//创建数据源对象
BasicDataSource ds=new BasicDataSource();
//根据属性文件设置数据源的各个属性
ds.setDriverClassName(bundle.getString("driverClassName"));
ds.setUrl(bundle.getString("url"));
ds.setUsername(bundle.getString("username"));
ds.setPassword(bundle.getString("password"));
ds.setInitialSize(Integer.parseInt(bundle.getString("initialSize")));
ds.setMaxTotal(Integer.parseInt(bundle.getString("maxTotal")));
ds.setMaxIdle(Integer.parseInt(bundle.getString("maxIdle")));
```

（2）通过 BasicDataSourceFactory 建立数据源

我们也可以使用 BasicDataSourceFactory 类读取配置文件，创建数据源对象，然后获取数据库连接对象。

下面我们通过编写一段代码来理解使用 BasicDataSourceFactory 建立数据源的方法。

```
// Properties 可以通过流的方式读取并且加载属性文件
Properties pps = new Properties();
pps.load(MyDataSource2.class.getResourceAsStream("/jdbc.properties"));
//通过 createDataSource()方法创建数据源
dataSource = BasicDataSourceFactory.createDataSource(pps);
```

2. 连接数据库

数据源建立后，就需要建立与数据库的连接，前面两种方法都只需调用数据源对象的 getConnection()方法就可以获得与数据库的连接，语法格式如下。

```
Connection conn = DataSource.getConnection();
```

连接使用完毕，调用 close()方法即可关闭连接，即将连接放回连接池，供其他线程使用，语法格式如下。

```
conn.close();
```

3. 容器管理的 DBCP

在 Web 应用中，我们还可以使用容器管理的数据源，具体步骤为：在 WebContent/ META-INF/目录下创建 XML 文件 context.xml，内容如下。

```
<?xml version="1.0" encoding="UTF-8"?>
<Context>
<Resource name="jdbc/TestDB" auth="Container" type="javax.sql.DataSource"
            maxTotal="100" maxIdle="30" maxWaitMillis="10000"
            username="root" password="root" driverClassName="com.mysql.jdbc.Driver"
            url="jdbc:mysql://localhost:3306/web_customer_tracker?serverTimezone=
GMT%2B8&amp;
useSSL=false"/>
</Context>
```

在上述代码中，name 属性可以自己定义，auth="Container"表示是否由容器创建，type 指定数据源，maxTotal 设置数据连接池的总容量，maxIdle 设置数据库连接的最大空闲时间，maxWaitMillis 是指具体的等待时间，单位是毫秒。

在 Web 容器管理的组件（如 Servlet、Filter、Listener）中声明 DataSource 类型的属性，并使用@Resource 注解予以标注即可获得数据源，语法格式如下。

```
@Resource(name="jdbc/TestDB")
private DataSource dataSource;
```

【应用案例】DBCP 数据源的使用

本案例将学习 DBCP 数据源的使用方法。

任务目标

（1）使用 BasicDataSource 建立数据源并连接数据库。
（2）使用 BasicDataSourceFactory 建立数据源并连接数据库。
（3）使用 DBCP 获取数据库连接。
案例的项目结构如图 5-11 所示。

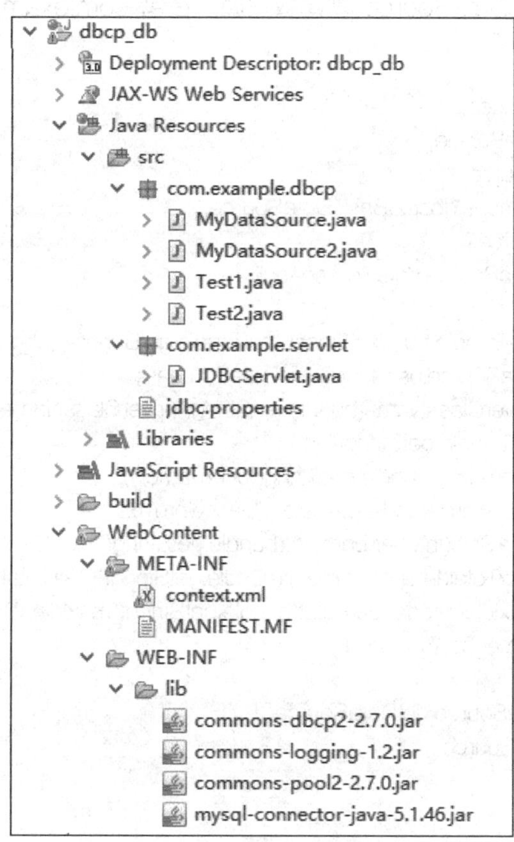

图 5-11　案例的项目结构

实现步骤

第一步：创建 Web 项目 dbcp_db。

第二步：导入 jar 包，在 lib 文件夹中添加 BasicDataSource 和 BasicDataSourceFactory 建立数据源时所需要的 jar 包（commons-dbcp2-2.7.0.jar、commons-pool2-2.7.0.jar、commons-logging-1.2.jar）及 MySQL 的驱动包。

第三步：创建连接数据库信息的属性文件（jdbc.properties）。

```
#连接设置
driverClassName=com.mysql.jdbc.Driver
url=jdbc:mysql://localhost:3306/web_customer_tracker?serverTimezone=GMT%2B8&useSSL=false
username=root
password=root
```

```
#初始化连接
initialSize=5
#最大连接数量
maxTotal=10
#最大空闲连接
maxIdle=10
```

第四步：使用 BasicDataSource 创建数据源，在包 com.example.dbcp 中创建实现类（MyDataSource.java）。

```
package com.example.dbcp;
import java.util.ResourceBundle;
import javax.sql.DataSource;
import org.apache.commons.dbcp2.BasicDataSource;
public class MyDataSource {
        private static DataSource dataSource=null;
        static{
                ResourceBundle bundle=ResourceBundle.getBundle("jdbc");
                BasicDataSource ds=new BasicDataSource();
                ds.setDriverClassName(bundle.getString("driverClassName"));
                ds.setUrl(bundle.getString("url"));
                ds.setUsername(bundle.getString("username"));
                ds.setPassword(bundle.getString("password"));
                ds.setInitialSize(Integer.parseInt(bundle.getString("initialSize")));
                ds.setMaxTotal(Integer.parseInt(bundle.getString("maxTotal")));
                ds.setMaxIdle(Integer.parseInt(bundle.getString("maxIdle")));
                dataSource=ds;
        }
        public static DataSource getDataSource(){
              return dataSource;
        }
}
```

第五步：获取连接对象，在包 com.example.dbcp 中创建测试类（Test1.java）。

```
package com.example.dbcp;
import java.sql.Connection;
import java.sql.SQLException;
public class Test1 {
        public static void main(String[ ] args) {
        try {
                Connection conn=MyDataSource.getDataSource().getConnection();
                System.out.println(conn);
        } catch (SQLException e) {
                e.printStackTrace();
        }
}
```

第六步：运行测试类（Test1.java）后，可以看到控制台输出连接的数据库信息。

第七步：使用 BasicDataSourceFactory 创建数据源，在包 com.example.dbcp 中创建实现类（MyDataSource2.java）。

```
package com.example.dbcp;
import java.util.Properties;
import javax.sql.DataSource;
import org.apache.commons.dbcp2.BasicDataSourceFactory;
public class MyDataSource2 {
        private static DataSource dataSource = null;
        static {
                try {
                        Properties pps = new Properties();
                        pps.load(MyDataSource2.class.getResourceAsStream("/jdbc.properties"));
                        dataSource = BasicDataSourceFactory.createDataSource(pps);
                } catch (Exception e) {
                        e.printStackTrace();
                }
        }
        public static DataSource getDataSource() {
                return dataSource;
        }
}
```

第八步：获取连接对象，在包 com.example.dbcp 中创建测试类（Test2.java）。

```
package com.example.dbcp;
import java.sql.Connection;
import java.sql.SQLException;
public class Test2 {
        public static void main(String[ ] args) {
            try {
                Connection conn=MyDataSource2.getDataSource().getConnection();
                System.out.println(conn);
            } catch (SQLException e) {
                e.printStackTrace();
            } catch(Exception e){
                e.printStackTrace();
            }

        }
}
```

第九步：运行测试类（Test2.java）后，可以看到控制台输出连接的数据库信息。

第十步：使用 DBCP，在项目的 META-INF 下创建 context.xml 文件。

```
<?xml version="1.0" encoding="UTF-8"?>
<Context>
```

```
<Resource name="jdbc/TestDB" auth="Container" type="javax.sql.DataSource"
                maxTotal="100" maxIdle="30" maxWaitMillis="10000"
                username="root" password="root" driverClassName="com.mysql.jdbc.Driver"
                url="jdbc:mysql://localhost:3306/web_customer_tracker?serverTimezone=
GMT%2B8&amp;
useSSL=false"/>
</Context>
```

第十一步：获取连接对象，在包 com.example.servlet 中通过 Servlet 创建具体的实现类（JDBCServlet.java）。

```
package com.example.servlet;
import java.io.IOException;
import java.sql.SQLException;
import javax.annotation.Resource;
import javax.servlet.ServletException;
import javax.servlet.annotation.WebServlet;
import javax.servlet.http.HttpServlet;
import javax.servlet.http.HttpServletRequest;
import javax.servlet.http.HttpServletResponse;
import javax.sql.DataSource;
/**
 * Servlet implementation class JDBCServlet
 */
@WebServlet("/jdbc")
    public class JDBCServlet extends HttpServlet {
        @Resource(name="jdbc/TestDB")
        private DataSource dataSource;
        private static final long serialVersionUID = 1L;

    public JDBCServlet() {
        super();
    }
    protected void doGet(HttpServletRequest request, HttpServletResponse response) throws
ServletException, IOException {
            response.getWriter().append("Served at:").append(request.getContextPath());
            try {
                System.out.println(dataSource.getConnection());
            } catch (SQLException e) {
                e.printStackTrace();
            }
        }
    protected void doPost(HttpServletRequest request, HttpServletResponse response) throws
ServletException, IOException {
            doGet(request, response);
        }
}
```

第十二步：在 Tomcat 服务器上运行 JDBCServlet.java，结果如图 5-12 所示，同时在控制台也输出了数据库连接的信息。

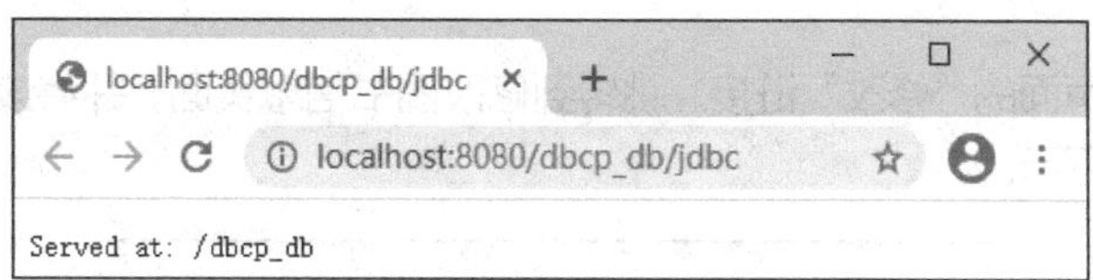

图 5-12　容器管理 DBCP 的运行结果

【梳理回顾】

本节对连接池的基本概念和工作原理、DBCP 数据源的使用进行了详细的介绍，其中，建立数据源的两种方式是重点，也是难点，读者可以通过本节的案例加深理解。

5.4 本章小结

本章主要介绍了 JDBC 技术，包括 JDBC 基础知识、通过 JDBC 驱动程序访问数据库、JDBC 数据的封装、数据的 CURD 操作以及 DBCP 数据源的使用方法。

5.5 本章练习

使用 JDBC 实现图书信息管理，实现目标如下。

1. 显示图书列表信息

要求：

（1）访问项目首页，显示图书列表信息。

（2）列表以表格形式显示，并提供添加、修改、删除图书的链接。

效果如图 5-13 所示。

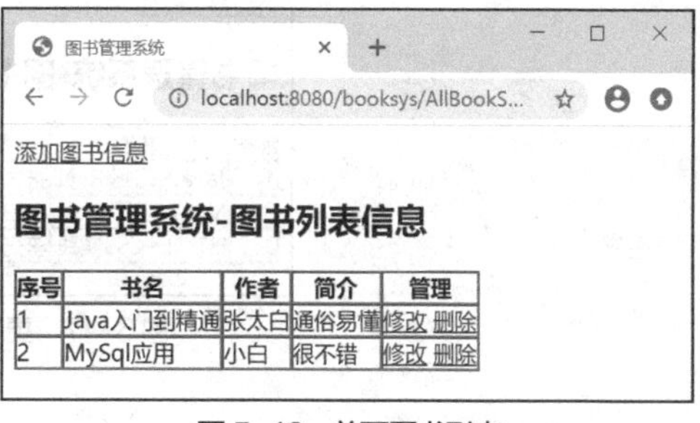

图 5-13　首页图书列表

2. 添加图书信息

要求：

（1）添加一条图书信息。

（2）添加信息成功后重定向到主页面，显示图书列表信息。

效果如图 5-14 和图 5-15 所示。

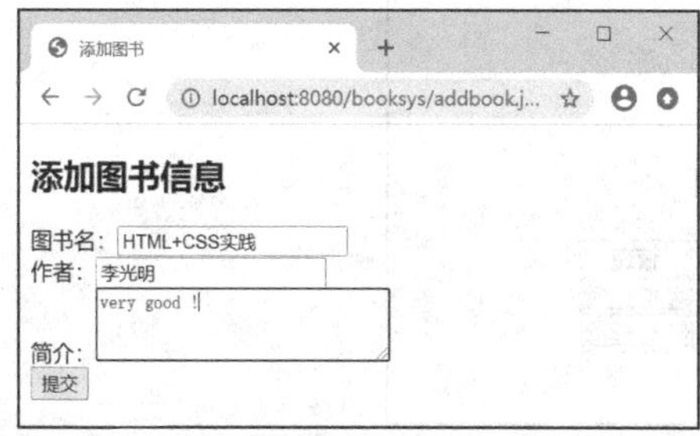

图 5-14　添加图书信息页面

图 5-15　添加成功后的图书列表信息页面

3. 修改图书信息

要求：

（1）单击图书列页面的“修改”链接，跳转到修改图书信息页面，并将该图书信息显示在页面上。效果如图 5-16 所示。

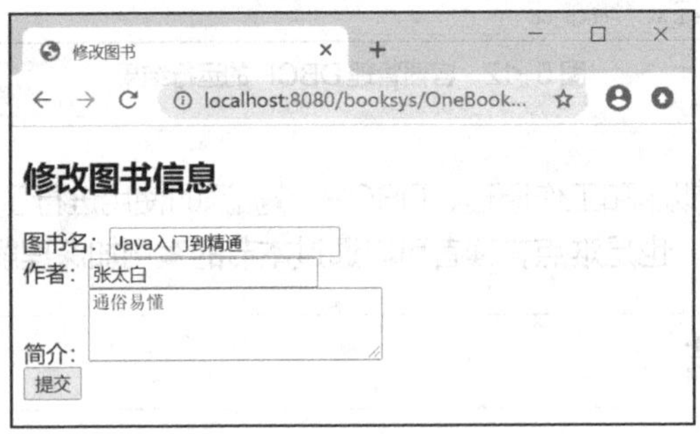

图 5-16　修改图书信息页面

（2）修改信息后，单击“提交”按钮，将数据更新到数据表中，然后跳转到图书列表信息页面，显示更新后的图书列表信息。效果如图 5-17 所示。

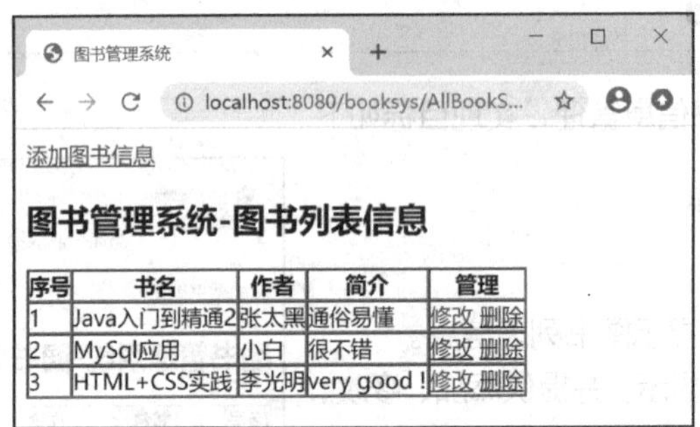

图 5-17　更新后的图书列表信息页面

4. 删除图书信息

要求：

单击图书列表信息页面的“删除”链接，将选中的数据从数据表中删除，然后跳转到图书列表信息页面，显示删除后的图书列表信息。效果如图 5-18 所示。

图 5-18　删除后的图书列表信息页面

第 6 章 EL表达式与JSTL标签

06

▶ 内容导学

通过对前面章节的学习，我们已经很好地掌握了 JSP 的基础语法、Servlet 基础、JSP 隐含对象等知识，学会了开发一个较为综合的 JSP 项目的方法，但在学习过程中，我们也会感受到使用 JSP 基础编写 JSP 项目有时显得很繁杂，可读性和可维护性都不高。因此，本章我们将学习 EL 表达式和 JSTL（JSP 标准标签库），通过它们来替换和简化 JSP 页面中的 Java 代码，使得 JSP 页面变得更加简洁。

▶ 学习目标

① 掌握 EL 表达式基本语法、运算规则及使用方法。
② 掌握 EL 表达式 11 种内置对象的基本使用方法。
③ 掌握 JSTL 核心标签使用方法。
④ 掌握 JSTL I18n 标签库使用方法。
⑤ 掌握 JSTL 函数库应用方法。

6.1 EL 表达式

EL 表达式是 JSP 中的一种表达式语言，可以使访问存储在 JavaBean 中的数据变得非常简单。EL 表达式既可以用来创建算术表达式，又可以用来创建逻辑表达式。本节将针对 EL 表达式进行详细的讲解。

【提出问题】

我们之前访问 JSP 页面中的数据，必须将 Java 代码写在<% %>里面，如果页面中的动态数据比较多，则需要书写大量 Java 代码，这势必会导致程序的可读性和可维护性降低，甚至造成不熟悉 Java 代码的网页设计人员无法开发 JSP 页面，那么有没有一种简洁的方式可以访问 JSP 页面中的数据呢?

【知识储备】

6.1.1 EL 表达式概述

1. EL 表达式的定义

EL（Expression Language，表达式语言）是在 JSP 2.0 版本中引入的新特性，它的主要作用是在 JSP 页面中访问数据、执行运算和调用方法等，简化 JSP 页面中的 Java 代码。

2. EL 表达式的基本语法

EL 表达式的基本语法很简单，它必须以“${”开头，以“}”结束，中间为合法的表达式，语法格式为：${EL 表达式} 。EL 表达式可适用于所有的 HTML 和 JSP 标签，例如：

HTML 标签：< Font color="${ expression1 }" size="${ expression2 }"> html</Font>

JSP 标签：<jsp:include page= “${ expression3 }” />

3. EL 表达式的关键字

EL 表达式中有一些事先定义好并赋予了特殊含义的关键字,不可以把它们当作普通标识符来使用。EL 表达式中的关键字一共有 14 个，如表 6-1 所示。

表 6-1　　EL 表达式的关键字

关键字	解释	关键字	解释
div	除（/）	mod	取余（%）
eq	等于（==）	ne	不等于（!=）
gt	大于（>）	lt	小于（<）
and	逻辑与（&&）	or	逻辑或（‖）
not	逻辑非（!）	true	逻辑真
false	逻辑假	null	空值
instanceof	判断对象	empty	空值测试运算

4. EL 表达式使用规则

在 JSP 页面中，EL 表达式是默认启用的，当需要关闭的时候，在 JSP page 指令中加上 isELIgnored ="true" 即可，格式如下。

```
<%@ page isELIgnored = "true|false" % >
```

其中，isELIgnored 表示是否忽略 EL 表达式，true 表示关闭（忽略），false 表示启动（不忽略）。

EL 表达式主要作用于以下情形。

（1）JSP 页面中的 HTML 格式静态文本。

（2）JSTL 标签和自定义 JSP 标签。

（3）JavaScript 脚本。

注意

EL 表达式不能在<%@ Java 代码%>脚本元素中使用。

我们知道了 EL 表达式的一些概述和语法，接下来开始学习 EL 表达式的功能。EL 表达式有两个重要的功能，分别是运算数据、访问数据。接下来我们对这两个功能进行详细讲解。

6.1.2 EL 表达式运算

EL 表达式定义了许多运算符，如算术运算符、关系运算符、逻辑运算符等，使用这些运算符，将使得 JSP 页面更加简洁。

1. EL 表达式的算术运算符

EL 表达式语言提供了加、减、乘、除及求余 5 种算术运算符，各种算术运算符及用法如表 6-2 所示。

表 6-2　　EL 表达式算术运算符

逻辑运算符	说明	示例	结果
+	加	${15+2}	17
−	减	${15−2}	13
*	乘	${15*2}	30
/或 div	除	${15/2} 或 ${15 div 2}	7.5
%或 mod	求余	${15%2} 或 ${15 mod 2}	1

关于 EL 表达式中算术运算的几点注意事项如下。

（1）使用“( )”可以改变运算顺序。

（2）“/”可以用 div 表示，“%”可以用 mod 表示。

（3）EL 表达式中进行整数除法时是先转化为浮点型，然后相除，例如，${5/4}不等于 1，而是等于 1.25；某个数除以 0，返回值为无穷大（Infinity），而不会产生错误。

2. EL 表达式的关系运算符

用 EL 表达式可以实现关系运算，用于实现两个表达式的比较。参与运算的表达式可以是数值型或字符串。各种关系运算符及用法如表 6-3 所示。

表 6-3　　EL 表达式关系运算符

关系运算符	说明	示例	结果
== 或 eq	等于	${6 == 6 } 或 ${6 eq 6}	true
		${"A" == "a"} 或 ${"A" eq "a"}	false
!= 或 ne	不等于	${6 != 6} 或 ${6 ne 6}	false
		${"A" != "a"} 或 ${"A" ne "a"}	true
< 或 lt	小于	${3 < 8} 或 ${3 lt 8}	true
		${"A" < "a"} 或 ${"A" lt "a"}	true
> 或 gt	大于	${3 > 8} 或 ${3 gt 8}	false
		${"A" > "a"} 或 ${"A" gt "a"}	false
<= 或 le	小于等于	${3 <= 8} 或 ${3 le 8}	true
		${"A" <= "a"} 或 ${"A" le "a"}	true
>= 或 ge	大于等于	${3 >= 8} 或 ${3 ge 8}	false
		${"A" >= "a"} 或 ${"A" ge "a"}	false

3. EL 表达式的逻辑运算符

在进行比较运算时，如果涉及两个或两个以上表达式的判断，就需要使用逻辑运算符。逻辑运算符两边的表达式必须是布尔型（Boolean）变量，其结果也是布尔型。EL 表达式中的逻辑运算符及用法如表 6-4 所示。

表 6-4　　EL 表达式中的逻辑运算符及用法

逻辑运算符	说明	示例	结果
&& 或 and	交集	${A && B} 或 ${A and B}	true/false
|| 或 or	并集	${A || B} 或 ${A or B}	true/false
! 或 not	非	${!A } 或 ${not A}	true/false

4. empty 运算符

采用 empty 运算符在 EL 表达式中可以判断一个对象或变量是否为空值，若为空值，则返回 true；否则返回 false。例如${empty obj} ,如果 obj 为 null、空字符串、空数组或空容器（如长度为 0 的 List），则该表达式返回 true；否则返回 false。

5. EL 表达式条件运算符

在 EL 表达式中，条件运算符的用法与 Java 语言的用法完全一致，格式如下。

```
${条件表达式 ？ 表达式 1：表达式 2}
```

例如，${ (6>8) ? (9==9) : (9!=9) }

6. EL 表达式的运算符优先级

运算符与运算符组合使用即为混合运算，在运算符参与混合运算的过程中，优先级如表 6-5 所示（由左到右优先级从高到低）。

表 6-5　　运算符参与混合运算时的优先级

序号	优先级
1	-、not、!、empty
2	*、/、div、%、mod
3	+、-
4	<、>、<=、>=、lt、gt、le、ge
5	==、!-、eq、ne
6	&&、and
7	||、or
8	${ A ? B : C }

6.1.3　EL 表达式数据访问

1. EL 表达式访问变量

EL 表达式访问变量的方法很简单，语法格式如下。

```
${ 变量名 }
```

例如，首先定义一个变量 user，对其进行赋值，然后访问 user 变量。

```
<% request.setAttribute("user","zhangsan"); %>
```

（1）采用 JSP 格式访问取值

```
<% String username = (String)request.getAttribute("user");
out.print(username); %>
```

或

```
<%=request.getAttribute("user") %>
```

（2）采用 EL 表达式访问取值

```
${ user }
```

经对比，EL 表达式访问取值比 JSP 格式访问取值代码更简洁。

- EL 表达式访问取值时，未指定变量的取值范围。

EL 表达式默认取值是在 page 范围内查找，如果找不到，则按照 request、session、application 范围依次查找，直到找到为止，如果没有找到，则返回空字符串（""）。

- EL 表达式访问取值时，指定变量的取值范围。

例如，通过 EL 表达式内置对象，指定获取 session 中 userName 变量的值。

```
${ sessionScope.userName }
```

指定变量的取值范围，即通过 EL 表达式作用域取值。

2. 访问 JavaBean 对象

使用 EL 表达式可以直接访问 JavaBean 中的成员变量，语法格式为如下。

```
${bean.property}
```

其中，bean 表示 JavaBean 实例对象的名称，property 代表该 JavaBean 的某一个属性。

（1）EL 表达式直接访问对象的属性值

例如，定义一个 JavaBean 类 person，其包含属性 firstName，并生成实例对象 person，执行如下赋值操作。

```
<% pageContext.setAttribute("person",person); %>
```

然后，采用 EL 表达式访问 person 对象中的 firstName 属性值。

```
${ person.firstName }
```

（2）EL 表达式访问对象中嵌套的对象属性值

例如，定义一个 JavaBean 类 person，其包含 Book 类属性，而 Book 类中又包含 bookName 属性。生成 person 类的实例对象 person，person 中包含 Book 实例对象 book，book 中又包括 bookName 属性值。执行如下赋值操作。

```
<% pageContext.setAttribute("person",person); %>
```

然后，采用 EL 表达式访问 person 对象中嵌套对象 book 的 bookName 属性值。

```
${ person.book.bookName }
```

3. 访问集合

在 EL 表达式中，同样可以获取集合的数据，这些集合可能是 List、Map 和数组等，其语法格式如下。

```
${collection[索引]}
```

其中，collection 代表集合对象的名称，具体用法如下。

（1）访问一维数组或 List 列表：${ variable[index] }。

（2）访问 Map 集合：${ variable["key"] } 或 ${ variable.key}。

EL 表达式访问集合数据的操作如表 6-6 所示。

表 6-6　　EL 表达式访问集合数据的操作

集合类型	集合操作	EL 表达式访问集合
一维数组	String[ ] arr = {"JavaWeb","Java 开发规范手册","Java 网络编程"}; request.setAttribute("book",arr);	${book[index]}，其中 index 为 arr 下标
List 列表	List<String> list = new ArrayList<String>(); list.add("饼干"); list.add("牛奶"); list.add("果冻"); session.setAttribute("foodList",list);	${foodList[index]}，其中 index 为 list 下标

Map 集合	Map map = new HashMap();
	Student student = new Student();
	student.name = "zhangsan";
	student.phone = "138********";
	map.put("stu",student);
	map.put("email", "***@163.com");
	pageContext.setAttribute("info", map);
		${info.email} 或 ${info["email"] }
		${info.stu.name}或
		${info["stu"].name}

【梳理回顾】

本节主要介绍 EL 表达式的语法和功能，读者需要学会使用 EL 表达式的运算符，同时需要掌握 EL 表达式对属性、对象、集合进行简化的操作。

6.2 EL 表达式内置对象

为了进一步简化 JSP 页面编程，JSP 2.0 在 EL 表达式中引入了 EL 表达式内置对象，通过 EL 表达式内置对象，EL 表达式可以直接访问 JSP 页面中的一些常用对象属性值。接下来，本节将针对 EL 表达式内置对象进行详细的讲解。

【提出问题】

在前面章节中，我们已经学习了 JSP 的 pageContext、request、response、session、out 等 9 个隐式对象。通过 JSP 隐式对象，编程时可以非常方便地操作 JSP 页面内置或管理的对象。那么，EL 表达式对 JSP 页面的常用对象属性值，又是如何便捷操作的呢？

【知识储备】

6.2.1 EL 表达式内置对象概述

EL 表达式的主要功能是简化 JSP 页面的显示代码，为了进一步优化代码结构，JSP 2.0 在 EL 表达式中提供了 11 个 EL 表达式内置对象，如表 6-7 所示。

表 6-7 EL 表达式的内置对象

类别	标识符	描述
EL 上下文对象	pageContext	JSP 的页面上下文。通过 pageContext 对象可以很方便地获取 JSP 的其他 8 个隐式对象
作用域对象	pageScope	由 page 域中属性和值组成的 Map<String,Object>，用于获取 page 域中的属性值
	requestScope	由 request 域中属性和值组成的 Map<String,Object>，用于获取 request 域中的属性值
	sessionScope	由 session 域中属性和值组成的 Map<String,Object>，用于获取 session 域中的属性值
	applicationScope	由 application 域中属性和值组成的 Map<String,Object>，用于获取 application 域中的属性值
请求参数对象	param	由请求参数组成的 Map<String,String>，用于获取单个请求参数对应的单个值，格式为：${param.参数名}
	paramValues	由请求参数组成的 Map<String,String[ ]>,可获取一个请求参数对应的多个值，格式为：${paramValues.参数名[索引]}
请求头对象	header	由 HTTP 请求头组成的 Map<String,String>，用于获取 HTTP 请求的一个具体 header 值，格式为：${header["参数名"]}
	headerValues	由 HTTP 请求头组成的 Map<String,String[ ]>，用于获取 http 请求头中同一个 header 拥有的多个不同值，格式为：${headerValues["参数名"]}
Cookie 对象	cookie	由 cookie 信息组成的 Map<String,Cookie>，根据 cookie 名称可获取对应的 cookie 对象，格式为：${cookie.cookie 名称}
初始化参数对象	initParam	由 Web 应用在 web.xml 配置文件中设置的全局初始化参数组成的 Map <String,String>，用于获取整个 Web 应用的全局初始化参数，格式为：${initParam.参数名 }

经过分析表 6-7 我们发现，在 JSP 隐式对象中有一个 pageContext 对象，而在 EL 内置对象中也有一个 pageContext 对象。其实，这两个同名的 pageContext 对象实际上是同一个 JSP 对象，具有相同的功能。通过该对象，可以获取 JSP 中 request、response、session、application、config、out、page、exception 8 个隐式对象。而 EL 表达式内置对象中其余 10 个对象都是 Java 的 Map 集合，它们只是提供了更容易访问 pageContext 隐式对象中的某些属性值的途径。

6.2.2 内置对象的应用

1. EL 表达式上下文对象 pageContext

pageContext 对象代表 JSP 当前页面上下文信息，能够调用、存取其他 JSP 隐式对象，具体对应关系如表 6-8 所示。

如表 6-8 所示，我们可以通过 EL 表达式的 pageContext 对象获取 JSP 隐式对象 request、session、application 等实例，进而调用 JSP 隐式对象中提供的方法。

表 6-8　　JSP 隐式对象与 EL 表达式的对应关系

JSP 隐式对象	对应 EL 表达式
out	${ pageContext.out }
request	${ pageContext.request }
response	${ pageContext.response }
session	${ pageContext.session }
application	${ pageContext.servletContext }
Config	${ pageContext.servletConfig }
page	${ pageContext.page }
exception	${ pageContext.exception }

例如：

（1）获取 request 请求的 IP 地址：${pageContext.request.remoteAddr}；

（2）获取 request 请求的 sessionid：${pageContext.session.id}。

2. EL 表达式作用域对象 pageScope、requestScope、sessionScope 和 applicationScope

“作用域”就是“信息共享的范围”。JSP 中四大作用域范围从小到大分别为 page、request、session 和 application，对应的 EL 表达式作用域内置对象分别为 pageScope、requestScope、sessionScope 和 applicationScope，如表 6-9 所示。

表 6-9　　EL 表达式内置对象取值范围

EL 表达式内置对象名称	取值范围
pageScope	page
requestScope	request
sessionScope	session
applicationScope	application

例如，要在不同的属性范围内设置同一个属性名称 username，代码如下。

```
<% pageContext.setAttribute("username","page 属性范围");
request.setAttribute("username","request 属性范围");
session.setAttribute("username","session 属性范围");
application.setAttribute("username","application 属性范围"); %>
```

采用 EL 表达式取值有以下两种方法

（1）采用 EL 表达式${username}直接取值：取值规则是按照 page、request、session、application 的范围进行顺序查找，直到找到为止；如果查找不到值，则返回空字符串（""）（注意，不是 null，而是空字符串）。

采用直接取值方式，虽然简洁，但是不够精确，出现 Bug 时较为隐蔽，因此，可以使用作用域取值进行优化。

（2）采用 EL 表达式作用域${xxxScope.username}取值。指定作用域取值范围，即在特定作用域中精准取值，可以优化代码质量。EL 表达式作用域取值操作如表 6-10 所示。

表 6-10　EL 表达式作用域取值操作

EL 作用域取值操作	说明
${pagesScope.username }	取出 page 范围的 username 变量
${requestScope.username }	取出 request 范围的 username 变量
${sessionScope.username }	取出 session 范围的 username 变量
${applicationScope.username }	取出 application 范围的 username 变量

其中，xxxScope 代表 pageScope、requestScope、sessionScope 和 applicationScope，都是 EL 的内置对象。

3. EL 请求参数对象 param 和 paramValues

在 JSP 页面中经常需要获取 request 的请求参数，为此，EL 表达式提供了 param 和 paramValues 两个内置对象用于获取请求参数值。

（1）param 对象：是由请求参数组成的 Map<String,String>集合，一般用于获取请求参数对应的单个值，EL 格式为：${param.参数名}，与 JSP 页面中<%=request.getParamter("参数名") %>作用相同。EL 表达式 param 取值如表 6-11 所示。

表 6-11　EL 表达式 param 取值

Request 请求链接	http://localhost:8080/web 上下文路径/index.jsp?name=zhang&hobby=篮球&hobby=足球
EL 表达式输出	${param.name }　<%-- 输出：zhang --%> ${param.hobby }　<%-- 输出：篮球 --%>

（2）paramValues 对象：是由请求参数组成的 Map<String,String[ ]>集合,一般用于获取同一请求参数对应的多个值，EL 表达式格式为：${paramValues.参数名[索引]}，与 JSP 页面中<% String paramValues[ ] = request.getParameterValues("参数名") %><%=paramValue[索引]%> 作用相同。EL 表达式 paramValues 取值如表 6-12 所示。

表 6-12　EL 表达式 paramValues 取值

Request 请求链接	http://localhost:8080/web 上下文路径/index.jsp?name=zhang&hobby=篮球&hobby=足球
EL 表达式输出	${paramValues.name }　<%-- 输出：name 字符串数组对象 --%> ${paramValues.name[0] }　<%-- 输出：zhang --%> ${paramValues.hobby}　<%-- 输出：hobby 字符串数组对象 --%> ${paramValues.hobby[0] }　<%-- 输出：篮球--%> ${paramValues.hobby[1] }　<% -- 输出：足球 --%>

4. EL 表达式请求头对象 header 和 headerValues

在 JSP 页面中有时需要获取 header 头部参数值，为此，EL 表达式提供了 header 和 headerValues 两个内置对象用于请求头部参数值。

（1）header 对象：用于获取 HTTP 请求的一个具体 header 值。因为请求头名称多含有“-”符号，所以，获取 header 值的 EL 表达式一般格式为：${header["参数名"]}，如表 6-13 所示。

表 6-13 EL 表达式 header 取值

Request 请求头	Host: localhost:8080 Cache-Control: max-age=0 Accept-Encoding: gzip, deflate ……
EL 表达式输出	${header["Host"]} <%-- 输出：localhost:8080 --%> ${header["Cache-Control"]} <%— 输出 max-age=0 --%>

（2）headerValues 对象：与 header 对象类似，它也用于获取 HTTP 请求的一个具体 header 值。但是在某些情况下，可能存在同一个 header 拥有多个不同的值的情况，这时取值就必须使用 headerValues 对象。一般格式为：${headerValues["参数名"]}，如表 6-14 所示。

表 6-14 EL 表达式 headerValues 取值

Request 请求头	Host: localhost:8080 Cache-Control: max-age=0 Accept-Encoding: gzip, deflate ……
EL 表达式输出	${ headerValues["Accept-Encoding"]} <%-- 输出：String 数组对象--%> ${ headerValues["Accept-Encoding"][0]} <%-- 输出：gzip --%> ${ headerValues["Accept-Encoding"][1]} <%-- 输出：deflate --%>

5. EL 表达式内置对象 cookie

在 JSP 开发中，经常需要获取客户端的 Cookie 信息，为此，在 EL 表达式中，提供了 Cookie 内置对象，该对象是一个代表所有 Cookie 信息的 Map<String,Cookie>集合，Map 集合中的元素的 key 为各个 Cookie 的名称，value 则为对应的 cookie 对象。

格式如下。

（1）获取 cookie 对象：${cookie.Cookie 名称}。

（2）获取 cookie 对象的名称：${cookie.Cookie 名称.name}。

（3）获取 cookie 对象的值：${cookie.Cookie 名称.value}。

EL 表达式 cookie 取值如表 6-15 所示。

表 6-15 EL 表达式 cookie 取值

Request 请求添加 cookie	<% response.addCookie(new Cookie("username","zhangsan"));%>
响应页面获取 cookie	${cookie.username } <%--输出：cookie 对象 --%> ${cookie.username.name} <%--输出 cookie 名称：username --%> ${cookie.username.value} <%-- 输出 cookie 值：zhangsan --%>

6. EL 表达式初始化参数对象 initParam

initParam 对象是由 Web 应用在 web.xml 配置文件<context-param>中设置的全局初始化参数组成的 Map<String,String>集合，可获取整个 Web 应用的全局初始化参数，格式为：${initParam.参数名 }，参数名是<param-name>标签中的值，获取的值是<param-value>标签中的值。EL 表达式 initParam 取值如表 6-16 所示。

表 6-16　EL 表达式 initParam 取值

Web.xml 中全局参数配置	<context-param> <param-name>encoding</param-name > <param-value>utf-8</param-value > </context-param>
EL 表达式中获取	${ initParam.encoding } <%-- 输出 encoding 值：utf-8 --%>

【应用案例】EL 表达式练习

通过学习 EL 表达式基础知识，读者可以掌握 EL 表达式的使用方法，掌握使用 EL 表达式替换<% %>的 JSP 开发方式。本案例为一个调查问卷页面，内容包含用户姓名、性别、喜欢的编程语言、学习和使用编程语言的时长等信息，完成问卷信息的获取并统计人数。

任务目标

（1）熟悉 EL 表达式基本语法。

（2）熟练使用 EL 表达式运算。

（3）熟练使用 EL 表达式内置对象访问数据。

本例运行效果如图 6-1 和图 6-2 所示。

图 6-1　调查问卷 questionnaire.jsp 页面

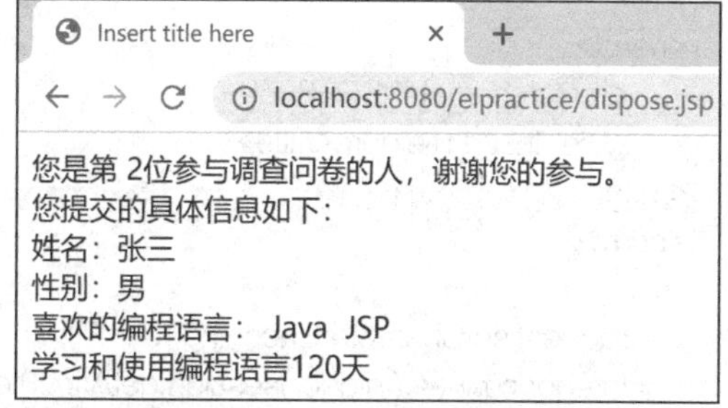

图 6-2　调查问卷 dispose.jsp 页面

实现步骤

第一步：创建调查问卷 questionnaire.jsp 页面。

创建表单，添加表单元素，指定提交处理页面。

```
<%@ page language="java" contentType="text/html; charset=utf-8"
        pageEncoding="utf-8"%>
<html>
  <head>
        <meta charset="ISO-8859-1">
        <title>Insert title here</title>
  </head>
  <body>
        <h3>编程语言调查问卷</h3>
        <form action="dispose.jsp" method="post">
        姓名：<input type="text" name="uName" /><br/>
        性别：<input type="radio" name="gender" value="男" />男
<input type="radio" name="gender" value="女" />女<br/>
喜欢的编程语言：<input type="checkbox" name="language" value="Java"/>Java
```

```
                <input type="checkbox" name="language" value="C#"/>C#
                <input type="checkbox" name="language" value="Python"/>Python
                <input type="checkbox" name="language" value="C"/>C
                <input type="checkbox" name="language" value="JSP"/>JSP<br/>
        学习天数:<input type="text" name="studayDay"   />天<br/>
        使用天数:<input type="text" name="useDay"   />天<br/>
                <input type="submit" value="提交"/>
     </form>
  </body>
</html>
```

第二步：创建处理调查问卷 dispose.jsp 页面。

使用 EL 表达式内置对象 param、paramValues 获取页面参数，使用 sessionScope 获取 session 作用域数据。

```
<%@page import="java.util.HashMap"%>
<%@page import="java.util.Map"%>
<%@ page language="java" contentType="text/html; charset=utf-8"
      pageEncoding="utf-8"%>
<html>
  <head>
      <meta charset="ISO-8859-1">
      <title>Insert title here</title>
  </head>
  <body>
    <%
      request.setCharacterEncoding("utf-8");
      Integer count = (Integer)session.getAttribute("count");
      if(count!=null){
              count++;
      }else{
              count = 1;
      }
      session.setAttribute("count", count);
    %>
    您是第 ${sessionScope.count}位参与调查问卷的人，谢谢您的参与。<br/>
    您提交的具体信息如下：<br/>
    姓名：${param.uName }<br/>
    性别：${param.gender }<br/>
    喜欢的编程语言：
      ${paramValues.language[0] } 
      ${paramValues.language[1] } 
      ${paramValues.language[2] } 
      ${paramValues.language[3] } 
      ${paramValues.language[4] } <br/>
      学习和使用编程语言${param.studayDay+param.useDay }天<br/>
  </body>
</html>
```

【梳理回顾】

本节重点介绍了EL表达式的11个内置对象及其使用方法，充分体现了EL表达式内置对象在简化JSP页面编码时的优势。对于此部分内容，读者应能够理解EL表达式内置对象的概念以及掌控主要访问规则即可。

6.3 JSTL概述及核心标签库

JSTL（JSP标准标签库）是一个JSP标签集合，它封装了JSP应用的通用核心功能，用于提高JSP开发效率。其中，核心标签是最常用的JSTL标签。接下来将针对JSTL进行详细的讲解。

【提出问题】

前面两节，我们学习了EL表达式，JSP虽然为我们提供了EL表达式来替代JSP表达式，但是由于EL表达式仅具有输出功能，不能替代页面中的JSP脚本片段，当页面中有大量的逻辑控制时，JSP页面还是会出现Java代码，不能实现页面与Java代码分离，那么，有没有一种标签可以代替JSP页面中的Java片段实现通用的逻辑控制呢?

【知识储备】

6.3.1 JSTL概述

JSP标准标签库（JSTL，Java server pages Standard Tag Library）是由JCP（Java Community Process）所制定的标准规范，它主要给Java Web开发人员提供一个标准、通用的标签库,并由Apache的Jakarta小组来维护。开发人员可以利用这些标签取代JSP页面上的Java代码，从而提高程序的可读性，降低程序的维护难度。

JSTL支持通用的、结构化的任务，比如迭代、条件判断、XML文档操作、国际化（I18N）标签和SQL标签等。除此之外，它还提供了一个框架来使用集成JSTL的自定义标签。

6.3.2 JSTL的配置

根据JSTL所提供的功能，可以将其分为5个类别：核心标签库、I18N格式标签库、SQL标签库、XML标签库和函数标签库。JSTL 1.1规范为这5个标签库分别指定了不同的URI及建议使用的前缀，如表6-17所示。

表6-17　JSTL中5个标签库前缀名称和URI

JSTL	前缀名称	URI
核心标签库	c	http://java.sun.com/jsp/jstl/core
I18N格式标签库	fmt	http://java.sun.com/jsp/jstl//fmt
SQL标签库	sql	http://java.sun.com/jsp/jstl/sql
XML标签库	xml	http://java.sun.com/jsp/jstl/xml
函数标签库	fn	http://java.sun.com/jsp/jstl/functions

6.3.3 JSTL使用步骤

JSTL的使用主要分三步。

（1）下载标签库。
（2）将 Web 应用放置在 WEB-INF/lib 目录下。
（3）引入标签库。
下面通过实例演示 JSTL 的使用过程。

【应用案例】在 Eclipse+Tomcat 环境下配置 JSTL

本案例将演示在 Eclipse+Tomcat 环境下使用 JSTL 的方法，让读者进一步理解 JSTL 的概念和作用。

任务目标

（1）掌握 JSTL 标签库的下载方法。
（2）掌握 JAR 包的导入方法。
（3）掌握在 JSP 页面中引入标签的方法。
本例运行效果如图 6-3 所示。

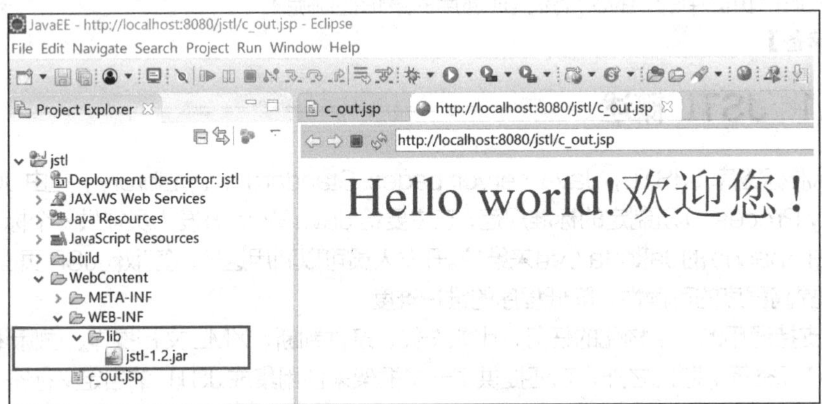

图 6-3　JSTL 配置实战

实现步骤

第一步：下载标签库。

在 Apache 官网上下载 jstl-1.2.jar 文件，将它复制到 Eclipse 的新建 Web 工程的 WebContent→WEB-INF→lib 文件夹中。

第二步：测试实现。

安装完成后，需要测试 JSTL 安装是否成功。由于在测试的时候使用的是<c:out>标签，因此，需要使用 taglib 指令导入 Core 标签库，具体代码如下。

```
<%@ taglib uri="http://java.sun.com/jsp/jstl/core" prefix="c" %>
```

在上述代码中，taglib 指令的 uri 属性用于指定引入标签库描述符文件的 URI，prefix 属性用于指定引入标签库描述符文件的前缀，在 JSP 文件中使用这个标签库中的某个标签时，都需要使用这个前缀。

新建一个 c_out.jsp 文件，具体代码如下。

```
<%@ page language="java" contentType="text/html;charset=utf-8" pageEncoding="utf-8"%>
<%@ taglib uri="http://java.sun.com/jsp/jstl/core" prefix="c"%>
```

```
<html>
<head></head>
<body>
    <c:out value="<font color='red' size='24px'>Hello world!欢迎您！ </font>" escapeXml="false"/>
</body>
</html>
```

运行以上代码，如果页面能输出“Hello world!欢迎您！”，则代表配置 JSTL 成功！

6.3.4 核心标签库

核心标签库（Core Tag Library）是最常用的 JSTL。核心标签库主要有基本输入输出、流程控制、迭代操作和 URL 操作。详细的分类如表 6-18 所示。

表 6-18 核心标签库主要分类

分类	功能分类	标签名称
Core	基本输入输出	out、set、remove、catch
	流程控制	if、choose、when、otherwise
	迭代操作	forEach、forTokens
	URL 操作	import、url、redirect 等

1. 基本输入输出

（1）<c:out>

<c:out>用来显示数据对象（字符串、表达式）的内容或结果，语法格式如下。

```
//没有本体(body)内容
<c:out value="value" [escapeXml="{true|false}"]  [default="默认值"] />
//有本体内容
<c:out value="value" [escapeXml="{true|false}"]>
    默认值
</c:out>
```

<c:out> 参数属性如表 6-19 所示。

表 6-19 <c:out>参数属性

名称	说明	EL	类型	是否必需	默认值
value	需要显示出来的值	Y	Object	是	无
default	如果 value 的值为 null，则显示 default 的值	Y	Object	否	无
escapeXml	是否转换特殊字符，如将“<”转换成“<”	Y	Boolean	否	true

提示 表格中的 EL 字段表示此属性的值是否可以为 EL 表达式，例如，Y 表示 attribute = "${表达式}"为符合语法的，N 则表示其不符合语法。

下面用实例进行数据输出，具体代码如下。

```
<%@ page contentType="text/html;charset=utf-8" %>
<%@ taglib prefix="c" uri="http://java.sun.com/jsp/jstl/core" %>
<html>
<head>
<title>JSTL -- c:out </title>
</head>
<body bgcolor="#FFFFFF">
<h3>&lt;c:out&gt;</h3>
<%
        pageContext.setAttribute("myVar", "重名属性--页内有效");
        request.setAttribute("myVar", "重名属性：请求有效");
        session.setAttribute("myVar", "重名属性：会话有效");
        pageContext.setAttribute("myStr1", "<h2>含有特殊字符的文本</h2>");
        pageContext.setAttribute("myStr2", "<font color=red>含有特殊字符的文本</font>");
%>
<c:out value="常量字符串输出:"/><c:out value="北京 2008"/><br/>
<c:out value="表达式输出："/><c:out value="${2005+3}"/><br/>
<c:out value="默认值输出："/>
<c:out value="${param.name}" default="没有输入 name 参数"/><br/>
<c:out value="重名属性输出:"/><c:out value="${myVar}"/><br/>

<c:out value="特殊字符输出："/><br/>
<!-- 将会输出特殊标记 -->
(escapeXml=true) : <c:out value="${myStr1}"/><br/>
<!-- 将会输出红色字符串 -->
(escapeXml=false): <c:out value="${myStr2}" escapeXml="false"/><br/>
</body>
</html>
```

运行结果如图 6-4 所示。

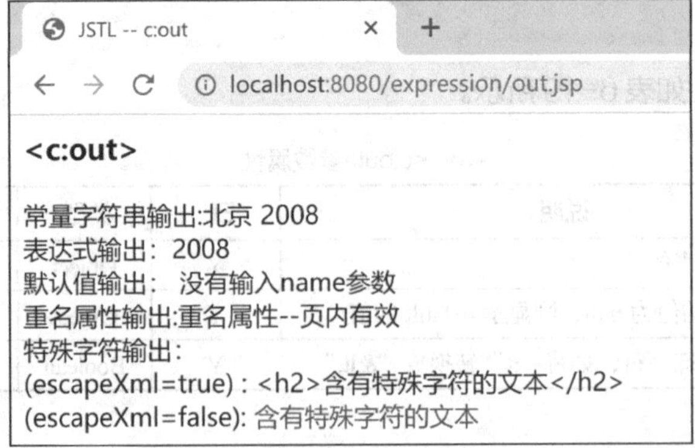

图 6-4 运行结果

（2）<c:set>

<c:set>用来将变量存储至 JSP 的 scope 或 JavaBean 属性中，语法格式如下。

```
//语法 1：将 value 的值存储至 scope 的 varName 变量中
<c:set    value="value"    var="varName" [scope="{ page|request|session|application }"]/>
//语法 2：将本体内容的数据存储至 scope 的 varName 变量中
<c:set var="varName" [scope="{ page|request|session|application }"]>
 … 本体内容
</c:set>
//语法 3：将 value 的值存储至 target 对象的属性中
< c:set value="value" target="${target}" property="propertyName" />
//语法 4：将本体内容的数据存储至 target 对象的属性中
<c:set target ="${target}" property="propertyName">
        … 本体内容
</c:set>
//target 为 JavaBeans 或 Map 类型
```

<c:set> 参数属性如表 6-20 所示。

表 6-20　　<c:set>参数属性

名称	说明	EL	类型	是否必需	默认值
value	要存储的值	Y	Object	否	无
var	要存储的变量名称	N	String	否	无
scope	var 变量的 JSP 范围	N	String	否	page
target	为一个 JavaBean 或 java.util.Map 对象	Y	0bject	否	无
property	指定 target 对象的属性	Y	String	否	无

下面用实例进行 value 值的存储，具体代码如下。

```
<%@ page contentType="text/html;charset=utf-8" import="java.util.HashMap"%>
<%@ taglib prefix="c" uri="http://java.sun.com/jsp/jstl/core" %>
<html>
<body>
<h3>&lt;c:set&gt;</h3>
<%
      HashMap address = new HashMap();
      address.put("street", "西直门外大街 111 号");
      HashMap person = new HashMap();
      person.put("address", address);
      //设置 request 有效变量 chen
      request.setAttribute("chen", person);
%>
<b>街道</b>：<c:out value="${chen.address.street}"/><br />
<!--设置 HashMap 的属性值-->
<c:set target="${chen.address}" property="city" value="北京"/>
<b>城市</b>：<c:out value="${chen.address.city}"/>
<br/>
<!--使用本体设置变量 cityName 属性值，请求有效-->
<c:set var="cityName" scope="request">
<c:out value="${chen.address.city}"/>
```

```
</c:set>
<b>变量 cityName 的值为</b>：<c:out value="${cityName}"/>
<br/>
<!--设置 HashMap 的属性值-->
<c:set target="${chen}" property="name" value="陈旭东"/>
<c:set target="${chen}" property="book">
        JSP 2.x 应用教程
</c:set>
<b>姓名</b>：<c:out value="${chen.name}"/>
<b>书名</b>：<c:out value="${chen.book}"/>
<p />
<!--使用本体设置会话有效的属性 "reqTable",其值为一个 table,会话有效-->
<c:set var="reqTable" scope="session">
        <table border="1">
        <tr>
                <td>数学</td>
                <td>语文</td>
        </tr>
        </table>
</c:set>
<h2>变量 reqTable 的值为</h2>
<h3>escapeXml="true"</h3>
<c:out value="${reqTable}"/><br />
<h3>escapeXml="false"</h3>
<c:out value="${reqTable}" escapeXml="false" />
</body>
</html>
```

运行结果如图 6-5 所示。

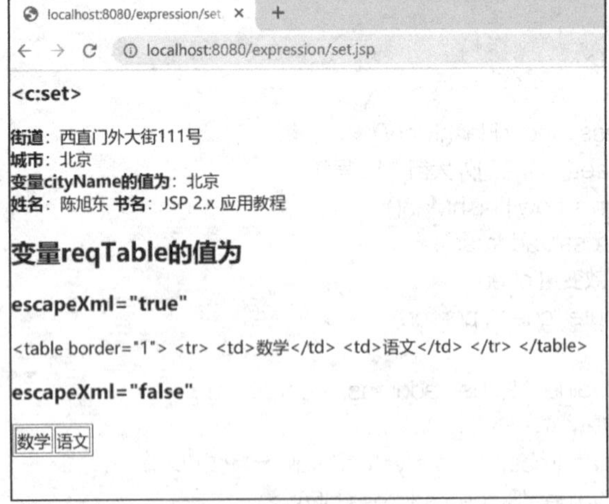

图6-5　运行结果

（3）<c:remove >

<c:remove >用来移除变量，语法格式如下。

```
<c:remove var="varName" [scope="{ page|request|session|application }"] />
```

<c:remove>必须要有 var 属性，即要移除的属性名称，scope 则可有可无。例如，<c:remove var="number" scope="session" />，若我们不设定 scope，则<c:remove>将会从作用域 page、request、session 和 application 中顺序寻找是否存在名称为“number”的数据，若能找到，则将它移除；反之则不会进行任何操作。<c:remove> 参数属性如表 6-21 所示。

表 6-21　<c:remove>参数属性

名称	说明	EL	类型	是否必需	默认值
var	要移除的变量名称	N	String	是	无
scope	var 变量的 JSP 范围	N	String	否	page

下面用实例移除 browser 的值，具体代码如下。

```
<%@ page contentType="text/html;charset=utf-8" import="java.util.HashMap"%>
<%@ taglib prefix="c" uri="http://java.sun.com/jsp/jstl/core" %>
<html>
<body>
<h3>&lt;c:remove&gt;</h3>
<c:set var="browser" value="${header['User-Agent']}" scope="session" />
<b> browser 的值</b> : <c:out value="${browser}"/><br />
<c:remove var="browser" scope="session" />
<b>c:remove 执行后，browser 的值</b> : <c:out value="${browser}"/>
</body>
</html>
```

运行结果如图 6-6 所示。

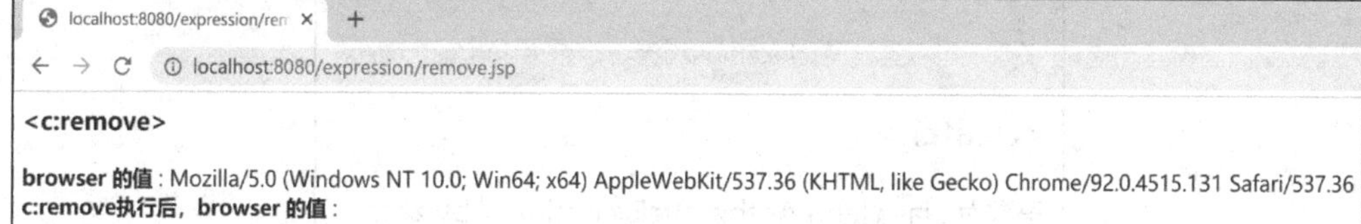

图 6-6　运行结果

（4）<c:catch>

<c:catch>主要用来处理产生错误的异常状况，并且将错误信息存储起来，语法格式如下。

```
<c:catch [var="varName"] >
        … 将要抓取错误的部分
</c:catch>
```

<c:catch>主要将可能产生错误的部分放在<c:catch>和</c:catch>之间，如果产生了错误，可以将错误信息存储至 varName 变量中，例如，

```
<c:catch var="message">
:  //可能产生错误的部分
</c:catch>
```

另外，当错误产生在<c:catch>和</c:catch>之间时，只有<c:catch>和</c:catch>之间的程序会被中止，整个网页不会被中止。

<c:catch>参数属性如表 6-22 所示。

表 6-22 <c:catch>参数属性

名称	说明	EL	类型	是否必需	默认值
var	用来存储错误信息的变量	N	String	否	无

下面用实例展示除数为 0 的异常处理，具体代码如下。

```
<%@ page contentType="text/html;charset=utf-8"%>
<%@ taglib prefix="c" uri="http://java.sun.com/jsp/jstl/core" %>
<html>
      <body>
         <h3>&lt;c:catch&gt;</h3>
         <c:catch var ="exception">
<% int x = 5/0;%>
         </c:catch>
         <c:if test = "${exception != null}">
<p>异常为 : ${exception} <br />
            发生了异常: ${exception.message}</p>
      </c:if>
   </body>
</html>
```

运行结果如图 6-7 所示。

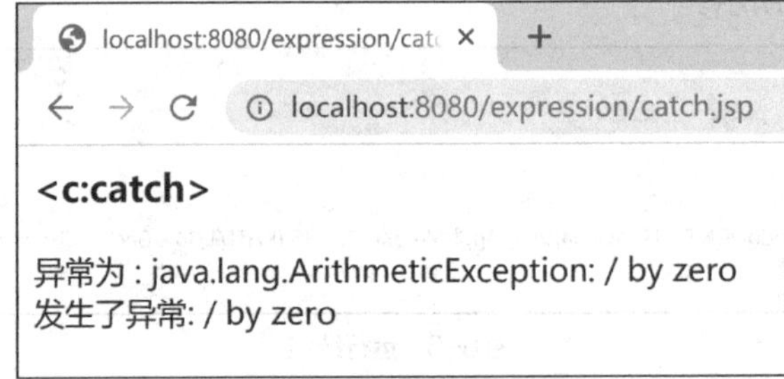

图 6-7 运行结果

2. 流程控制

（1）<c:if>

<c:if>用来执行流程控制，语法格式如下。

```
//语法 1：没有本体内容(body)
      <c:if test="testCondition" var="varName" scope="{page|request|session|application}"/>
//语法 2：有本体内容
      <c:if test="testCondition" [var="varName"][scope="{page|request|session|application}"]>
          具体内容
      </c:if>
```

<c:if>参数属性如表 6-23 所示。

表 6-23 <c:if>参数属性

名称	说明	EL	类型	是否必需	默认值
test	如果表达式的结果为 true，则执行本体内容；如果为 false，则不执行本体内容	Y	boolean	是	无
var	用来存储 test 运算后的结果，即 true 或 false	N	String	否	无
scope	var 变量的 JSP 范围	N	String	否	page

下面用实例展示基本操作，同时依据当前时间输出不同的问候语，具体代码如下。

```
<%@ page contentType="text/html;charset=utf-8" import="java.util.Calendar" %>
<%@ taglib uri="http://java.sun.com/jsp/jstl/core" prefix="c" %>
<html>
<head>
<title>&lt;c:if&gt;</title>
</head>
<body>
<h3>&lt;c:if&gt;</h3>
<h4>将表达式结果赋值给变量</h4>
<c:if test="${1==1}" var="theTruth" scope="session"/>
        表达式 (1==1) 的结果为: ${theTruth}

<h4>依据条件执行本体内容</h4>
<c:if test="${2>0}">
          条件表达式的值为：2>0 = ${2>0}<p />
</c:if>

<h4>依据当前时间来输出不同的问候语</h4>
<%
          Calendar rightNow = Calendar.getInstance();
          Integer Hour=new Integer(rightNow.get(Calendar.HOUR_OF_DAY));
          request.setAttribute("hour", Hour);
    %>
<c:if test="${hour >= 0 && hour <=11}">
<c:set var="sayHello" value="上午好！"/>
</c:if>
<c:if test="${hour >= 12 && hour <=17}">
<c:set var="sayHello" value="下午好！"/>
</c:if>
<c:if test="${hour >= 18 && hour <=23}">
<c:set var="sayHello" value="晚上好！"/>
</c:if>
<c:out value="现在时间：${hour}时，"/>
<c:out value="${sayHello}"/>
</body>
</html>
```

运行结果如图 6-8 所示。

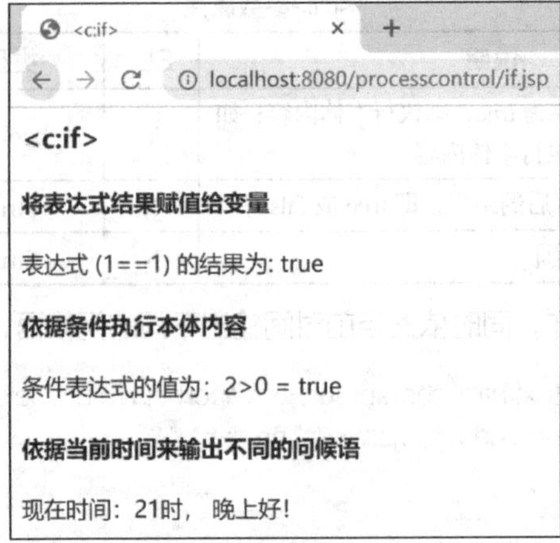

图 6-8　运行结果

（2）<c:choose>

<c:choose>本身只作为<c:when>和<c:otherwise>的父标签，语法格式如下。

```
<c:choose>
    本体内容( <when> 和 <otherwise> )
</c:choose>
```

注意

<c:choose>的本体内容只能是如下内容。

① 空白。

② 1 个或多个 <c:when>。

③ 0 个或 1 个 <c:otherwise>。

若使用<c:when>和<c:otherwise>进行流程控制，两者都必须为<c:choose>的子标签，即：

```
<c:choose>
<c:when>
    …
</c:when>:
<c:otherwise>
    …
</c:otherwise>
</c:choose>
```

在同一个<c:choose>中，当所有<c:when>的条件都没有成立时，则执行<c:otherwise>的本体内容，语法格式如下。

```
<c:otherwise>
    本体内容
</c:otherwise>
```

注意

<c:otherwise>必须在<c:choose>和</c:choose>之间，当其在同一个<c:choose>中时，<c:otherwise>必须为最后一个标签。

下面的实例展示了根据当前时间输出不同的问候语的效果，具体代码如下。

```
<%@ page contentType="text/html;charset=utf-8" import="java.util.Calendar" %>
<%@ taglib uri="http://java.sun.com/jsp/jstl/core" prefix="c" %>
<html>
<head>
<title>&lt;c:choose&gt;</title>
</head>
<body>
<h3>&lt;c:choose&gt;</h3>
<h4>依据当前时间来输出不同的问候语</h4>
        <%
                Calendar rightNow = Calendar.getInstance();
                Integer Hour=new Integer(rightNow.get(Calendar.HOUR_OF_DAY));
                request.setAttribute("hour", Hour);
        %>
        <c:choose>
                <c:when test="${hour >= 0 && hour <=11}">
                <c:set var="sayHello" value="上午好！"/>
                </c:when>
                <c:when test="${hour >= 12 && hour <=17}">
                <c:set var="sayHello" value="下午好！"/>
                </c:when>
                <c:otherwise>
                <c:set var="sayHello" value="晚上好！"/>
                </c:otherwise>
        </c:choose>
<c:out value="现在时间：${hour}时，"/>
<c:out value="${sayHello}"/>
</body>
</html>
```

运行结果如图 6-9 所示。

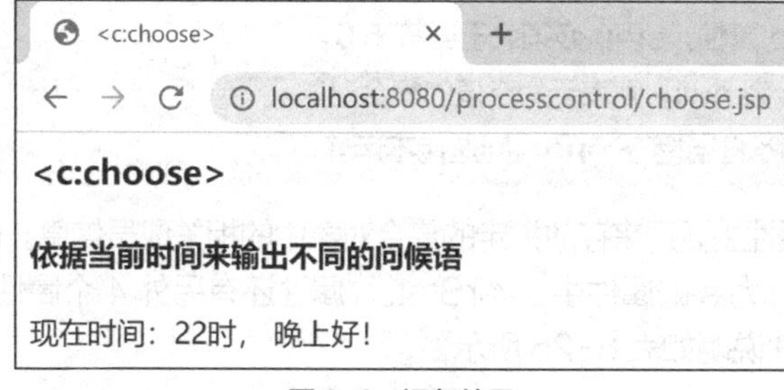

图6-9　运行结果

3. 迭代操作

迭代（Iterate）是指对标签的遍历。迭代操作主要包含两个标签：<c:forEach>和<c:forTokens>。

（1）<c:forEach>

<c:forEach>主要用于循环控制，语法格式如下。

```
//语法 1：迭代集合对象的所有成员
<c:forEach [var="varName"] items="collection"[varStatus="varStatusName"][begin="begin"][end="end"]
[step="step"]>
    本体内容
</c:forEach>
//语法 2：迭代指定的次数
<c:forEach [var="varName"] [varStatus="varStatusName"] begin="begin" end="end" [step="step"]>
    本体内容
</c:forEach>
```

<c:forEach >参数属性如表 6-24 所示。

表 6-24 <c:forEach>参数属性

名称	说明	EL	类型	是否必需	默认值
var	用来存放指定的集合对象中的成员	N	String	否	无
items	被迭代的集合对象	Y	Arrays Collection Iterator Enumeration Map String	否	无
varStatus	用来存放指定的集合对象中的相关成员信息	N	String	否	无
begin	开始的位置	Y	int	否	0
end	结束的位置	Y	int	否	最后一个成员
step	每次迭代的间隔数	Y	int	否	1

注意

- **假如有 begin 属性，begin 必须大于或等于 0。**
- **假如有 end 属性，end 必须大于 begin。**
- **假如有 step 属性，step 必须大于或等于 0。**
- **假如 items 为 null，则表示为空值的集合对象。**
- **假如 begin 大于或等于 end，则迭代不运算。**

其中，varStatus 属性主要用来存放指定的集合对象中的相关成员信息。例如，varStatus="s"，就表示将信息存放在名称为 s 的属性中。varStatus 属性还有另外 4 个属性：index、count、first 和 last。关于属性的详细说明如表 6-25 所示。

表 6-25 varStatus 属性

属性	类型	意义
index	number	现在指定成员的索引
count	number	总共指定成员的总数
first	boolean	现在指定的成员是否为第一个成员
last	boolean	现在指定的成员是否为最后一个成员

下面用实例循环打印输出，具体代码如下。

```
<%@ page contentType="text/html;charset=utf-8" import="java.util.Vector" %>
<%@ taglib uri="http://java.sun.com/jsp/jstl/core" prefix="c" %>
<html>
  <head>
    <title>&lt;c:forEach&gt;</title>
  </head>
  <body>
    <h3>&lt;c:forEach&gt;</h3>
    <h4>循环 10 次</h4>
    <c:forEach var="item" begin="1" end="10">
        ${item}
    </c:forEach>
    <br/>step=3:
    <c:forEach var="item" begin="1" end="10" step="3">
        ${item}
    </c:forEach>
    <h4>枚举 Vector 元素</h4>
    <%     Vector v = new Vector();
                  v.add("陈龙");
                  v.add("邓萍");
                  v.add("余杨");
                  v.add("北京 2008");
                  pageContext.setAttribute("vector", v);
    %>
    <c:forEach items="${vector}" var="item" >
                  ${item}
    </c:forEach>
    <h4> 逗号分隔的字符串</h4>
          <c:forEach var="color" items="红,橙,黄,蓝,黑,绿,紫,粉红,翠绿" begin="2" step="2">
                  <c:out value="${color}"/>
          </c:forEach>
          <h4>状态变量的使用</h4>
          <c:forEach var="i" begin="10" end="50" step="5" varStatus="status">
            <c:if test="${status.first}">
              begin:<c:out value="${status.begin}"/>   
                end:<c:out value="${status.end}"/>   
                step:<c:out value="${status.step}"/><br>
```

```
                <c:out value="输出的元素:"/>
            </c:if>
            <c:out value="${i}"/>
            <c:if test="${status.last}">
                <br/>总共输出<c:out value="${status.count}"/> 个元素。
            </c:if>
        </c:forEach>
    </body>
</html>
```

运行结果如图 6-10 所示。

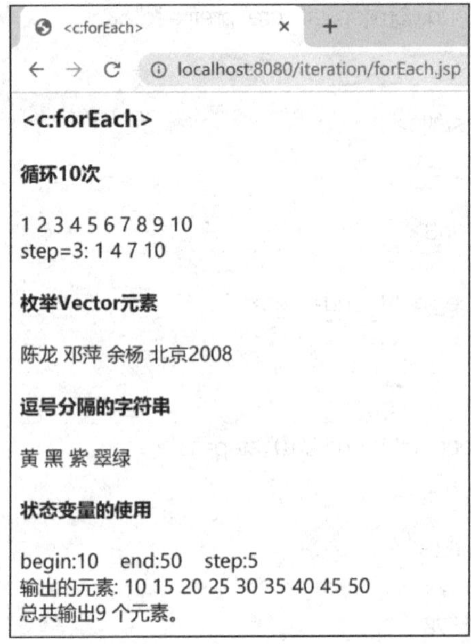

图 6-10 运行结果

（2）<c: forTokens>

<c: forTokens>用来遍历使用指定分隔符分隔的字符串成员，分隔符由 delims 属性进行指定，语法格式如下。

```
<c:forTokens items="stringOfTokens"delims="delimiters"[var="varName"][varStatus="varStatusName"]
[begin="begin"] [end="end"] [step="step"]>
        本体内容
</c:forTokens>
```

<c:forTokens >参数属性如表 6-26 所示。

表 6-26 <c:forTokens>参数属性

名称	说明	EL	类型	是否必需	默认值
var	用来存放现在指定的成员	N	String	否	无
items	被迭代的字符串	Y	String	是	无

续表

名称	说明	EL	类型	是否必需	默认值
delims	定义用来分隔字符串的字符	N	String	是	无
varStatus	用来存放现在指定的相关成员信息	N	String	否	无
begin	开始的位置	Y	int	否	0
end	结束的位置	Y	int	否	最后一个成员
step	每次迭代的间隔数	Y	int	否	1

注意

- **假如有 begin 属性，begin 必须大于或等于 0。**
- **假如有 end 属性，end 必须大于 begin。**
- **假如有 step 属性，step 必须大于或等于 0。**
- **假如 items 为 null，则表示为一个空的 String。**
- **假如 begin 大于或等于 items，则迭代不运算。**

<c:forTokens>的 begin、end、step、var 和 varStatus 属性用法与<c:forEach>的一样，因此只介绍 items 和 delims 两个属性：items 的内容必须为字符串；而 delims 用来分隔 items 中定义的字符串的字符。

下面用实例进行标签打印输出，具体代码如下。

```
<%@ page contentType="text/html;charset=utf-8" %>
<%@ taglib uri="http://java.sun.com/jsp/jstl/core" prefix="c" %>
<html>
  <head>
    <title>&lt;c:forTokens&gt;</title>
  </head>
  <body>
    <h3>&lt;c:forTokens&gt;</h3>
    <c:set var="resultSet" value="陈龙,男,北京,英语 法语,爱好各种运动" scope="request" />
    <table border="1">
      <tr>
        <th>姓名</th><th>性别</th><th>地区</th><th>外语</th><th>个人简介</th>
      </tr>
      <tr>
      <c:forTokens items="${resultSet}" delims="," var="item">
        <td><c:out value="${item}"/></td>
      </c:forTokens>
      </tr>
    </table>
    <c:set var="strs" value="红,橙,黄|绿,蓝|青,紫" scope="request" />
          <h4><c:out value="${strs}"/></h4>
          <c:out value="使用 '|' 作为分隔字符:"/><br/>
          <c:forTokens var="str" items="${strs}"    delims="|" varStatus="status">
                  <c:out value="${str}"/> &#149; &#149;
                  <c:if test="${status.last}">
```

```
                <br/>总共输出<c:out value="${status.count}"/> 个元素。
            </c:if>
        </c:forTokens>
        <p />
        <c:out value="同时使用 '|' 和 ',' 作为分隔字符:"/><br/>
        <c:forTokens var="str" items="${strs}"  delims="|," varStatus="status">
                <c:out value="${str}"/> &#149; &#149;
                <c:if test="${status.last}">
                <br/>总共输出<c:out value="${status.count}"/> 个元素。
            </c:if>
        </c:forTokens>
    </body>
</html>
```

运行结果如图 6-11 所示。

图 6-11　运行结果

4. URL 操作

JSTL 包含 3 个与 URL 操作有关的标签：<c:import>、<c:redirect>和<c:url>，它们的主要功能是将其他文件的内容包含起来、页面转向，以及产生 URL。

（1）<c:import>

<c:import>可以把静态或者动态的文件包含到 JSP 网页中，语法格式如下。

```
//语法 1：
<c:import url="url" [context="context"] [var="varName"]
[scope="{page|request|session|application}"] [charEncoding="charEncoding"]>
    本体内容
</c:import>
//语法 2：
<c:import url="url" [context="context"]
varReader="varReaderName" [charEncoding="charEncoding"]>
    本体内容
</c:import>
```

<c:import>参数属性如表 6-27 所示。

表 6-27 <c:import>参数属性

名称	说明	EL	类型	是否必需	默认值
url	文件被包含的地址	Y	String	是	无
context	相同 Container 下,其他 Web 站点必须以"/"开头	Y	String	否	无
var	存储被包含的文件的内容（以 String 类型存入）	N	String	否	无
scope	var 变量的 JSP 范围	N	String	否	page
charEncoding	被包含文件内容的编码格式	Y	String	否	无
varReader	存储被包含的文件的内容（以 Reader 类型存入）	N	String	否	无

注意

① 假如 url 为 null 或空值，会产生 JspException。

② <c:import>中必须有 url 属性，它用来设定被包含网页的地址，可以为绝对地址或相对地址。

③ <c:import>也支持 FTP。

④ 如果以"/"开头，就表示转到 Web 站点的根目录下。

⑤ 如果要包含在同一个服务器，但并非在同一个 Web 站点的文件，就必须加 context 属性。

⑥ <c:import>也提供 var 和 scope 属性。

当存在 var 属性时，虽然同样会把其他文件的内容包含进来，但是它并不会将它们输出至网页上，而是以 String 的类型存储至 varName 中。

scope 用来设定 varName 的范围。存储数据后，我们在需要用时，可以将它们取出来，代码如下。

```
<c:import url="/images/hello.txt" var="s" scope="session" />
```

⑦ 可以在<c:import>的本体内容中使用<c:param>，它的功能主要是将参数传递给被包含的文件，它有 name 和 value 两个属性。这两个属性都可以使用 EL 表达式。

下面用实例展示 JSP 页面，具体代码如下。

```
<%@ page contentType="text/html;charset=utf-8" %>
<%@ taglib uri="http://java.sun.com/jsp/jstl/core" prefix="c" %>
<html>
  <head>
    <title>&lt;c:import&gt;</title>
  </head>
  <body>
    <h3>&lt;c:import&gt;</h3>
    <h3>包含 jsp 页面</h3>
        <c:import url="/forToken.jsp"/><hr/>
    <h3>包含 web.xml</h3>
        <c:import url="/WEB-INF/web.xml" var="url" />
              <pre><c:out value="${url}"/></pre> <hr/>
    <h3>包含 jsp 页面，使用 param 带参数</h3>
          <c:import url="/forToken.jsp">
```

```
                <c:param name="Id" value="12345678"/>
                <c:param name="Type" value="String"/>
            </c:import> <hr/>
    <h3> 下面的语句有同样的效果：包含 jsp 页面，url 带参数 </h3>
    <c:import url="forToken.jsp?Id=12345678&Type=String "/> <hr/>
            <h3>下面的语句有同样的效果(url+import)</h3>
    <c:url value="forToken.jsp" var="url">
                <c:param name="Id" value="12345678"/>
                <c:param name="Type" value="String"/>
            </c:url>
        <c:import url="${url}"/>
    </body>
</html>
```

运行结果如图 6-12 所示。

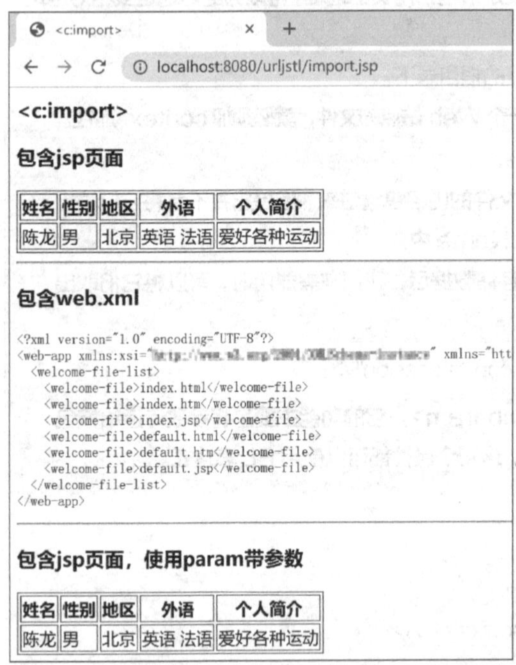

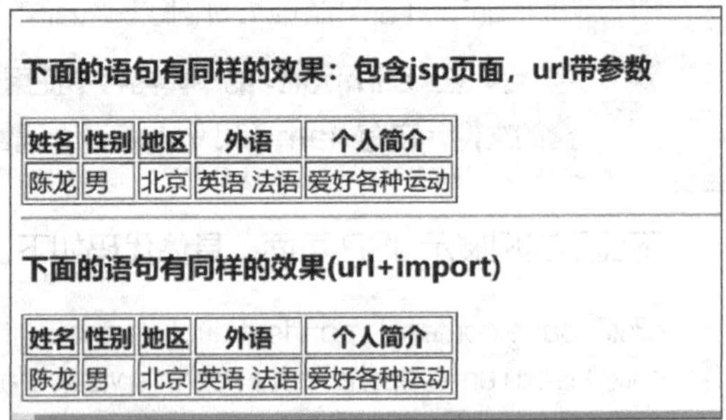

图 6-12　运行结果

（2）<c:url>

<c:url>用来生成 URL，语法格式如下。

```
//语法 1：没有本体内容
<c:url value="value" [context="context"] [var="varName"][scope="{page|request|session|application}"]/>
//语法 2：本体内容代表查询字符串（Query String）参数
  <c:url value="value" [context="context"] [var="varName"]
  [scope="{page|request|session|application}"] >
        <c:param> 标签
</c:url>
```

<c:url>参数属性如表 6-28 所示。

表 6-28　　<c:url>参数属性

名称	说明	EL	类型	是否必需	默认值
value	执行的 URL	Y	String	是	无
context	相同 Container 下，其他 Web 站点必须以“/”开头	Y	String	否	无
var	存储被包含文件的内容（以 String 类型存入）	N	String	否	无
scope	var 变量的 JSP 范围	N	String	否	page

下面用实例展示包含 JSP 页面的方法，具体代码如下。

```
<%@ page contentType="text/html;charset=GBk" %>
<%@ taglib uri="http://java.sun.com/jstl/core" prefix="c" %>
<html>
  <head>
    <title>&lt;c:url&gt;</title>
  </head>
  <body>
    <h3>&lt;c:url&gt;</h3>

    <p>在将鼠标指针移到对应的超链接上时，在浏览器状态栏中可以看到结果。<p/>
    <b>c:url 嵌入 html 标记中：</b>
    <a href="<c:url value="/forToken.jsp" />">forToken 标签的用法</a>
    <br/>结果：http://localhost:8080/urljstl/forToken.jsp<p/>

    <b>使用 var 属性保存 URL：</b>
    <c:url var="url1" value="/forToken.jsp"/>
    <a href="${url1}">forToken 标签的用法</a>
    <br/>结果：http://localhost:8080/urljstl/forToken.jsp<p/>

    <b>使用其他 Web 应用 URL：</b>
    <c:url var="examples" value="/forToken.jsp" context="/iteration"/>
    <a href="${examples}">Tomcat 实例</a>
    <br/>结果：http://localhost:8080/iteration/forToken.jsp<p/>

    <b>使用参数：</b>
    <c:url value="/forToken.jsp" var="url1">
         <c:param name="Id" value="12345678"/>
         <c:param name="Type" value="String"/>
         </c:url>
         <a href="${url1}">带参数的 URL</a>
         <br/> 结果：http://localhost:8080/urljstl/forToken.jsp?Id=12345678&Type=String<p/>

   </body>
</html>
```

运行结果如图 6-13 所示。

图 6-13　运行结果

（3）<c: redirect>标签

<c:redirect>可以实现从一个 JSP 页面跳转到另一个页面，语法格式如下。

```
//语法 1：没有本体内容
<c:redirect url="url" [context="context"] />
//语法 2：有本体内容
<c:redirect url="url" [context="context"] >
  <c:param>
</c:redirect >
```

<c:redirect>参数属性如表 6-29 所示。

表 6-29　<c:redirect>参数属性

名称	说明	EL	类型	是否必需	默认值
url	导向的目标地址	Y	String	是	无
context	相同 Container 下，其他 Web 站台必须以“/”开头	Y	String	否	无

说明　① url 可以是相对地址或绝对地址。
② 若导向至其他 Web 站点上的文件，例如，导向到 /others 目录下的/jsp/index.html 时，写法为：<c:redirect url="/jsp/index.html" context="/others" />。<c:redirect>可以使用<c:param>传递参数给目标文件。

下面用实例展示转向新的 URL，具体代码如下。

```
<%@ page contentType="text/html;charset=utf-8" %>
<%@ taglib uri="http://java.sun.com/jsp/jstl/core" prefix="c" %>
<html>
  <head>
    <title>&lt;c:redirect&gt;</title>
  </head>
  <body>
    <h3>&lt;c:redirect&gt;</h3>
```

```
        这里不会显示文字，因为下面语句会转向新的URL！context 指向相同 Container 下的其他Web 站点
        <c:redirect url="/forToken.jsp" context="/iteration" />
    </body>
</html>
```

【梳理回顾】

本节主要介绍了 JSTL 的概念、作用、分类，以及在 Eclipse 中配置 JSTL 核心标签库，核心标签库中基本输入输出、流程控制、迭代操作、URL 操作标签的使用方法。

读者在学习这些标签的时候要重点掌握标签的名称、作用及它们的属性。

6.4 JSTL I18n 标签库

在实际的软件开发中，大部分的 Web 应用程序都需要实现国际化，为了实现这种功能，Java Web 提供了一套可以在应用程序中使用的特殊的数据（如语言、时间、日期、货币等）标签，前缀名为 fmt。

【提出问题】

在软件开发时，我们如何实现能同时应对世界不同国家和地区的访问，并针对不同国家和地区的访问提供相应的、符合来访者阅读习惯的页面或数据呢?

【知识储备】

6.4.1 I18n

软件要实现国际化【Internationalization，简称为 I18n】，需具备以下两个特征。

（1）对于程序中固定使用的文本元素，例如菜单栏、导航条等的文本元素或错误提示信息、状态信息等，需要根据来访者的国家和地区，选择不同语言的文本为之服务。

（2）对于程序动态产生的数据，例如日期、货币等，软件应能根据当前所在的国家或地区的需要进行显示。

6.4.2 I18n 标签

国际化标签库中的主要标签如下。

1. 全局信息标签

在开发国际化的 Web 应用时，首先需要设置一些全局信息，比如设置用户的本地化信息、统一的字符集编码等，用到的标签如下。

（1）<fmt:setLocale>标签

<fmt:setLocale>标签用于在 JSP 页面中设置用户的本地信息，并将设置的本地信息以 Locale 对象的形式保存在某个 Web 域中，语法格式如下。

```
<fmt:setLocacle value="locale" [variant="variant"] [scope="{page|request|session|application"}
```

默认情况下，I18n 标签依据浏览器的设定来确定本地属性值。使用<fmt:setLocal>标签会覆盖浏览器本地属性设置。在 Web 应用的 web.xml 文件中，可以使用<context-param>标签设置整个 Web 应用默认的本地属性。

<fmt:setLocale>标签属性如表 6-30 所示。

表 6-30 <fmt:setLocale>标签属性

名称	说明	EL	类型	是否必需	默认值
value	国家和地区代码，其中至少要有两个字母的语言代码，如 zh、en；也可以加上两个字母的国家代码和地区代码，如 CN，两者可以由“-”或“_”相连，如 zh_CN	Y	String/ java.util.Locale	是	无
variant	供货商或浏览器的规格，如 WIN 代表 Windows，Mac 代表 Macintosh	N	String	否	无
scope	国家和地区设置的适用范围	N	String	否	page

提示 **当 value 值为 null 时，使用默认的区域设置。**

下面的代码表示设置本地环境为中文。

```
<fmt:setLocale value="zh_CN"/>
```

（2）<fmt:requestEncoding>标签

<fmt:requestEncoding>用来设置字符串的编码。和 request 内置对象的 setCharacterEncoding()方法作用完全相同，语法格式如下。

```
<fmt:requestEncoding [value="charsetName"]/>
```

下面的代码表示编码形式为 UTF-8。

```
<fmt:requestEncoding value="UTF-8" />
```

注意

① 调用<fmt:requestEncoding>标签能够正确解析请求参数值中的非 ISO-8859-1 编码的字符，但是，必须在获取请求参数之前进行调用。

② 有的浏览器没有完全遵守 HTTP 规范，在请求信息中没有包含 Content-type 请求头，这时需要使用<fmt:requestEncoding>标签来设置请求编码。

2. 信息显示标签

信息显示标签包含 4 个标签：<fmt:message>、<fmt:param>、<fmt:bundle>、<fmt:setBundle>。它们的主要作用是获取系统设定的语言资源，从而使 Web 应用支持国际化。

（1）<fmt:bundle>标签

<fmt:bundle>主要用来设定本体内容的数据源，语法格式如下。

```
<fmt:bundle basename="basename" [prefix="prefix"]>
    本体内容
</fmt:bundle>
```

<fmt:bundle>标签属性如表 6-31 所示。

表 6-31　<fmt:bundle>标签属性

名称	说明	EL	类型	是否必需	默认值
basename	要使用的资源文件的名称	Y	String	是	无
prefix	设置前置关键字	Y	String	否	无

basename 属性：如果资源文件的名称为 MyResource.properties，那么 basename 的值为 MyResource。当 basename 的值为 null、空值或找不到资源文件时，在网页上会产"???<key>???"的错误信息。Prefix 用于设置前置关键字。

（2）<fmt:setbundle>标签

<fmt: setbundle>可以用来设定默认的资源文件，或者将其设置到指定的属性范围，语法格式如下。

```
<fmt:setBundle basename="basename" [var="varName"] [scope="{page|request|session|application}"]/>
```

<fmt:setBundle>标签属性如表 6-32 所示。

表 6-32　<fmt:setBundle>标签属性

名称	说明	EL	类型	是否必需	默认值
basename	要使用的资源文件的名称	Y	String	是	无
var	存储资源的名称	N	String	否	无
scope	var 变量的 JSP 范围	N	String	否	page

如果 basename 没有设定 var，那么设定好的资源文件会成为默认的资源文件，在同一个网页或同一个属性范围内<fmt:message>可以直接使用此资源文件；如果 basename 设定 var，会将资源文件存储到 varName 中，当使用<fmt:message>时，必须使用 bundle 属性来指定。

（3）<fmt: message>标签

<fmt:message>会获取指定资源中的指定关键字，语法格式如下。

```
//语法 1:
 <fmt:message key="messagekey" [bundle="resourseBundle"]
       [var="varname"][scope="page|request|session|application"]/>
 //语法 2:
 <fmt:message key="messagekey" [bundle="resourseBundle"]
       [var="varname"][scope="page|request|session|application"] >
<fmt:param />
</fmt:message>
//语法 3:
 <fmt:message [bundle="resourseBundle"]
       [var="varname"][scope="page|request|session|application"] >
        索引
<fmt:param />
</fmt:message>
```

<fmt:message>标签属性如表 6-33 所示。

表 6-33 <fmt:message>标签属性

名称	说明	EL	类型	是否必需	默认值
key	要检索的关键字	y	String	否	无
bundle	使用的数据来源	Y	String	否	无
var	用来存储国际化信息	N	String	否	无
scope	var 变量的 JSP 范围	N	String	否	page

如果 key 的值为 null 或空值时，在网页上会出现“？？？？”错误信息；若找不到资源文件，在网页上会出现”???<key>???”错误信息。

如果<fmt:message>没有 key 属性，<fmt:message>将会从本体内容中自动寻找关键字，再从关键字中寻找对应的结果显示在页面中。

如果<fmt:message>有 var 属性，则不会把结果显示在页面中，而是将结果存储在 var 指定的变量中。如果需要将结果显示在页面中，则必须使用<c:out>或${}EL 表达式。

（4）<fmt:param>标签

<fmt:param>用于传递参数，语法格式如下。

```
//语法 1：通过 value 属性设置参数值
    <fmt:param value="messageParameter"/>
//语法 2：通过本体设定参数值
    <fmt:param>
        本体内容
    </fmt:param>
```

如果 value 没有设定要给予的参数，那么会默认获取本体内容作为要传递的参数。

【应用案例】利用 fmt 实现多国语言支持

任务目标

通过 fmt 信息显示标签实现多国语言支持的 Web 系统，使读者进一步理解标签的使用方法。本案例中以中文和英文为例。本例效果如图 6-14 和图 6-15 所示。

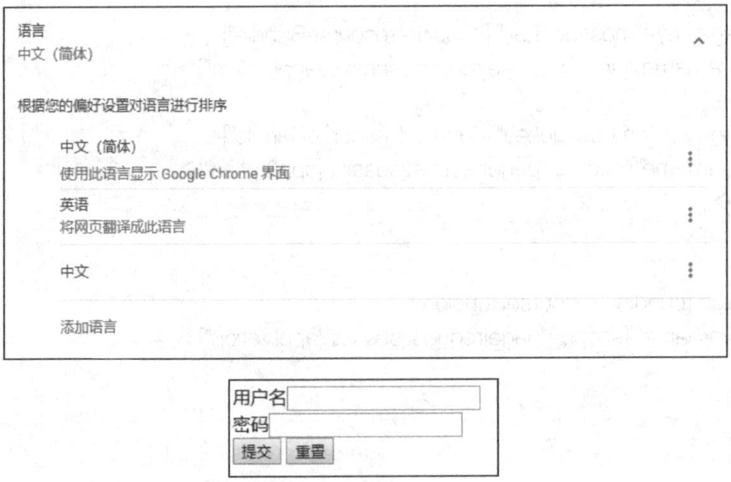

图 6-14 运行结果（中文）

Order languages based on your preference

English
This language is used when translating pages
This language is used to display the Google Chrome UI

Chinese

Add languages

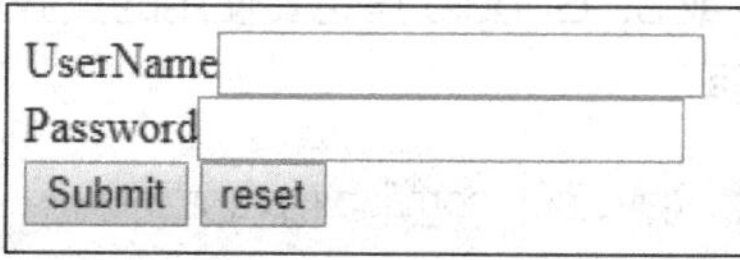

图 6-15　运行结果（英文）

实现步骤

第一步：创建资源包和资源文件。

一个资源包中的每个资源文件必须拥有共同的基名。除了基名，每个资源文件的名称中还必须有标识其本地信息的附加部分。例如，一个资源包的基名是“message”，则与中文环境相对应的资源文件名为：“message_zh_CN.properties”。如果不区分区域信息，可以仅指定语言信息，如 message_zh.properties。还可以提供没有任何语言与区域信息的资源文件，如果服务器无法根据用户的语言和区域信息提供信息显示，则使用默认资源文件，如 message.properties。

项目创建结构如图 6-16 所示。

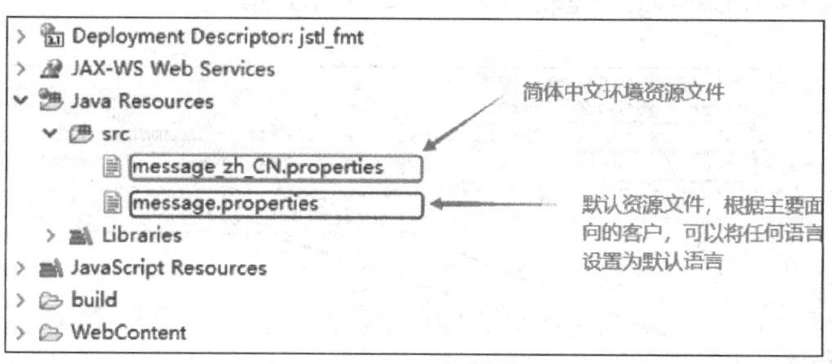

图 6-16　项目创建结构

资源文件内容如下。

message.properties

```
label.username=UserName
label.password=Password
label.submit=Submit
label.reset=Reset
msg.loginsuccess=Congratulations, you have logged in successfully
msg.loginfail=I am sorry to inform you , the information that you entered is not correct
```

message_zh_CN.properties

```
label.username=\u7528\u6237\u540d
label.password=\u5bc6\u7801
label.submit=\u63D0\u4EA4
label.reset=\u91cd\u7f6e
msg.logonsuccess=\u606d\u559c\u60a8 {0} ,\u60a8\u5df2\u7ecf\u6210\u529f\u767b\u5f55\u3002
msg.logonfail={0} :\u975e\u5e38\u62b1\u6b49\u5730\u901a\u77e5\u60a8\uff0c\u60a8\u6240\u5f55\u5165\u7684\u4fe1\u606f\u4e0d\u6b63\u786e\u3002
```

第二步：使用<fmt:bundle>或 setBundle 指定要使用的资源包。

（1）引入 JSTL 的 fmt 标签库

```
<%@ taglib prefix="fmt" uri="http://java.sun.com/jsp/jsp/fmt" %>
```

（2）使用<fmt:bundle>指定资源包，如图 6-17 所示。

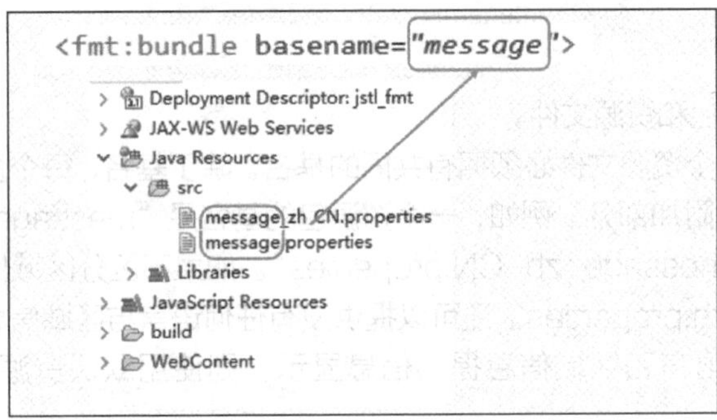

图 6-17　指定资源包

第三步：使用<fmt:message>提取消息，如图 6-18 所示。

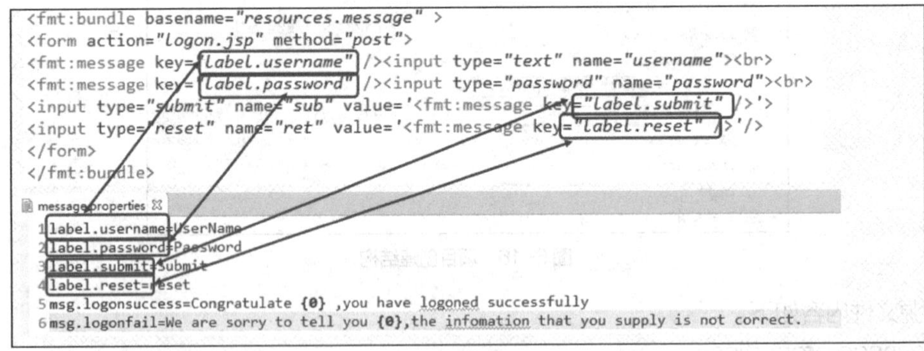


```
message_zh_CN.properties
1 label.username=\u7528\u6237\u540d
2 label.password=\u5bc6\u7801
3 label.submit=\u63d0\u4ea4
4 label.reset=\u91cd\u7f6e
5 msg.logonsuccess=\u606d\u559c\u60a8 {0} ,\u60a8\u5df2\u7ecf\u6210\u529f\u767b\u5f55\u3002
6 msg.logonfail={0} :\u975e\u5e38\u62b1\u6b49\u5730\u901a\u77e5\u60a8\uff0c\u60a8\u6240\u5f55\u5165\u7684\u4fe1\u606f\u4e0d\u6b63\u786e
7
{0} :非常抱歉地通知您，您所录入的信息不正确。
Press 'F2' for focus
```

图 6-18　提取消息

3. 解析及格式化标签

在将 Web 应用国际化时，不同的国家和地区，除了语言文字不同外，数字的表示及日期格式都会有差异，因此，国际化标签库中提供了一系列标签用于格式化数字及日期，共包含 6 个标签，分别为<fmt:timeZone>、<fmt:setTimeZone>、<fmt:formatNumber>、<fmt:parseNumber>、<fmt:formatDate>、<fmt:parseDate>。它们分别用来解析或格式化数字、日期及货币等。一般用于将数字、日期等转换成指定国家和地区或自定义的显示格式。

（1）<fmt:timeZone>标签

<fmt:timeZone>用于设置时区，但它的设置值只对其标签体部分有效，语法格式如下。

```
<fmt:timeZone value="timeZone">
        本体内容，如格式化的时间、日期等
</fmt:timeZone>
```

timeZone 是时区的 ID，例如 America/Los_Angeles、GMT-8 等。如果 value 的值为空值或 null，则默认为 GMT 时区。

下面通过实例来展示获取不同时区的时间，具体代码如下。

```
<%@ page language="java" contentType="text/html; charset=UTF-8"
    pageEncoding="UTF-8"%>
<%@ taglib uri="http://java.sun.com/jsp/jstl/core" prefix="c" %>
<%@ taglib uri="http://java.sun.com/jsp/jstl/fmt" prefix="fmt" %>
<html>
  <head>
    <title>JSTL fmt:timeZone  标签</title>
  </head>

  <body>
    <c:set var="now" value="<%=new java.util.Date()%>" />
    <table border="1" width="100%">
      <tr>
        <td width="100%" colspan="2" bgcolor="#0000FF">
          <p align="center">
            <b>
              <font color="#FFFFFF" size="4">Formatting:
              <fmt:formatDate value="${now}" type="both"
              timeStyle="long" dateStyle="long" />
              </font>
            </b>
          </p>
        </td>
      </tr>

      <c:forEach var="zone"
      items="<%=java.util.TimeZone.getAvailableIDs()%>">
        <tr>
```

```
            <td width="51%">
              <c:out value="${zone}" />
            </td>
            <td width="49%">
              <fmt:timeZone value="${zone}">
                <fmt:formatDate value="${now}" timeZone="${zn}"
                type="both" />
              </fmt:timeZone>
            </td>
          </tr>
        </c:forEach>
      </table>
    </body>
</html>
```

运行结果如图 6-19 所示。

JSTL fmt:timeZone 标签

localhost:8080/numdatejstl/TimeZone.jsp

Formatting: 2022年2月15日 下午11时50分26秒	
Africa/Abidjan	2022-2-15 15:50:26
Africa/Accra	2022-2-15 15:50:26
Africa/Addis_Ababa	2022-2-15 18:50:26
Africa/Algiers	2022-2-15 16:50:26
Africa/Asmara	2022-2-15 18:50:26
Africa/Asmera	2022-2-15 18:50:26
Africa/Bamako	2022-2-15 15:50:26
Africa/Bangui	2022-2-15 16:50:26
Africa/Banjul	2022-2-15 15:50:26
Africa/Bissau	2022-2-15 15:50:26
Africa/Blantyre	2022-2-15 17:50:26
Africa/Brazzaville	2022-2-15 16:50:26
Africa/Bujumbura	2022-2-15 17:50:26
Africa/Cairo	2022-2-15 17:50:26
Africa/Casablanca	2022-2-15 15:50:26
Africa/Ceuta	2022-2-15 16:50:26
Africa/Conakry	2022-2-15 15:50:26
Africa/Dakar	2022-2-15 15:50:26

图 6-19　运行结果

（2）<fmt: setTimeZone>标签

<fmt: setTimeZone>用来复制一个时区对象到指定的作用域。语法格式如下。

```
<fmt:setTimeZone value="timeZone" [var="varName"]
        [scope="page|request.... "]/>
```

如果 value 的值为空值或 null，则默认为 GMT-8 时区。如果没有使用 var 指明变量，则 value 的值保存在当前配置变量（javax.servlet.jsp.jstl.fmt.timeZone）中，作为有效范围内的默认时区。

下面通过实例来修改当前时区时间，具体代码如下。

```
<%@ page language="java" contentType="text/html; charset=UTF-8"
        pageEncoding="UTF-8"%>
<%@ taglib uri="http://java.sun.com/jsp/jstl/core" prefix="c" %>
<%@ taglib uri="http://java.sun.com/jsp/jstl/fmt" prefix="fmt" %>
```

```
<html>
<head>
        <title>JSTL fmt:setTimeZone 标签</title>
</head>
<body>
<c:set var="now" value="<%=new java.util.Date()%>" />
<p>当前时区时间: <fmt:formatDate value="${now}"
                type="both" timeStyle="long" dateStyle="long" /></p>
<p>修改为 GMT-8 时区:</p>
<fmt:setTimeZone value="GMT-8" />
<p>变更区域日期: <fmt:formatDate value="${now}"
                type="both" timeStyle="long" dateStyle="long" /></p>
</body>
</html>
```

运行结果如图 6-20 所示。

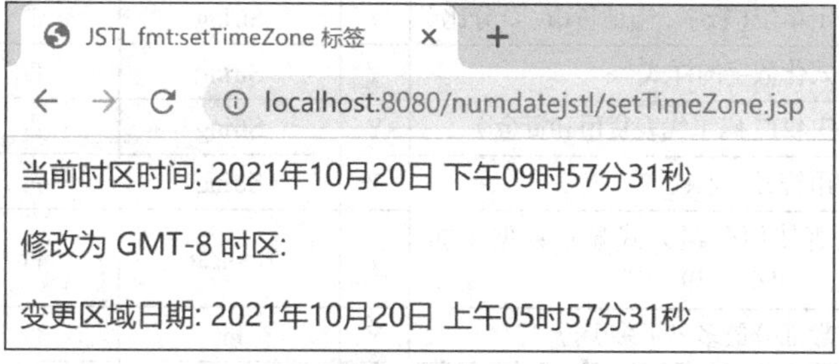

图 6-20　运行结果

（3）<fmt:formatNumber>标签

<fmt:formatNumber>会依据设定的区域将数字改为适当的格式，语法格式如下。

```
//语法 1：没有本体内容
<fmt:formatNumber value="numericValue"
        [type="{number|currency|percent}"]
                [pattern="customPattern"]
                [currencyCode="currencyCode"]
                [currencySymbol="currencySymbol"]
                [groupingUsed="{true|false}"]
                [maxIntegerDigits="maxIntegerDigits"]
                [minIntegerDigits="minIntegerDigits"]
                [maxFractionDigits="maxFractionDigits"]
                [minFractionDigits="minFractionDigits"]
                [var="varName"]
                [scope="{page|request|session|application}"]
   />
//语法 2：本体为要格式化的内容
<fmt:formatNumber
[type="{number|currency|percent}"]
                [pattern="customPattern"]
                [currencyCode="currencyCode"]
```

```
            [currencySymbol="currencySymbol"]
            [groupingUsed="{true|false}"]
            [maxIntegerDigits="maxIntegerDigits"]
            [minIntegerDigits="minIntegerDigits"]
            [maxFractionDigits="maxFractionDigits"]
            [minFractionDigits="minFractionDigits"]
            [var="varName"]
            [scope="{page|request|session|application}"]>
    欲格式化的数字
</fmt:formatNumber>
```

<fmt:formatNumber>标签属性如表 6-34 所示。

表 6-34　<fmt:formatNumber>标签属性

名称	说明	EL	类型	是否必需	默认值
value	要格式化的数字	Y	String / Number	否	无
type	指定单位（数字、当地货币、百分比）	Y	String	否	Number
pattern	格式化数字的样式	Y	String	否	无
currencyCode	ISO-4217 码（代表货币和资金）	Y	String	否	取决于默认区域
currencySymbol	货币符号，如¥、$	Y	String	否	取决于默认区域
groupingUsed	是否使用分组方式显示数据，如 123、456、789	Y	Boolean	否	true
maxIntegerDigits	整数部分最多显示多少位	Y	int	否	无
minIntegerDigits	整数部分最少显示多少位	Y	int	否	无
maxFractionDigits	小数点后最多显示多少位	Y	int	否	无
minFractionDigits	小数点后最少显示多少位	Y	int	否	无
var	存储已格式化的数字	N	String	否	Print to page
scope	var 变量的 JSP 范围	N	String	否	page

当无法确定区域时，输出的格式为 Number.toString()。如果 pattern 为 null 或空值，则 pattern 会被忽略。

下面通过实例对数字进行格式转换，具体代码如下。

```
<%@ page language="java" contentType="text/html; charset=utf-8"
    pageEncoding="utf-8"%>
<%@ taglib prefix="c" uri="http://java.sun.com/jsp/jstl/core"%>
<%@ taglib prefix="fmt" uri="http://java.sun.com/jsp/jstl/fmt"%>
<!DOCTYPE html>
<html>
    <head>
        <title>I18N 标签库 -formatNumber 标签</title>
    </head>
    <body>
        <h4 align="center">
            <c:out value="formatNumber 标签的使用"></c:out>
```

```
    </h4>
    <hr>
    <table border=1 cellpadding="0" cellspacing="0" align="center">
        <tr align="center">
            <td width="100">类型</td>
            <td width="100">使用数据</td>
            <td width="100">结果</td>
            <td width="300">说明</td>
        </tr>
        <tr>
            <td>数字格式化</td>
            <td>108.75</td>
            <td>
                <fmt:formatNumber type="number" pattern="###.#">108.75</fmt:formatNumber>
            </td>
            <td>使用 pattern 可以定义显示的样式。本例设定为###.#小数部分将使用四舍五入法。</td>
        </tr>
        <tr>
            <td>数字格式化</td>
            <td>9557</td>
            <td>
                <fmt:formatNumber type="number" pattern="#.####E0">9557</fmt:formatNumber>
            </td>
            <td>使用科学计数法。</td>
        </tr>
        <tr>
            <td> 数字格式化</td>
            <td>9557</td>
            <td>
                <fmt:formatNumber type="number">9557</fmt:formatNumber>
            </td>
            <td>使用默认分组。</td>
        </tr>
        <tr>
            <td>数字格式化</td>
            <td>9557</td>
            <td>
                <fmt:formatNumber type="number" groupingUsed="false">9557</fmt:formatNumber>
            </td>
            <td>不使用分组。</td>
        </tr>
        <tr>
            <td>数字格式化</td>
            <td>9557</td>
            <td>
                <fmt:formatNumber type="number" maxIntegerDigits="3">9557</fmt:formatNumber>
            </td>
            <td>使用位数限定，根据指定的位数显示，其他数字忽略。例如：9 不被显示。</td>
```

```
            </tr>
            <tr>
                <td>百分比格式化</td>
                <td>0.98</td>
                <td>
                    <fmt:formatNumber type="percent">0.98</fmt:formatNumber>
                </td>
                <td>用百分比形式显示一个数据。</td>
            </tr>
            <tr>
                <td>货币格式化</td>
                <td>188.88</td>
                <td>
                    <fmt:formatNumber type="currency">188.8</fmt:formatNumber>
                </td>
                <td>将一个数据转化为货币形式输出。</td>
            </tr>
            <tr>
                <td>存储数据</td>
                <td>188.88</td>
                <td>
                    <fmt:formatNumber type="currency" var="money">188.8</fmt:formatNumber>
                    <c:out value="${money}"></c:out>
                </td>
                <td>存储的 money 的值为${money}</td>
            </tr>
        </table>
    </body>
</html>
```

运行结果如图 6-21 所示。

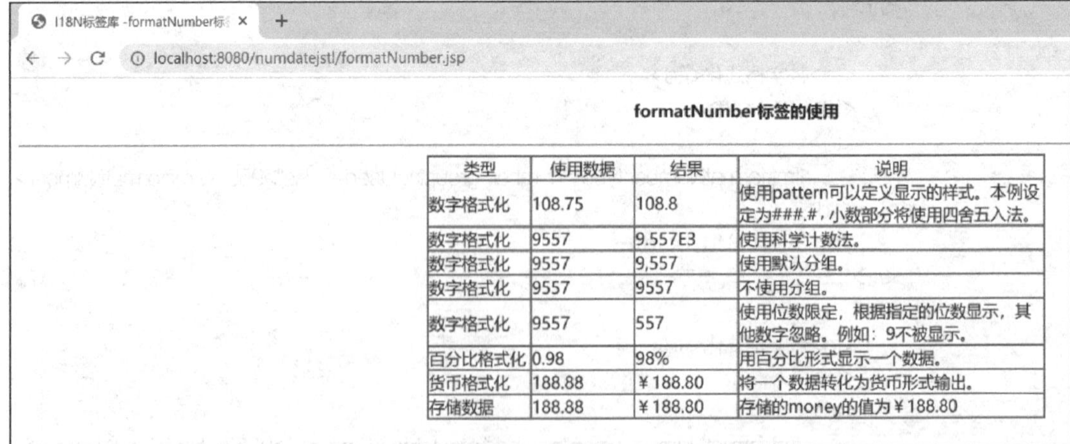

类型	使用数据	结果	说明
数字格式化	108.75	108.8	使用pattern可以定义显示的样式。本例设定为###.#，小数部分将使用四舍五入法。
数字格式化	9557	9.557E3	使用科学计数法。
数字格式化	9557	9,557	使用默认分组。
数字格式化	9557	9557	不使用分组。
数字格式化	9557	557	使用位数限定，根据指定的位数显示，其他数字忽略。例如：9不被显示。
百分比格式化	0.98	98%	用百分比形式显示一个数据。
货币格式化	188.88	￥188.80	将一个数据转化为货币形式输出。
存储数据	188.88	￥188.80	存储的money的值为￥188.80

图6-21　运行结果

（4）<fmt:parseNumber>标签

<fmt:parseNumber>将字符串类型的数字、货币或百分比转换为数字，语法格式如下。

```
//语法 1：没有本体的内容
<fmt:parseNumber value="numbericValue"
    [type="{number|currency|percent}"]
     [pattern="customPattern"]
     [parseLocale="parseLocale"]
     [integerOnly="{true|false}"]
     [var="varName"]
     [scope="{page|request|session|application}"]/>
//语法 2：有本体的内容
<fmt:parseNumber [type="{number|currency|percent}"]
     [pattern="customPattern"]
     [parseLocale="parseLocale"]
     [integerOnly="{true|false}"]
     [var="varName"]
     [scope="{page|request|session|application}"]>
</fmt:parseNumber>
```

<fmt:parseNumber>标签属性如表 6-35 所示。

表 6-35　<fmt:parseNumber>标签属性

名称	说明	EL	类型	是否必需	默认值
value	待格式化的数字	Y	String/Number	否	Body
type	指定要格式化的数据的类型	Y	String	否	number
pattern	格式化数据的样式	Y	String	否	无
parseLocale	用来替代默认的地区设置	Y	String/java.util.Locale	否	取决于默认区域
integerOnly	是否只显示整数部分	Y	boolean	否	false
var	存储已格式化的数据	N	String	否	Print to page
scope	var 的 JSP 范围	N	String	否	page

下面通过实例对数字进行解析，具体代码如下。

```
<%@ page language="java" contentType="text/html; charset=UTF-8"
    pageEncoding="UTF-8"%>
<%@ taglib prefix="c" uri="http://java.sun.com/jsp/jstl/core" %>
<%@ taglib prefix="fmt" uri="http://java.sun.com/jsp/jstl/fmt" %>
    <html>
        <head>
<title>JSTL fmt:parseNumber 标签</title>
        </head>
        <body>
                <h3>数字解析:</h3>
                <c:set var="balance" value="1250003.350" />
<fmt:parseNumber var="i" type="number" value="${balance}" />
                <p>数字解析 (1) : <c:out value="${i}" /></p>
```

```
<fmt:parseNumber var="i" integerOnly="true" type="number" value="${balance}" />
    <p>数字解析 (2) : <c:out value="${i}" /></p>

    </body>
</html>
```

运行结果如图 6-22 所示。

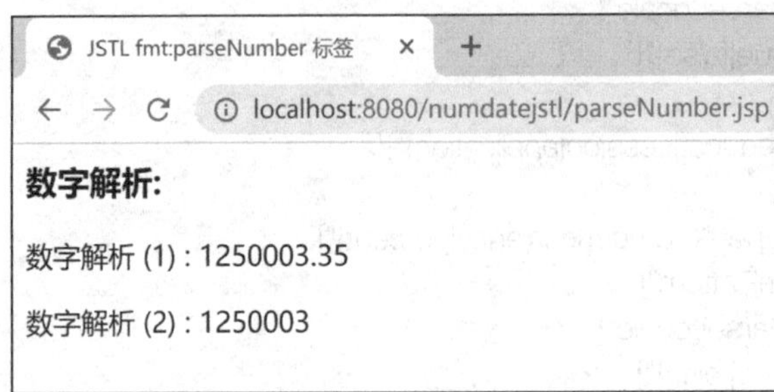

图 6-22 运行结果

（5）<fmt:formatDate>标签

<fmt:formatDate>以指定的时区格式化显示日期对象，语法格式如下。

```
<fmt:formatDate value="date"
    [type="{time|date|both}"]
    [dateStyle="{default|short|medium|long|full}"]
    [timeStyle ="{default|short|medium|long|full}"]
    [pattern="customPattern"]
    [timeZone="timeZone"]
    [var="varName"]
    [scope="{page|request...}"]/>
```

<fmt:formatDate>标签属性如表 6-36 所示。

表 6-36 <fmt:formatDate>标签属性

名称	说明	EL	类型	是否必需	默认值
value	要显示的日期和时间	Y	String/Date	是	无
type	指定日期类型（date、time 或 both）	N	String	否	date
dateStyle	日期样式（default、short、medium、long、full）	N	String	否	default
timeStyle	时间样式（default、short、medium、long、full）	N	String	否	default
pattern	自定义格式模式，如“dd/MM/yyyy”	N	String	否	无
timeZone	指定时区	N	String	否	本地属性中的时区
var	存储格式化日期的变量名	N	String	否	无
scope	var 的 JSP 范围	N	String	否	page

下面通过实例格式化时间，具体代码如下。

```
<%@page import="java.util.Date"%>
<%@ page language="java" contentType="text/html; charset=utf-8"
```

```
        pageEncoding="utf-8"%>
<%@ taglib prefix="c" uri="http://java.sun.com/jsp/jstl/core"%>
<%@ taglib prefix="fmt" uri="http://java.sun.com/jsp/jstl/fmt"%>

<html>
<head>
<title>I18N 标签库 -formatDate 标签</title>
</head>
<%
        Date date = new Date();
        pageContext.setAttribute("date", date);
    %>
<body>
<fmt:formatDate value="${date}"></fmt:formatDate>
<br>
<fmt:formatDate value="${date}" type="time"></fmt:formatDate>
<br>
<fmt:formatDate value="${date}" type="both" dateStyle="default"
            timeStyle="default"></fmt:formatDate>
<br>
<fmt:formatDate value="${date}" type="both" dateStyle="short"
            timeStyle="short"></fmt:formatDate>
<br>
<fmt:formatDate value="${date}" type="both" dateStyle="long"
            timeStyle="long"></fmt:formatDate>
<br>
<fmt:formatDate value="${date}" type="both" dateStyle="full"
            timeStyle="full"></fmt:formatDate>
<br>
</body>
</html>
```

运行结果如图 6-23 所示。

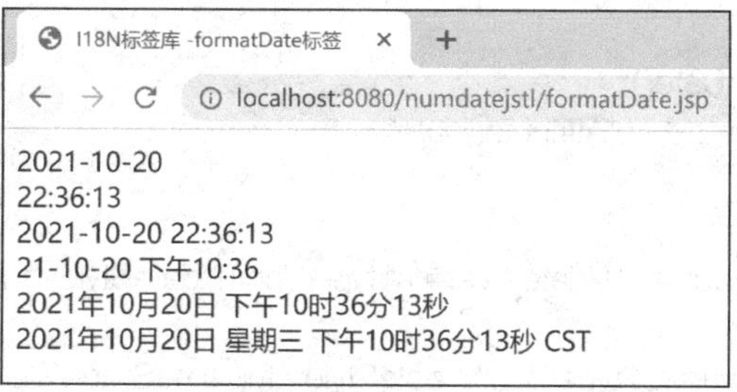

图 6-23　运行结果

（6）<fmt:parseDate>标签

<fmt:parseDate>将字符串表示的日期和时间解析为日期对象，语法格式如下。

```
<fmt:parseDate value="dateString"
   [type="{time|date|both}"]
```

```
[dateStyle="{default|short|medium|long|full}"]
[timeStyle ="{default|short|medium|long|full}"]
[patter="customPattern"]
[timeZone="timeZone"] [parseLocale="parseLocale"]
[var="varName"]
[scope="{page|request...}"]/>
```

<fmt:parseDate>标签属性如表 6-37 所示。

表 6-37　<fmt:parseDate>标签属性

名称	说明	EL	类型	是否必需	默认值
value	要显示的日期时间	Y	String/Date	是	无
type	指定日期类型（date、time 或 both）	N	String	否	date
dateStyle	日期样式（default、short、medium、long、full）	N	String	否	default
timeStyle	时间样式（default、short、medium、long、full）	N	String	否	default
pattern	自定义格式模式，如“dd/MM/yyyy”	N	String	否	无
var	存储格式化日期的变量名	N	String	否	无
scope	var 的 JSP 范围	N	String	否	page

下面通过实例解析日期。具体代码如下。

```
<%@ page language="java" pageEncoding="utf-8" import="java.util.Date"%>
<%@ taglib prefix="c" uri="http://java.sun.com/jsp/jstl/core"%>
<%@ taglib prefix="fmt" uri="http://java.sun.com/jsp/jstl/fmt"%>
<html>
<head>
<title>I18N 标签库-parseDate 标签</title>
</head>
<body>
        <H4>
                <c:out value="parseDate 标签的使用"></c:out>
        </H4>
        <hr>
<%
        Date date = new Date();
                pageContext.setAttribute("date", date);
   %>
<h3>当前系统时间:</h3>
        <fmt:formatDate value="${date}" var="a" type="both" dateStyle="full" timeStyle="full">
        </fmt:formatDate>
        <fmt:parseDate var="b" type="both" dateStyle="full" timeStyle="full">
                ${a}
</fmt:parseDate>
<c:out value="${a}" /><br/>
<c:out value="${b}" /><br/>
        <h3>日期解析:</h3>
        <c:set var="now" value="14-9-2020" />
```

```
        <fmt:parseDate value="${now}" var="parsedEmpDate" pattern="dd-MM-yyyy" />
        <p>
                解析后的日期为:
                <c:out value="${parsedEmpDate}" />
        </p>
</body>
</html>
```

运行结果如图 6-24 所示。

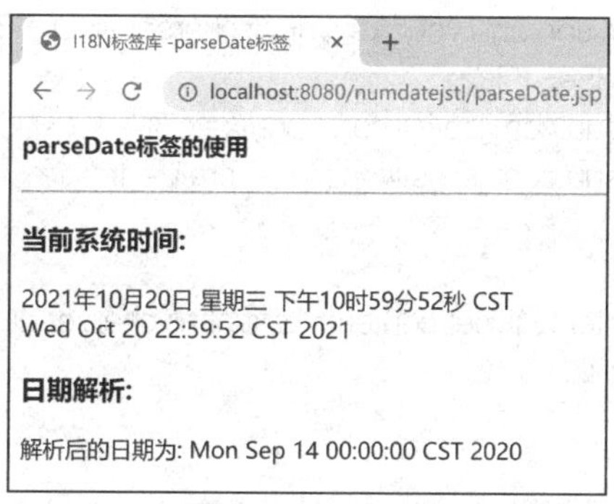

图 6-24　运行结果

【梳理回顾】

本节主要通过介绍全局信息标签、信息显示标签、解析及格式化标签，讲解了国际化标签的应用。读者可以通过实际案例加深理解国际化标签。

6.5 JSTL 函数库

【提出问题】

我们在编写页面的过程中，特别是文字较多的新闻页面，为了适应版面的需求，如果字数超过固定长度，可能需要用某些符号代替显示，那么，我们应该如何进行统一处理呢?

【知识储备】

6.5.1 JSTL 标准函数

为了简化在 JSP 页面操作字符串，JSTL 中提供了一套 EL 自定义函数，这些函数包含了 JSP 页面制作者经常要用到的字符串操作。例如，fn:toLowerCase()函数能将字符串中的字符变为小写字母，fn:indexOf()函数返回一个指定字符串在另一个字符串中第一次出现的索引位置。

在 JSP 页面中使用 JSTL 的函数标记库时，需要先使用 taglib 指令将其导入，语法格式如下。

```
<%@ taglib prefix="fn" uri="http://java.sun.com/jsp/jstl/functions" %>
```

6.5.2 字符串处理函数

JSTL 字符串处理函数中的主要函数如下。

1. length()函数

length()函数用于获取字符串长度或集合（包括数组、Enumeration、List、Map 等）中元素的个数，语法格式如下。

```
${fn:length(string|collection)}
```

下面用实例进行字符串长度的获取，具体代码如下。

```
<%@ page language="java" contentType="text/html; charset=ISO-8859-1"
    pageEncoding="ISO-8859-1"%>
<%@ taglib uri="http://java.sun.com/jsp/jstl/core" prefix="c"%>
<%@ taglib uri="http://java.sun.com/jsp/jstl/functions" prefix="fn"%>
<html>
  <head>
    <meta http-equiv="Content-Type" content="text/html; charset=ISO-8859-1">
    <title>fn:length Demo</title>
  </head>
  <body>
    <h1>fn:length Demo</h1>
    <c:set var="text" value="Code Java" />
    <c:out value="${text}"/>
    <p>Length: ${fn:length(text)}</p>
  </body>
</html>
```

运行结果如图 6-25 所示。

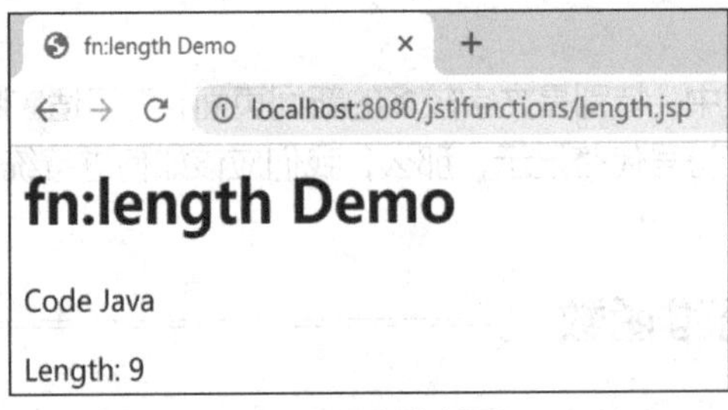

图 6-25　运行结果

2. toLowerCase()函数

toLowerCase()函数用于将字符串中的字符全部转换为小写字母，语法格式如下。

```
${fn.toLowerCase(string)}
```

下面用实例将字符串中的字符全部转换成小写字母，代码如下。

```
<%@ page language="java" contentType="text/html; charset=ISO-8859-1"
    pageEncoding="ISO-8859-1"%>
<%@ taglib uri="http://java.sun.com/jsp/jstl/core" prefix="c"%>
```

```
<%@ taglib uri="http://java.sun.com/jsp/jstl/functions" prefix="fn"%>
<html>
  <head>
    <meta http-equiv="Content-Type" content="text/html; charset=ISO-8859-1">
    <title>fn:toLowerCase Demo</title>
  </head>
  <body>
    <h1>fn:toLowerCase Demo</h1>
    <c:set var="text" value="CODEJAVA.NET IS GREAT SOURCE OF INFORMATION"/>
    Text before conversion:   <c:out value="${text}"/><br/><br/>
    <c:set var="text" value="${fn:toLowerCase(text)}"/>
    Text after conversion:   <c:out value="${text}"/><br/><br/>
  </body>
</html>
```

运行结果如图 6-26 所示。

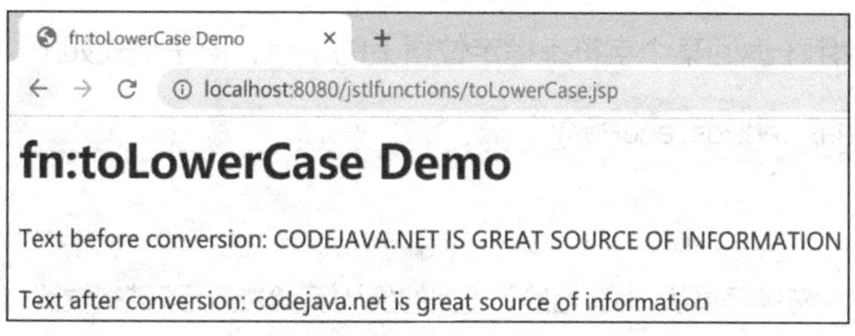

图 6-26　运行结果

3. toUpperCase()函数

toUpperCase()函数用于将字符串中的字符全部转换为大写字母，语法格式如下。

```
${fn.toUpperCase(string)}
```

下面通过实例将字符串中的字符全部转换为大写字母，具体代码如下。

```
<%@ page language="java" contentType="text/html; charset=ISO-8859-1"
    pageEncoding="ISO-8859-1"%>
<%@ taglib uri="http://java.sun.com/jsp/jstl/core" prefix="c"%>
<%@ taglib uri="http://java.sun.com/jsp/jstl/functions" prefix="fn"%>
<html>
  <head>
    <meta http-equiv="Content-Type" content="text/html; charset=ISO-8859-1">
    <title>fn:toUpperCase Demo</title>
  </head>
  <body>
    <h1>fn:toUpperCase Demo</h1>
    <c:set var="text" value=" codejava.net is great source of information"/>
    Text before conversion:   <c:out value="${text}"/><br/><br/>
    <c:set var="text" value="${fn:toUpperCase(text)}"/>
```

```
        Text after conversion:   <c:out value="${text}"/><br/><br/>
    </body>
</html>
```

运行结果如图 6-27 所示。

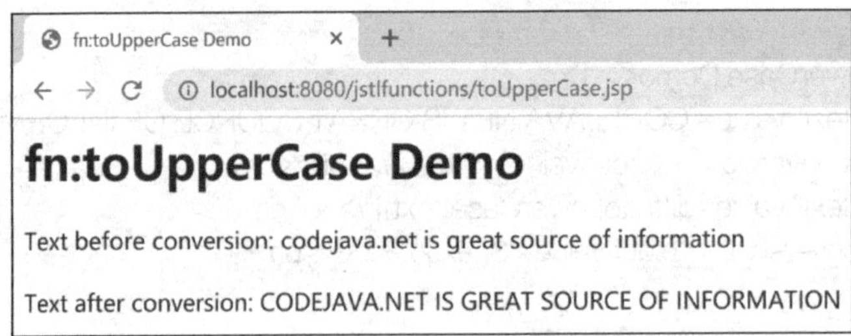

图 6-27　运行结果

4. substring()函数

substring()函数用于返回某个字符串指定位置上的子串，语法格式如下。

```
${fn:substring(string, startPos, endPos)}
```

注意

字符串中的字符编号是从 0 开始的；返回的是从[开始位置]到[结束位置-1]的子串；另外，如果[结束位置]大于字符串长度，则取字符串长度；如果[开始位置]小于 0，则取 0。

下面通过实例截取子串，具体代码如下。

```
<%@ page language="java" contentType="text/html; charset=ISO-8859-1"
    pageEncoding="ISO-8859-1"%>
<%@ taglib uri="http://java.sun.com/jsp/jstl/core" prefix="c"%>
<%@ taglib uri="http://java.sun.com/jsp/jstl/functions" prefix="fn"%>
<html>
  <head>
    <meta http-equiv="Content-Type" content="text/html; charset=ISO-8859-1">
    <title>fn:substring Demo</title>
  </head>
  <body>
    <h1>fn:substring Demo</h1>
    <c:set var="text" value="CodeJava.net is great source of information."/>
    <c:set var="website" value="${fn:substring(text, 0, 12)}" />
    Full Text: <strong><c:out value="${text}"/></strong><br/><br/>
    Substring Text (start index 0 - end index 12):
    <strong><c:out value="${website}"/></strong><br/><br/>
  </body>
</html>
```

运行结果如图 6-28 所示。

图 6-28　运行结果

5. substringAfter()函数

substringAfter()函数用于获取指定的子串之后的字符串。语法格式如下。

```
${fn:substringAfter(string, string_to_find)}
```

注意　**如果第二个参数子串在第一个参数字符串中出现多次，则返回第一次出现的子串后的部分；如果第二个参数子串在第一个参数字符串中没有出现过，则返回空字符串（""）。**

下面用实例来展示获取子串之后的字符串，具体代码如下。

```
<%@ page language="java" contentType="text/html; charset=ISO-8859-1"
    pageEncoding="ISO-8859-1"%>
<%@ taglib uri="http://java.sun.com/jsp/jstl/core" prefix="c"%>
<%@ taglib uri="http://java.sun.com/jsp/jstl/functions" prefix="fn"%>
<html>
  <head>
    <meta http-equiv="Content-Type" content="text/html; charset=ISO-8859-1">
    <title>fn:substringAfter Demo</title>
  </head>
  <body>
    <h1>fn:substringAfter Demo</h1>
    <c:set var="text" value="www.ptpress.com.cn is great source of information."/>
    <c:set var="website" value="${fn:substringAfter(text,'www.')}" />
    Full Text: <strong><c:out value="${text}"/></strong><br/><br/>
    Text After Substring www. <strong><c:out value="${website}"/></strong><br/><br/>
  </body>
</html>
```

运行结果如图 6-29 所示。

图 6-29　运行结果

6. substringBefore()函数

substringBefore()函数用于获取指定的子串之前的字符串，语法格式如下。

```
${fn:substringBefore(string,substring)}
```

注意

如果第二个参数子串在第一个参数字符串中出现多次，则返回第一次出现的子串前的部分；如果第二个参数子串在第一个参数字符串中没有出现过，则返回空字符串（""）。

提示

EL 函数是可以嵌套使用的，比如，${ fn:toUpperCase(fn:substring("abcdefgh" , 2, 6)) }返回的结果为"CDEF"。

下面用实例来展示获取子串之前的字符串，具体代码如下。

```
<%@ page language="java" contentType="text/html; charset=ISO-8859-1"
    pageEncoding="ISO-8859-1"%>
<%@ taglib uri="http://java.sun.com/jsp/jstl/core" prefix="c"%>
<%@ taglib uri="http://java.sun.com/jsp/jstl/functions" prefix="fn"%>
<html>
  <head>
    <meta http-equiv="Content-Type" content="text/html; charset=ISO-8859-1">
    <title>fn:substringBefore Demo</title>
  </head>
  <body>
   <h1>fn:substringBefore Demo</h1>
   <c:set var="text" value="www.ptpress.com.cn is great source of information."/>
   <c:set var="website" value="${fn:substringBefore(text,'.net')}" />
   Full Text: <strong><c:out value="${text}"/></strong><br/><br/>
   Text Before Substring .net <strong><c:out value="${website}"/></strong><br/><br/>
  </body>
</html>
```

运行结果如图 6-30 所示。

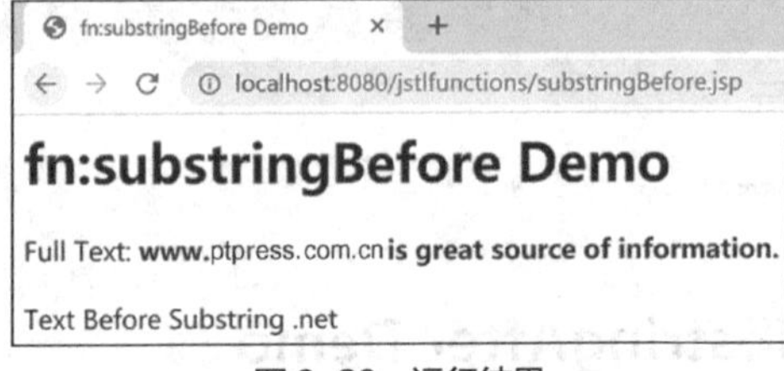

图 6-30 运行结果

7. trim()函数

trim()函数用于去除字符串两端的空格，并返回处理后的结果，语法格式如下。

```
${fn.trim(string)}
```

下面通过实例来展示去除字符串两端的空格，具体代码如下。

```
<%@ page language="java" contentType="text/html; charset=ISO-8859-1"
    pageEncoding="ISO-8859-1"%>
<%@ taglib uri="http://java.sun.com/jsp/jstl/core" prefix="c"%>
<%@ taglib uri="http://java.sun.com/jsp/jstl/functions" prefix="fn"%>
<html>
  <head>
    <meta http-equiv="Content-Type" content="text/html; charset=ISO-8859-1">
    <title>fn:trim Demo</title>
  </head>
  <body>
    <h1>fn:trim Demo</h1>
    <c:set var="text" value="Sample text" />
    <p>Original text before trim: <strong><c:out value="${text}"/></strong>
    <p>Length of text before trim: ${fn:length(text)}</p>
    <c:set var="trimmedText" value="${fn:trim(text)}" />
    <p>Original text after trim: <strong><c:out value="${trimmedText}"/></strong>
    <p>Length of text after trim: ${fn:length(trimmedText)}</p>
  </body>
</html>
```

运行结果如图6-31所示。

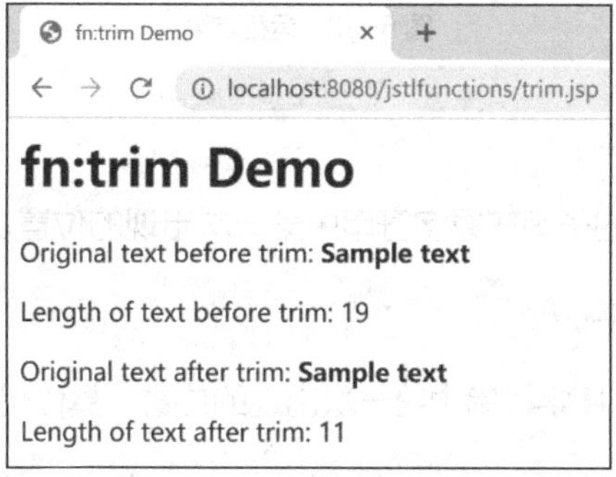

图6-31　运行结果

8. replace()函数

replace()函数用于将字符串中的某个子串替换为指定的字符串，并返回替换后的结果字符串，语法格式如下。

```
${fn:replace(string, string_tofind, string_replace)}
```

下面通过实例进行字符串替换，具体代码如下。

```
<%@ page language="java" contentType="text/html; charset=ISO-8859-1"
    pageEncoding="ISO-8859-1"%>
```

```
<%@ taglib uri="http://java.sun.com/jsp/jstl/core" prefix="c"%>
<%@ taglib uri="http://java.sun.com/jsp/jstl/functions" prefix="fn"%>
<html>
  <head>
    <meta http-equiv="Content-Type" content="text/html; charset=ISO-8859-1">
    <title>fn:replace Demo</title>
  </head>
  <body>
    <h1>fn:replace Demo</h1>
    <c:set var="text" value="There are sixteen JSTL functions." />
    Before replace:  <c:out value="${text}"/>
    <c:set var="text" value="${fn:replace(text,'sixteen', '16')}" /><br/>
    After replace:  <c:out value="${text}"/>
  </body>
</html>
```

运行结果如图 6-32 所示。

图 6-32　运行结果

9. indexOf()函数

indexOf()函数返回指定的子串在原字符串中第一次出现的位置。语法格式如下。

```
${fn:indexOf(string, string_tofind)}
```

下面通过实例找出子串在原字符串中第一次出现的位置。具体代码如下。

```
<%@ page language="java" contentType="text/html; charset=ISO-8859-1"
    pageEncoding="ISO-8859-1"%>
<%@ taglib uri="http://java.sun.com/jsp/jstl/core" prefix="c"%>
<%@ taglib uri="http://java.sun.com/jsp/jstl/functions" prefix="fn"%>
<html>
  <head>
    <meta http-equiv="Content-Type" content="text/html; charset=ISO-8859-1">
    <title>fn:indexOf Demo</title>
  </head>
  <body>
    <h1>fn:indexOf Demo</h1>
    <c:set var="text" value="The JSTL Functions Are Great." />
    <c:out value="${text}"/>
```

```
        <p>Index of 'JSTL' from above text is: ${fn:indexOf(text,'JSTL')}</p>
    </body>
</html>
```

运行结果如图 6-33 所示。

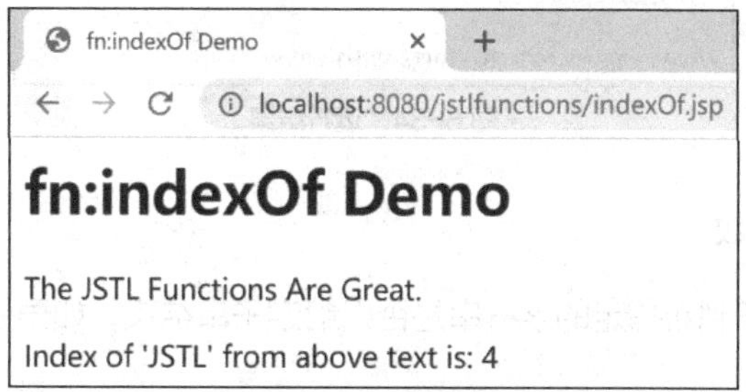

图 6-33　运行结果

10. startsWith()函数

startsWith()函数用于判断指定的字符串是否以给定子串开始，如果是，则返回 true；否则返回 false，语法格式如下。

```
${fn:startsWith(string, string_tofind)}">
```

下面用实例判断指定的字符串是否是以给定子串开始的，具体代码如下。

```
<%@ page language="java" contentType="text/html; charset=ISO-8859-1"
    pageEncoding="ISO-8859-1"%>
<%@ taglib uri="http://java.sun.com/jsp/jstl/core" prefix="c"%>
<%@ taglib uri="http://java.sun.com/jsp/jstl/functions" prefix="fn"%>
<html>
    <head>
        <meta http-equiv="Content-Type" content="text/html; charset=ISO-8859-1">
        <title>fn:startsWith Demo</title>
    </head>
    <body>
        <h1>fn:startsWith Demo</h1>
        <c:set var="stringToSearch"
            value="www.ptpress.com.cn" />
        <c:out value="${stringToSearch}"/>
        <c:if test="${fn:startsWith(stringToSearch, 'www')}">
            <p>www.ptpress.com.cn starts with www</p>
        </c:if>
    </body>
</html>
```

运行结果如图 6-34 所示。

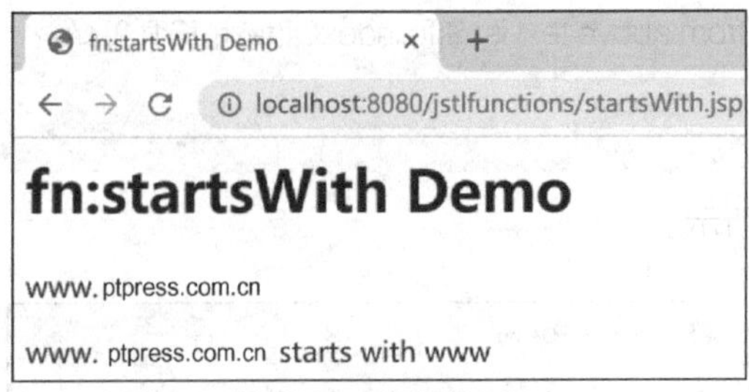

图 6-34 运行结果

11. endsWith()函数

endsWith()函数用于判断指定的字符串是否以给定子串结束，如果是，则返回 true；否则返回 false，语法格式如下。

```
<c:if test="${fn:endsWith(string, string_tofind)}">
```

下面通过实例判断指定的字符串是否以给定子串结束，具体代码如下。

```
<%@ page language="java" contentType="text/html; charset=ISO-8859-1"
    pageEncoding="ISO-8859-1"%>
<%@ taglib uri="http://java.sun.com/jsp/jstl/core" prefix="c"%>
<%@ taglib uri="http://java.sun.com/jsp/jstl/functions" prefix="fn"%>
<html>
  <head>
    <meta http-equiv="Content-Type" content="text/html; charset=ISO-8859-1">
    <title>fn:endsWith Demo</title>
  </head>
  <body>
    <h1>fn:endsWith Demo</h1>
    <c:set var="stringToSearch"
        value="www.ptpress.com.cn" />
    <c:out value="${stringToSearch}"/>
    <c:if test="${fn:endsWith(stringToSearch, '.net')}">
        <p>ptpress.com.cn ends with .net</p>
    </c:if>
  </body>
</html>
```

运行结果如图 6-35 所示。

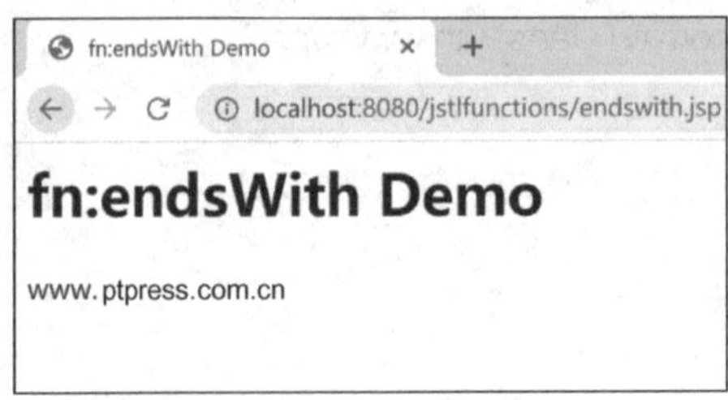

图 6-35 运行结果

12. contains()函数

contains()函数用于判断字符串中是否包含给定的子串，如果包含，则返回 true；否则返回 false。

语法格式如下。

```
<c:if test="${fn:contains(string, string_tofind)}">
```

下面通过实例判断字符串中是否包含给定的子串，具体代码如下。

```
<%@ page language="java" contentType="text/html; charset=ISO-8859-1"
    pageEncoding="ISO-8859-1"%>
<%@ taglib uri="http://java.sun.com/jsp/jstl/core" prefix="c"%>
<%@ taglib uri="http://java.sun.com/jsp/jstl/functions" prefix="fn"%>
<html>
 <head>
  <meta http-equiv="Content-Type" content="text/html; charset=ISO-8859-1">
  <title>fn:contains Demo</title>
 </head>
 <body>
    <h1>fn:contains Demo</h1>
    <c:set var="stringToSearch"
        value="CodeJava.net is a great source of information." />
    <c:out value="${stringToSearch}"/>
    <c:if test="${fn:contains(stringToSearch, 'CodeJava')}">
        <p>The above sentence contains CodeJava</p>
    </c:if>
 </body>
</html>
```

运行结果如图 6-36 所示。

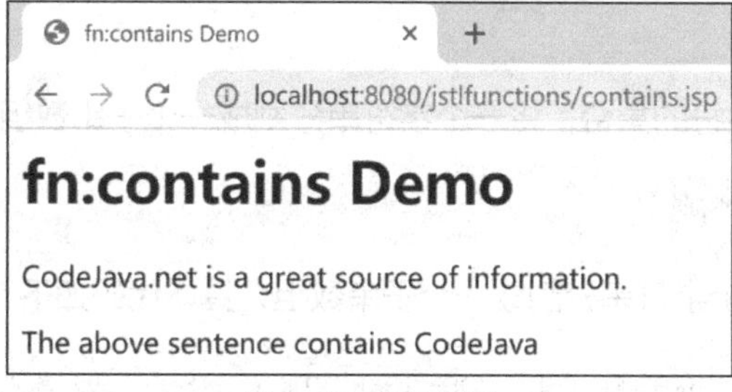

图 6-36　运行结果

13. containsIgnoreCase()函数

containsIgnoreCase()函数和 contains()函数的作用基本一样，二者的区别是在判断字符串中是否包含给定子串时 containsIgnoreCase()函数是忽略大小写的，语法格式如下。

```
<c:if test="${fn:containsIgnoreCase(string, string_tofind)}">
```

下面用实例判断字符串中是否包含给定子串，具体代码如下。

```
<%@ page language="java" contentType="text/html; charset=ISO-8859-1" pageEncoding="ISO-8859-1"%>
<%@ taglib uri="http://java.sun.com/jsp/jstl/core" prefix="c"%>
<%@ taglib uri="http://java.sun.com/jsp/jstl/functions" prefix="fn"%>
<html>
  <head>
    <meta http-equiv="Content-Type" content="text/html; charset=ISO-8859-1">
    <title>fn:containsIgnoreCase Demo</title>
  </head>
  <body>
    <h1>fn:containsIgnoreCase Demo</h1>
    <c:set var="stringToSearch"
        value="CodeJava.net is a great source of information." />
    <c:out value="${stringToSearch}"/>
    <c:if test="${fn:containsIgnoreCase(stringToSearch, 'codejava')}">
        <p>The above sentence contains codejava</p>
    </c:if>
  </body>
</html>
```

运行结果如图 6-37 所示。

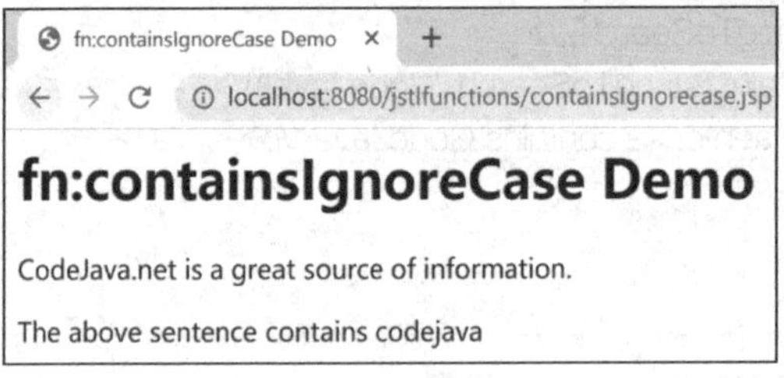

图 6-37 运行结果

14. split()函数

split()函数依据分割字符的集合，将一个字符串分割成一个子串数组，语法格式如下。

```
${fn:split(string, string_tosplit)}
```

下面用具体实例将一个字符串分割成一个子串数组，具体代码如下。

```
<%@ page language="java" contentType="text/html; charset=ISO-8859-1" pageEncoding="ISO-8859-1"%>
<%@ taglib uri="http://java.sun.com/jsp/jstl/core" prefix="c"%>
<%@ taglib uri="http://java.sun.com/jsp/jstl/functions" prefix="fn"%>
<html>
  <head>
    <meta http-equiv="Content-Type" content="text/html; charset=ISO-8859-1">
    <title>fn:split Demo</title>
  </head>
```

```
  <body>
    <h1>fn:split Demo</h1><br><c:set var="numbers" value="One,Two,Three,Four,Five" />
    <c:set var="splitNumbers" value="${fn:split(numbers,',')}" />
    <c:set var="joinedNumbers" value="${fn:join(splitNumbers,' ')}" />
    <p>Numbers before split: ${numbers}</p>
    <p>Numbers after split and join: ${joinedNumbers}</p>
  </body>
</html>
```

运行结果如图 6-38 所示。

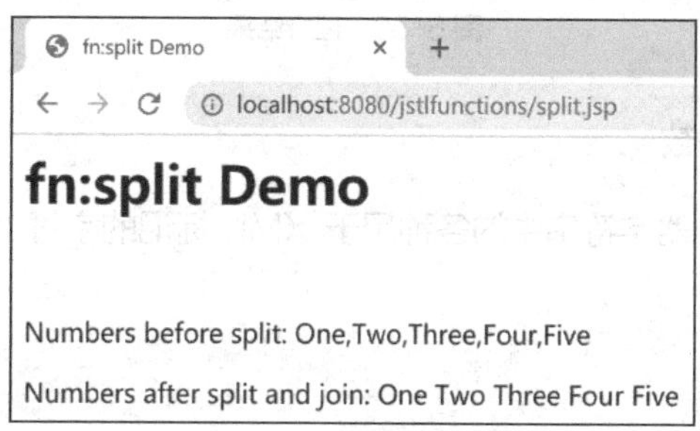

图 6-38　运行结果

15. join()函数

join()函数将字符串数组中的所有字符串连接成一个字符串，元素之间是指定的分割字符串，语法格式如下。

```
${fn:join(string[ ], string_tojoin)}
```

下面用实例将字符串数组中的所有字符串连接成一个字符串。具体代码如下。

```
<%@ page language="java" contentType="text/html; charset=ISO-8859-1" pageEncoding="ISO-8859-1"%>
<%@ taglib uri="http://java.sun.com/jsp/jstl/core" prefix="c"%>
<%@ taglib uri="http://java.sun.com/jsp/jstl/functions" prefix="fn"%>
<html>
  <head>
    <meta http-equiv="Content-Type" content="text/html; charset=ISO-8859-1">
    <title>fn:join Demo</title>
  </head>
  <body>
    <h1>fn:join Demo</h1>
    <c:set var="numbers" value="One,Two,Three,Four,Five" />
    <c:set var="splitNumbers" value="${fn:split(numbers,',')}" />
    <c:set var="joinedNumbers" value="${fn:join(splitNumbers,' ')}" />
    <p>Numbers before join: ${numbers}</p>
    <p>Joined Numbers: ${joinedNumbers}</p>
  </body>
</html>
```

运行结果如图 6-39 所示。

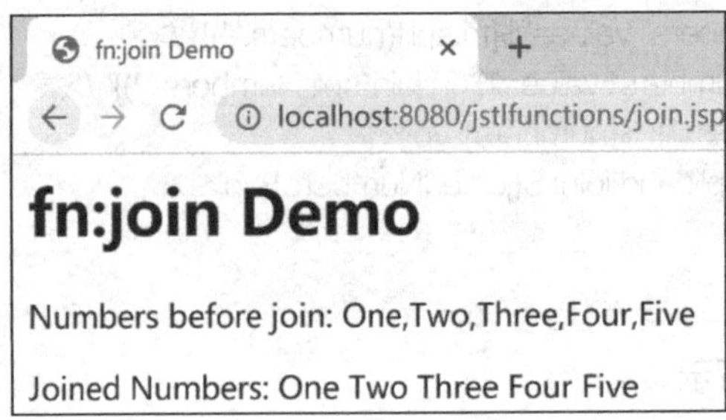

图 6-39 运行结果

16. escapeXml()函数

escapeXml()函数将忽略字符串中的各种用于 XML 标记的字符（输出时即按原样输出），语法格式如下。

```
${fn:escapeXml(string)}
```

下面用实例将字符串中的各种 XML 标记的字符按原样输出，具体代码如下。

```
<%@ page language="java" contentType="text/html; charset=ISO-8859-1" pageEncoding="ISO-8859-1"%>
<%@ taglib uri="http://java.sun.com/jsp/jstl/core" prefix="c"%>
<%@ taglib uri="http://java.sun.com/jsp/jstl/functions" prefix="fn"%>
<html>
  <head>
    <meta http-equiv="Content-Type" content="text/html; charset=ISO-8859-1">
    <title>fn:escapeXml Demo</title>
  </head>
  <body>
    <h1>fn:escapeXml Demo</h1>
    <c:set var="html" value="<b><i>This is html text.</i></b>" />
    <p>just html: ${html}</p>
    <p>html with escapeXml: ${fn:escapeXml(html)}</p>
  </body>
</html>
```

运行结果如图 6-40 所示。

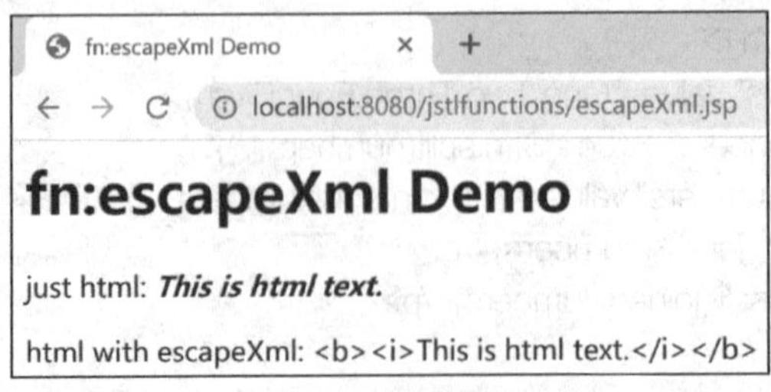

图 6-40 运行结果

【应用案例】JSTL 字符串处理函数

任务目标

（1）将字符串“Real romance love letter!”中的所有空格符替换为下画线（_）。

（2）判断该字符串中是否包含子串“let”，若包含，则输出子串“let”所在的位置；若不包含，则输出不包含子串“let”。本例运行效果如图 6-41 所示。

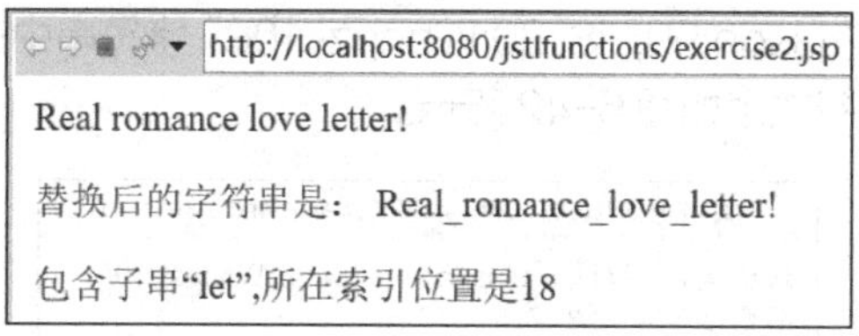

http://localhost:8080/jstlfunctions/exercise2.jsp

Real romance love letter!

替换后的字符串是： Real_romance_love_letter!

包含子串“let”,所在索引位置是18

图 6-41　运行结果

实现步骤

第一步：引入标签库。

```
<%@ taglib prefix="c" uri="http://java.sun.com/jsp/jstl/core"%>
<%@ taglib uri="http://java.sun.com/jsp/jstl/functions" prefix="fn"%>
```

第二步：定义要处理的字符串。

```
<c:set var="letters" value="Real romance love letter！ " />
<c:out value="${letters}" />
```

第三步：替换字符。

```
<p>替换后的字符串是：${fn:replace(letters,' ', '_')}</p>
```

第四步：判断是否包含子串。

```
<c:choose>
        <c:when test="${fn:containsIgnoreCase(letters, 'let')}">
                <p>包含子串“let”,所在的索引位置是${fn:indexOf(letters,'let') }</p>
        </c:when>
        <c:otherwise>
                <p>不包含子串“let”。</p>
        </c:otherwise>
</c:choose>
```

【梳理回顾】

本节主要介绍了 JSTL 函数库中的 EL 函数，这些函数主要用于在 JSP 页面中对字符串进行简要的处理。通过学习本节内容，读者能够了解常用的 JSTL 函数库。

6.6 本章小结

本章主要介绍了 EL 语法结构、数据访问方法、通过 JSTL 简化 JSP 页面的方法、开发国际化 Web 应用的基本过程及 JSTL 函数库的主要功能。

6.7 本章练习

1. 解析字符串

使用 JSTL 标签库将“Jason:90;LiSi:80;Wangzi:100”字符串中的姓名以大写字母输出，在成绩前加“-”并输出。运行效果如图 6-42 所示。

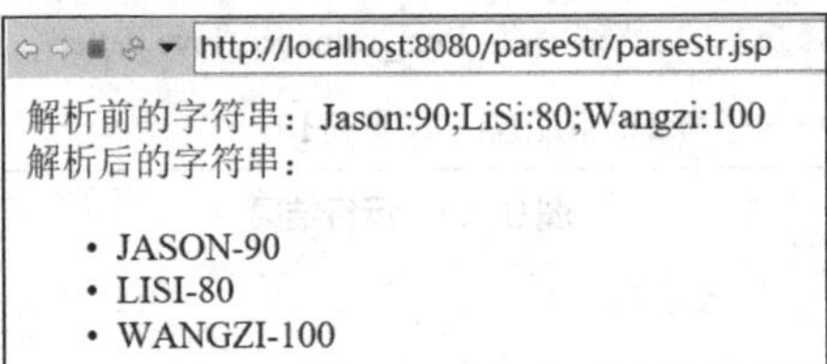

图 6-42　解析字符串页面

2. 显示今日话题

使用 JSTL 将今日话题输出，话题长度超过 18 个字符的部分使用“...”代替显示。效果如图 6-43 所示。

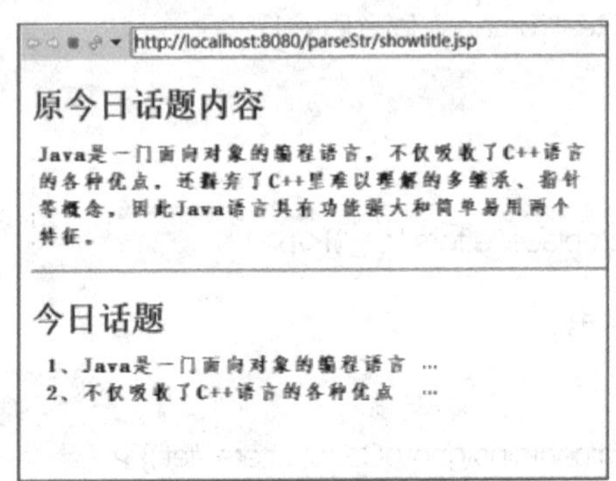

图 6-43　今日话题页面

第 7 章 基于Web MVC框架的项目实践

07

▶ 内容导学

本章通过讲解 Web MVC 框架的演变过程、自构建 Web MVC 框架过程及其在 Web 项目中的简单应用，帮助读者更好地理解框架底层实现机制和原理，有利于读者将来顺利过渡到更复杂框架的学习。

▶ 学习目标

① 了解 MVC 思想。
② 了解 Web MVC 框架演变过程。
③ 掌握自构建 Web MVC 框架的过程。
④ 掌握自构建 Web MVC 框架请求路径映射和表单数据获取。
⑤ 掌握自构建 Web MVC 框架在 Web 项目中的简单应用。

7.1 Web MVC 框架

Web MVC 框架已经是当前 Web 项目编程实践中必不可少的框架工具，它不仅可以提高开发效率，还能让 Web 项目更加稳定、更利于维护和升级。下面将针对 Web MVC 框架进行详细的讲解。

【提出问题】

通过前面章节的学习，我们已经掌握了 JSP 和 Servlet 的工作原理及使用方法。现在，假如要实现一个简单的 Web 页面登录功能，要求用户在页面输入用户名、密码，单击“登录”按钮后，即可跳转到登录页面，我们可以怎么做呢？根据需求，我们可以很快联想到，采用 JSP+JavaBean、Servlet+JavaBean 或 JSP+Servlet+JavaBean 等方式都可以实现以上功能。但在具体编程时，我们会发现，JSP 用于页面显示很方便，但嵌入 Java 代码实现逻辑控制和业务处理很麻烦；Servlet 在实现逻辑控制和业务处理时很方便，但 Servlet 输出页面需要嵌入大量 HTML 代码，每一个 Servlet 都需要在 web.xml 中配置请求路径映射，以及在 Servlet 中频繁使用 request.getParamter("Xxx")获取表单数据等，这使得代码变得更加复杂，不易进行模块开发，项目难于维护。

由此，我们进一步联想，有没有更好的办法，让 JSP 和 Servlet 分别专注各自擅长的部分，由 JSP 负责前端页面显示，Servlet 负责后台逻辑控制和业务处理，进而解决控制逻辑、业务处理及视图显示混淆的问题，从而更好地实现项目分模块开发，并方便后期维护？

基于 MVC 思想的 Spring MVC、JSF、Struts 等 Web MVC 框架就可以很好地解决这个问题。为帮助我们更好地理解 Web MVC 框架底层实现机制和原理，本节结合 Spring MVC 框架的核心功能，模拟自构建一个简单的 Web MVC 框架来学习其构建思路和实现过程。

【知识储备】

7.1.1 MVC 思想

模型-视图-控制器（MVC，Model View Controller）模式是 20 世纪 70 年代在 Smalltalk 80 的 GUI 设计中被提出的，它包括 3 个部分：模型（Model）、视图（View）和控制器（Controller），分别对应内部数据、数据表示和输入输出控制部件。

MVC 最初是存在于 Desktop 程序中的，M 是指数据模型，V 是指用户界面，C 则是指控制器，使用 MVC 可以将 M 和 V 的代码实现分离，从而使同一个程序有不同的表现形式，比如一批统计数据可以分别用柱状图、饼图来表示。C 可以确保 M 和 V 同步，一旦 M 改变，V 就可以实现同步更新。

随着 Web 开发技术的发展，MVC 已逐步演变为 J2EE（Java 2 Platform Enterprise Edition）的一种设计模式，由于其低耦合、高重用、易维护等优点，深受广大开发者的欢迎。在 J2EE 开发中，MVC 是一个框架模式，它强制使应用程序的输入、处理和输出分开，使 MVC 应用程序被分成 3 个核心部件：模型、视图和控制器。它们各自处理自己的任务。

（1）模型（Model）。模型是与应用程序相关的数据逻辑抽象，没有用户界面，代表一个存取数据的对象或 POJO（简单的 Java 对象），演变后的广义模型可以带有业务逻辑（业务流程/状态的处理及业务规则）。模型数据变化时，视图更新。

（2）视图（View）。视图是模型数据的显示界面，也是用户与之操作的交互界面，一个模型可以对应一个或者多个视图，视图不包含业务流程的处理。

（3）控制器（Controller）。控制器用于接受用户的请求，然后将请求转换为应用程序的标准任务事件，并调用相应的模型和视图，共同处理该事件（用户请求）。控制器介于视图和模型之间，控制数据流向模型对象，并在数据变化时更新视图。在编程实践时，控制器使视图和模型实现了分离。

M、V、C 关系如图 7-1 所示。

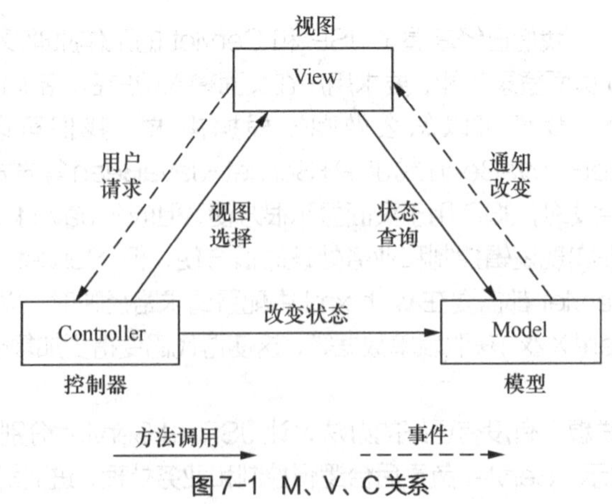

图 7-1 M、V、C 关系

7.1.2 Web MVC 框架演变过程

下面介绍了 Web MVC 框架模型的演变过程。

1. JSP 与 Servlet

Servlet 是在 JSP 出现之前就已经存在的运行在服务器端的一种 Java 技术，可以用来生成动态的 Web 页面，而 JSP 是 Servlet 技术的扩展，JSP 经编译后会转换成 Servlet，所以 JSP 本质上就是 Servlet。

Servlet 在 Java 代码中通过 HttpServletResponse 对象动态输出 HTML 内容，Servlet 能够很好地组织业务逻辑代码，但是在 Java 代码中通过字符串拼接的方式生成动态 HTML 内容会导致代码维护困难、可读性差。

JSP 在静态 HTML 内容中嵌入 Java 代码，并在编译后自动转换成 Servlet，虽然规避了 Servlet 在生成 HTML 内容方面的问题，但是在 HTML 中混入大量复杂的 Java 业务逻辑代码也会造成代码维护困难、可读性差。

2. 基于 JSP 与 Servlet 的 Web MVC 框架整合

无论是采用 Servlet 还是 JSP 单独处理用户请求，代码中都会涵盖控制逻辑、业务处理及视图显示 3 个部分，这种传统编程方式在 Web 项目中已被淘汰，模型如图 7-2 所示。那么，在复杂的 Web 项目中，JSP 和 Servlet 两种技术又是如何组织在一起工作的呢？优秀的 Web 框架设计师根据 JSP 和 Servlet 各自的特点，将 JSP 和 Servlet 的优势结合起来，通过引入前端控制器的概念，使 JSP 专注于前端页面显示，Servlet 专注于后端控制和业务处理，实现控制逻辑、业务处理及视图显示相分离，也就是在 Web 开发中引入 MVC 的概念。

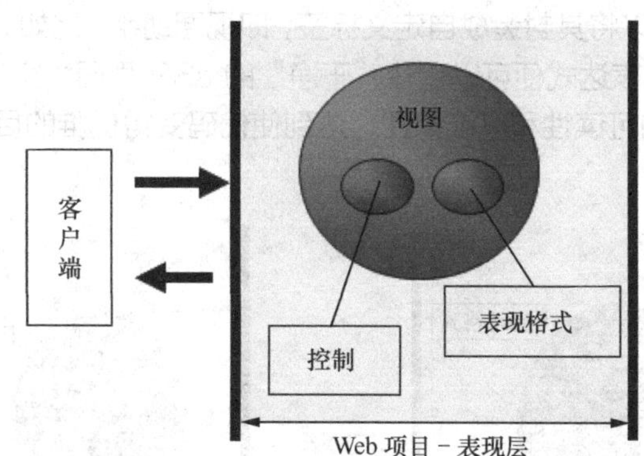

图 7-2 传统方式的控制逻辑、业务逻辑以视图显示混杂模型

（1）Web MVC 框架构建思路

为了实现 Web 项目的控制逻辑、业务处理及视图显示分离的 MVC 分层设计思想，框架具体构建过程和技术要点如下。

① 用户请求的分层处理过程

第一步：前端用户请求到达后端服务器后，交由前端控制器进行处理。

第二步：前端控制器对用户请求进行解析后，将不同的请求交由不同的业务逻辑单元进行处理。

第三步：业务逻辑单元对请求进行具体业务处理后，将结果数据和视图名称返回给前端控制器。

第四步：前端控制器解析视图名称后确定显示视图，并将返回的结果数据推送给解析后的显示视图。

第五步：显示视图负责将结果数据在页面中展示出来。

② 在 Web 项目的编程实现中

要点一：前端控制器只有一个，负责用户所有请求的分发。

要点二：业务逻辑可以有多个，显示视图也可以有多个，业务逻辑与显示视图的实现取决于项目的具体业务需求。

经提炼，基于 MVC 思想的控制逻辑、业务处理及视图显示分离形式的模型如图 7-3 所示。

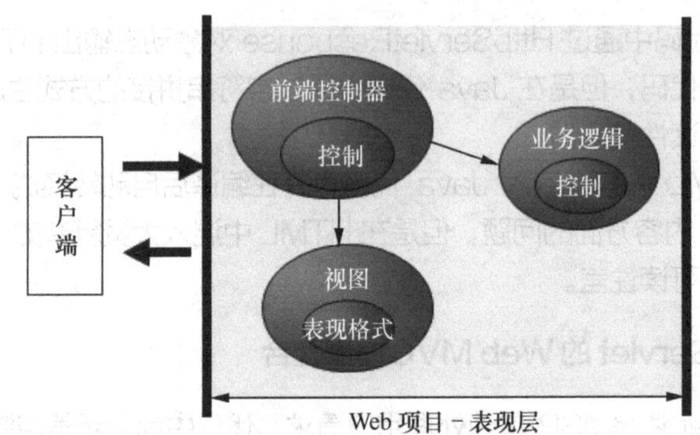

图 7-3　基于 MVC 思想的控制逻辑、业务处理及视图显示分离模型

（2）Web MVC 框架视图逻辑抽取

图 7-3 中视图的主要功能是按项目要求在 Web 页面显示业务逻辑返回的数据。目前，该视图功能可以通过 JSP 技术在静态 HTML 标签中嵌入 Java 代码和 EL 表达式的方式实现，但仍然存在代码冗余、混乱等缺点。为使视图代码变得更加优雅，对于视图页面中存在的一些重复逻辑、冗余代码，可以将其封装成自定义标签，即视图助手，比如 JSP 官方标签库 JSTL。这样，借助于标签及 EL 表达式便可以创建"干净"的 JSP 页面，实现简化 JSP 页面中的脚本元素，从而提高页面的可读性和可维护性，达到使代码变得优雅的目的。视图助手抽取转化模型如图 7-4 所示。

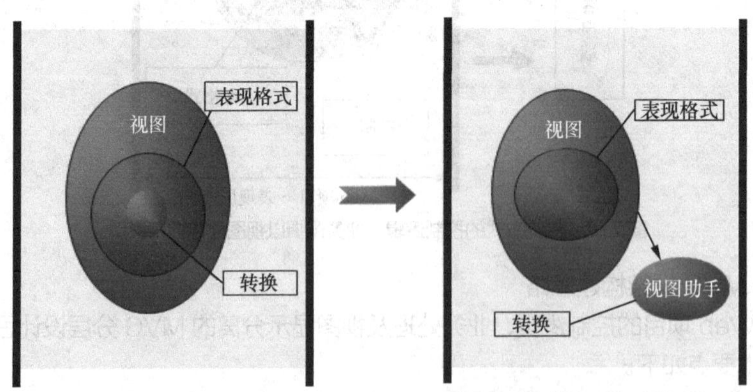

图 7-4　视图助手抽取转化模型

以图 7-4 视图助手形式优化图 7-3 的 MVC 模型，得到改进后的 MVC 模型，如图 7-5 所示。

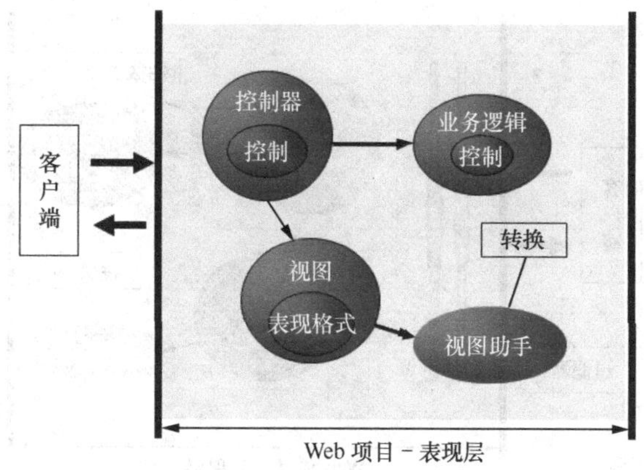

图 7-5　改进后的 MVC 模型

（3）Web MVC 框架中增加过滤器

在图 7-5 所示的前端控制器中，如果存在一部分公共业务逻辑，在项目的所有逻辑处理单元中都需要它们，则可以将该部分的业务逻辑封装成过滤器，配置在前端控制器之前，让用户请求时首先经过该过滤器处理，然后流转入前端控制器进行处理；经过处理后的业务数据又经过该过滤器处理，最后返回给用户，如图 7-6 所示。

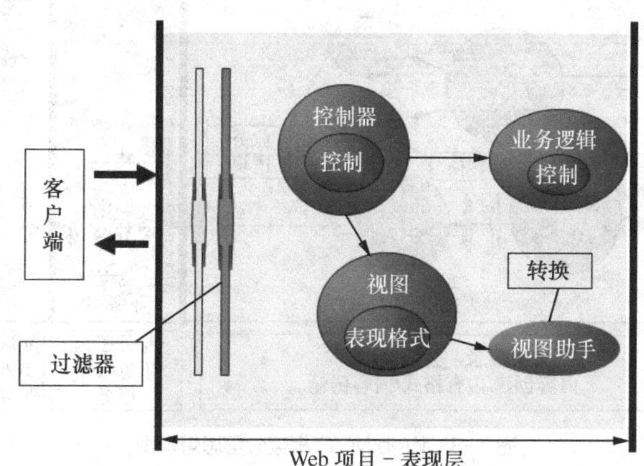

图 7-6　增加过滤器之后的 MVC 模型

（4）Web MVC 框架中增加拦截器

在图 7-6 所示的前端控制器中，如果存在一部分公共业务逻辑，在项目部分的逻辑处理单元中需要它们，部分逻辑处理单元中不需要，则可以对这部分公共逻辑进行封装，配置给需要的逻辑处理单元。在 MVC 框架中，该实现一般称为拦截器 ，其与过滤器采用的是相同的设计模式——责任链模式，如图 7-7 所示。

（5）Web MVC 框架分层优化

在图 7-7 所示的 MVC 框架模型中，业务逻辑处理单元主要包含 3 个功能：一是业务数据及业务逻辑处理，二是根据业务需要存取数据库，三是业务处理完成后选择显示视图。

而在基于 Web MVC 框架模型的项目实践中，划分模块的一个准则就是高内聚低耦合，因此，优秀的开发者会将 MVC 简单框架模型中的业务逻辑处理单元进一步优化成 3 个部分。

① 应用控制器。

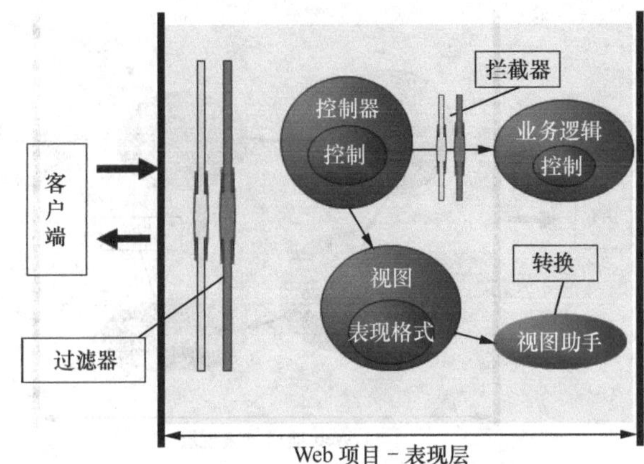

图 7-7　增加拦截器后的 MVC 模型

② 业务逻辑处理。

③ 数据存储。

综上，经进一步优化后，Web MVC 框架分层思想模型如图 7-8 所示。

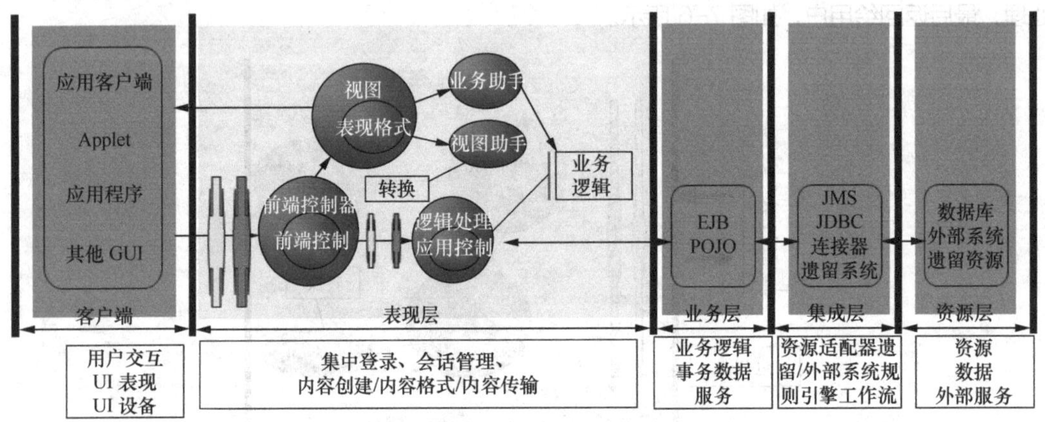

图 7-8　Web MVC 框架分层思想模型

（6）优化后的 Web MVC 框架分层总结

在 Web 编程中，优化后的 Web MVC 框架主要划分为以下几个模块。

① 过滤器：全部业务都要执行。

② 拦截器：部分业务需要执行，按业务需求进行配置。

③ 视图：数据显示页面，同时也是用户与系统的交互页面。

④ 前端控制器：根据客户端的用户请求，确定要执行的应用控制器；根据应用控制器返回的页面结果，调用相应视图显示页面。

⑤ 应用控制器：获取用户请求数据，调用业务逻辑处理用户数据，确定业务执行结束后的显示页面。

⑥ 业务逻辑处理：根据项目需求，执行具体的业务逻辑。

⑦ 数据存储：负责存储项目执行过程中产生的数据。

最终，按 Web MVC 框架分层思想，各模块的细分功能如图 7-9 所示。

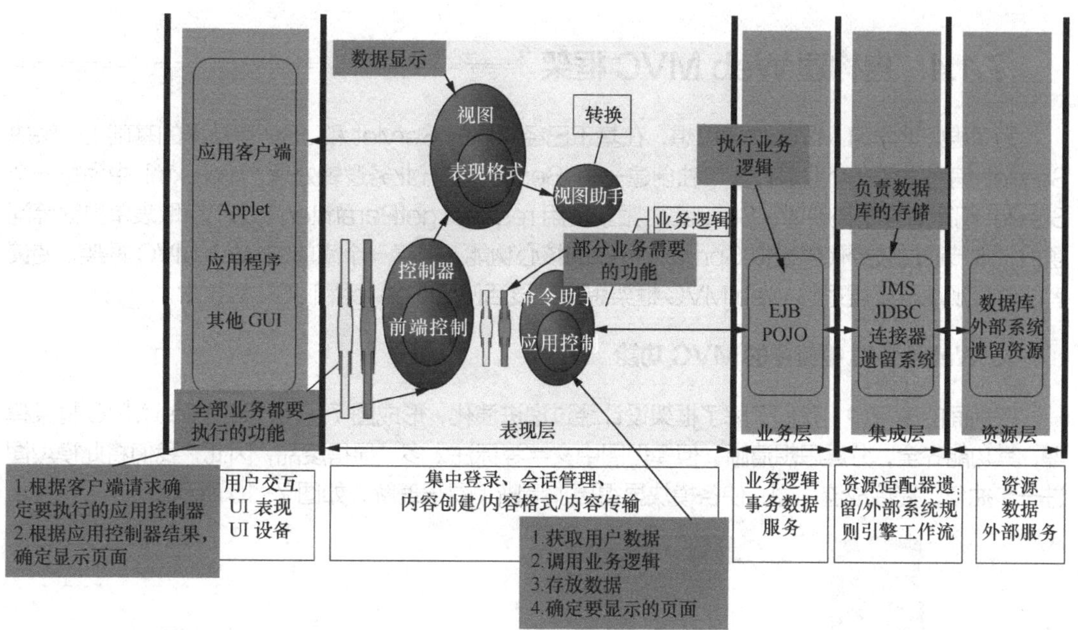

图 7-9 各模块的细分功能

7.1.3 Web MVC 框架的优势

软件设计中通常用耦合度和内聚度作为衡量模块独立程度的标准。划分模块的一个准则就是高内聚低耦合，也就是同一个模块内的各个元素之间要高度紧密，但是各个模块之间的相互依存度不要太高。基于 MVC 模式的 Web 开发思想，可以很好地解决项目设计过程中的高内聚低耦合问题，其有以下优点。

1. 各司其职，互不干涉

在 MVC 模式中，每个组件各司其职，如果哪一层的需求发生了变化，只需要更改相应层中的代码，而不会影响到其他层的代码。

2. 有利于开发中的分工

在 MVC 模式中，由于系统被按层分开，这能更好地实现开发中的分工。网页设计人员可以开发视图层中的 JSP 页面，对业务熟悉的开发人员可开发业务层中的 JSP 页面，而其他开发人员可开发控制层中的 JSP 页面等。

3. 有利于组件的重用

分层后更有利于组件的重用。例如，控制层可独立为一个组件，视图层也可成为通用的操作界面。

4. 有利于技术选型

每一层都可以选择最合适的技术来实现，从而提高了架构的灵活性。

7.1.4 自构建 Web MVC 框架

为了更好地学习 MVC 框架思想，在基于已经掌握的 Servlet 和 JSP 等技术的基础上，解决 Servlet 编程中每一个业务都要单独创建一个 Servlet 进行业务逻辑处理、web.xml 中为每一个 Servlet 配置请求路径映射、Servlet 中频繁使用 request.getParamter("Xxx")获取表单数据等问题后，本节通过较少代码模拟 Spring MVC 的核心功能，搭建一个简单的 Web MVC 框架，使读者能够直观地从底层理解 Web MVC 框架思想，灵活使用 Servlet 和 JSP 等技术。

1. Web MVC 框架中的 MVC 功能

在前面的学习中，我们了解了框架设计经过递进演化，形成图 7-9 所示的 Web MVC 框架模型，其功能齐全，分层思想清晰。但模型图中文字等标注太多，显得凌乱，因此，我们将此模型图进一步抽象，提炼成流程图，使各模块显得更加清晰，易于理解，如图 7-10 所示。

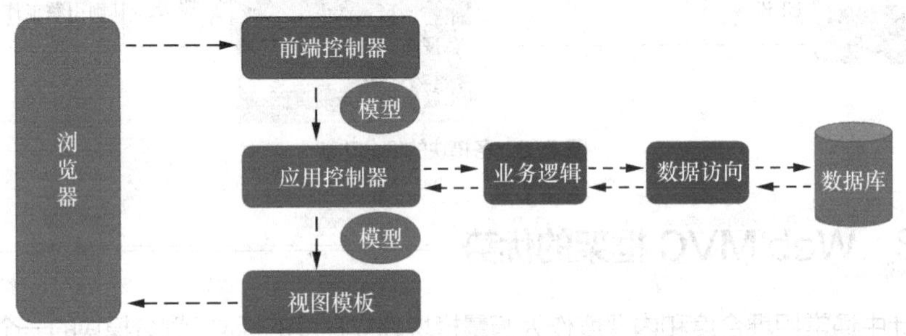

图 7-10 抽象后的 Web MVC 框架分层模式

图 7-10 所示的 Web MVC 框架包含了前端控制器、应用控制器、视图模板、模型、业务逻辑及数据访问等模块。经详细分析多个成熟的 Web 项目后，我们发现每个 Web 项目在设计过程中都可以清晰地划分出业务模块和数据访问模块，但是每个 Web 项目的业务功能和数据库操作过程是不一样的，因此，在 Web MVC 框架设计中，无法提炼出统一的业务逻辑和数据访问功能，这也是当前成熟 Web MVC 框架不包含业务逻辑和数据访问功能的原因。那么，图 7-10 所示的 MVC 功能具体指的是什么呢？经分析，MVC 功能具体是指框架中的模型（Model）、视图模板（View）、前端控制器和应用控制器（Controller），如图 7-11 所示。

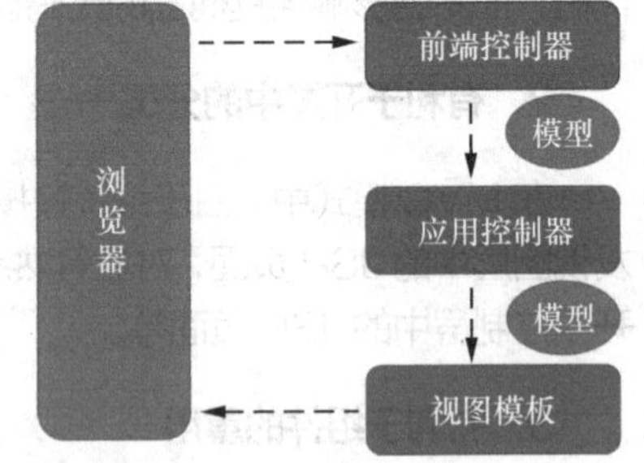

图 7-11 Web MVC 框架模块

2. Web MVC 框架的搭建过程

（1）框架开发技术介绍

学习过 Java 反射技术和注解机制的读者都知道 Java 反射技术功能非常强大，它与 Java 注解机制相结合可以进行很多操作，很多优秀的开源框架都是通过反射技术和注解机制共同实现的。因此，在本节 MVC 框架搭建过程中，我们也会用到 Java 反射技术和 Java 注解机制，同时会用到 Servlet 技术及 Web 项目的 web.xml 配置文件等。

（2）框架结构创建

在 IDE 开发工具中新建一个 Java 工程项目，命名为 MyMvcDemo，使用 JDK 1.8 版本。项目创建好后，根据 MVC 编程思想，利用 Java 反射技术和注解机制，结合 Servlet 等技术，完成项目的结构搭建和对应功能的编码。项目结构如图 7-12 所示。

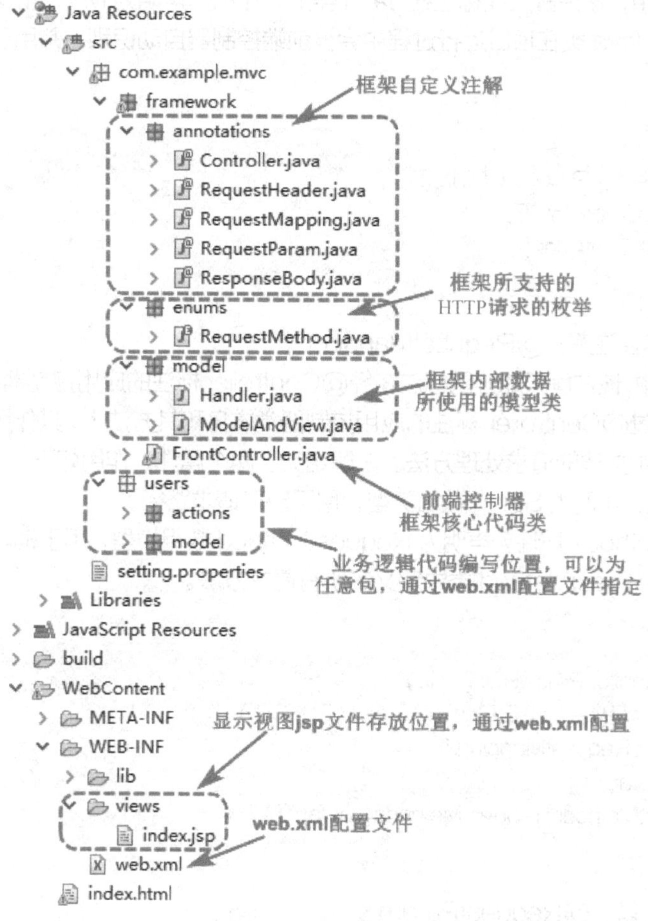

图 7-12　项目结构

（3）框架基础模块创建

为了在自构建的 Web MVC 框架中实现 MVC 分层思想，我们自定义了 5 个 Java 注解，分别用于声明 Web 项目的应用控制器、请求路径、请求参数等，如表 7-1 所示。

表 7-1　自定义的 5 个 Java 注解

注解名称	注解作用
@Controller	应用控制器注解，将一个 Java 类声明为应用控制器
@RequestMapping	用户请求路径注解，用于应用控制器中，声明用户请求路径与应用控制器请求处理方法的映射
@RequestParam	方法参数注解，用于应用控制器中，声明浏览器表单请求参数与应用控制器中处理方法参数的映射
@RequestHeader	HTTP 请求头参数注解，用于应用控制器中，声明 HTTP 请求头数据与应用控制器中处理方法参数的映射
@ResponseBody	JSON 格式返回值注解，用于应用控制器中，声明处理方法的返回值转换成 JSON 数据格式后，再向浏览器输出

① 应用控制器注解:@Controller

在 MVC 框架中，该注解只能标注在 Java 类上，作用是声明为 MVC 框架的应用控制器类，使用该注解标注的 Java 类在项目运行过程中会被前端控制器自动识别，并用于处理用户请求，该注解无属性。

代码实现如下。

```
@Retention(RetentionPolicy.RUNTIME)
@Target(ElementType.TYPE)
public @interface Controller {
}
```

② 用户请求路径注解：@RequestMapping

在 MVC 框架中，该注解只能分别标注在经@Controller 标注的应用控制器类本身或其方法上，或者同时标注在经过@Controller 标注的应用控制器类本身和其方法上，其作用是将用户请求路径映射为应用控制器中具体的请求处理方法。注解定义了两个属性，作用如下。

- value 属性，声明为 String 数组类型，用于映射请求路径。
- requestMethods 属性，声明为 RequestMethod 数组类型，用于指明项目所支持的请求方法，默认值为 RequestMethod 类中定义的所有请求方法。

代码实现如下。

```
@Retention(RetentionPolicy.RUNTIME)
@Target({ElementType.TYPE,ElementType.METHOD})
public @interface RequestMapping {
        String[ ] value();
        RequestMethod[ ] requestMethods() default{ };
}
```

③ 方法参数注解：@RequestParam

在 MVC 框架中，该注解只能标注在经过@Controller 标注的应用控制器类的方法参数上，用于建立客户端表单请求参数与应用控制器类中处理方法参数的映射。注解中定义了 value 属性，作用是指明浏览器端的表单请求参数。

代码实现如下。

```
@Retention(RetentionPolicy.RUNTIME)
@Target({ElementType.PARAMETER})
public @interface RequestParam {
        String value();
}
```

在具体使用时，可将@RequestParam 注解中的 value 属性直接设置为表单请求参数名。在项目运行时，该 value 值经注解解析后会自动绑定到处理方法映射的参数中。另外，在使用@RequestParam 时，浏览器表单请求参数名与应用控制器类处理方法中的参数命名可以不一致，当二者名称一致时，@RequestParam 可以省略。

④ HTTP 请求头参数注解：@RequestHeader

在 MVC 框架中，该注解只能标注在经过@Controller 标注的应用控制器类的方法参数上，用于建立 HTTP 请求头数据与应用控制器类中处理方法参数的映射。注解中定义了 value 属性，作用是指明浏览器端的 HTTP 请求头参数。使用方法与@RequestParam 注解相同，但不能省略。

代码实现如下。

```
@Retention(RetentionPolicy.RUNTIME)
@Target({ElementType.PARAMETER})
public @interface RequestHeader {
        String value();
}
```

@RequestHeader 和@RequestParam 注解都是使用在应用控制器类处理方法参数上的注解，那么，在同一个方法参数上，两个注解单独标注和同时标注会有什么不同呢?

- 单独标注：在同一个应用控制器类的方法参数上，当一次只标注@RequestHeader 或@RequestParam 中的一个时，当前标注注解生效。
- 同时标注：在同一个应用控制器类的方法参数上，当同时标注@RequestHeader 和@RequestParam 两个注解时，由于@RequestHeader 注解优先级更高，则在运行时，只有@RequestHeader 注解生效，@RequestParam 注解无效。

⑤ JSON 格式返回值注解：@ResponseBody

在 MVC 框架中，该注解只能标注在经过@Controller 标注的应用控制器类方法上，作用是指明方法的返回值转换成 JSON 数据格式后，再向客户端输出，该注解无属性 。

代码实现如下。

```
@Retention(RetentionPolicy.RUNTIME)
@Target(ElementType.METHOD)
public @interface ResponseBody {
}
```

（4）框架枚举类模块创建

RequestMethod 枚举类用于指明所支持的 HTTP 请求方法，在 MVC 框架中，具体用于@RequestMapping 注解的 requestMethods 属性类型声明。

当使用@RequestMapping 注解时，requestMethods 的属性值只能选择 RequestMethod 枚举类中定义好的请求方法。如果指明使用 requestMethods 属性值，则属性值只能是 RequestMthod 枚举类中定义好的一个或多个请求方法；如果未指明使用 requestMethods 属性值，则默认值是 RequestMethod 枚举类中定义的 GET、POST、HEAD、PUT、PATCH、DELETE 及 OPTIONS 等请求方法。

代码实现如下。

```
public enum RequestMethod {
        GET("get"), HEAD("head"), POST("post"),
        PUT("put"), PATCH("patch"), DELETE("delete"),
        OPTIONS("options");
        private final String method;
        private RequestMethod(String method) {
                this.method = method;
```

```
        }
        public String getMethod() {
                return this.method;
        }
}
```

（5）框架模型类模块创建

通过对自构建 Web MVC 框架中 5 个自定义注解的介绍，我们已经了解了各注解的作用及使用场景。但对于定义一个框架，只有注解还不够，还需要定义合适的应用模型作为 Web MVC 框架的内部助手。在自构建 Web MVC 框架中，根据设计需要，我们定义了两个应用模型类，分别是 Handler 和 ModelAndView。

① Handler 模型类

假设自构建 Web MVC 框架已经完成，那么在 Web 项目开发中，基于该 Web MVC 框架完成一次具体的业务请求时，我们就可以轻松使用@Controller 和@RequestMapping 注解分别标注出应用控制器类、请求路径及处理方法，实现请求地址与处理实例和请求方法之间的精准映射。然而，这种内部映射的存储操作又是如何实现的呢？答案是在自构建 Web MVC 框架中定义一个 Handler 模型类，首先通过该模型类逐一封装经@Controller 注解反射生成的 JavaBean（应用控制器）实例和实例中的具体 Method（处理方法），然后让每一次请求都通过调用对应的 JavaBean 实例及 Method 实现动态的业务请求，最后达到精准请求的目的。

Handler 模型类定义了如下两个属性。

- target 属性：声明为 Object 类型，用于存储经@Controller 注解反射生成的 JavaBean（应用控制器）实例。
- method 属性：声明为 Method 类型，用于存储 JavaBean 实例中经@RequestMapping 标注的对应处理方法。

实现代码如下。

```
public class Handler {
        private Object target;
        private Method method;
        public Handler(Object target, Method method) {
                this.target = target;
                this.method = method;
        }
        public Object getTarget() {
                return target;
        }
        public Method getMethod() {
                return method;
        }
        public String toString() {
                return "Handler [target=" + target.getClass().getName() + ", method="
+ method.getName() + "]";
        }
}
```

② ModelAndView 模型类

假设自构建 Web MVC 框架已经完成，那么在 Web 项目中经@Controller 和@RequestMapping 注解的应用控制器类、请求路径及处理方法在完成了一次具体的业务请求后，对于请求的处理结果，最终都要返回给客户端。可是，一次业务请求的处理结果既包含处理后的业务数据，又包含跳转的视图名称，即一次需要返回多个结果，而一个 Java 方法一次只能返回一个结果，怎么解决这个问题呢？方案是在自构建 Web MVC 框架中定义一个 ModelAndView 模型类，用于存储处理后的业务数据，以及待跳转的视图名称，同时将该模型类作为@RequestMapping 映射方法的返回值类型，最终实现一次返回多个结果的目标。

综上，在自构建 Web MVC 框架中自定义 ModelAndView 模型类，可用于封装业务处理后的显示数据和显示视图。

ModelAndView 模型类中定义了两个属性，如下。

- view 属性，声明为 String 类型，用于存储视图名称。
- model 属性，声明为 Map<String,Object>类型，采用 Key-Value 形式存储业务处理后的数据。

实现代码如下。

```
public class ModelAndView {
        private String view;
        private Map<String,Object> model;
        public ModelAndView(String v){
                this.view=v;
                this.model=new HashMap<String,Object>();
        }
        public String getView() {
                return view;
        }
        public void setView(String view) {
                this.view = view;
        }
        public void addObject(String key,Object value){
                this.model.put(key, value);
        }
        public Map<String, ?> getModel() {
                return model;
        }
}
```

（6）框架自定义配置文件 web.xml

web.xml 是 Java Web 项目的一个重要的配置文件，位于 Web 项目的 WEB-INF 路径下，当项目在 Tomcat 容器中启动运行时，Tomcat 容器除了加载自身通用 web.xml 配置外，还会单独加载 Web 项目下的特定 web.xml 配置。对于相同的加载项，后加载的配置会覆盖先加载的配置，通用 web.xml 与特定 web.xml 结合才是当前 Web 项目的配置。Web 项目特定 web.xml 配置内容包括首页、servlet、listener、filter、启动加载级别等，当 Web 项目没用到这些配置时，Web 项目可以省略特定 web.xml 配置文件。

在自构建 Web MVC 框架中，因为在 Web 项目启动时要自动加载 MVC 框架前端控制器，读取 Web 项目应用控制器所在的包、Web 项目 JSP 视图存放位置、视图文件扩展名、前端控制器地址映射及加载启动项优先级等，所以采用自构建 Web MVC 框架的 Web 项目必须重新自定义 web.xml 配置文件。核心配置如下。

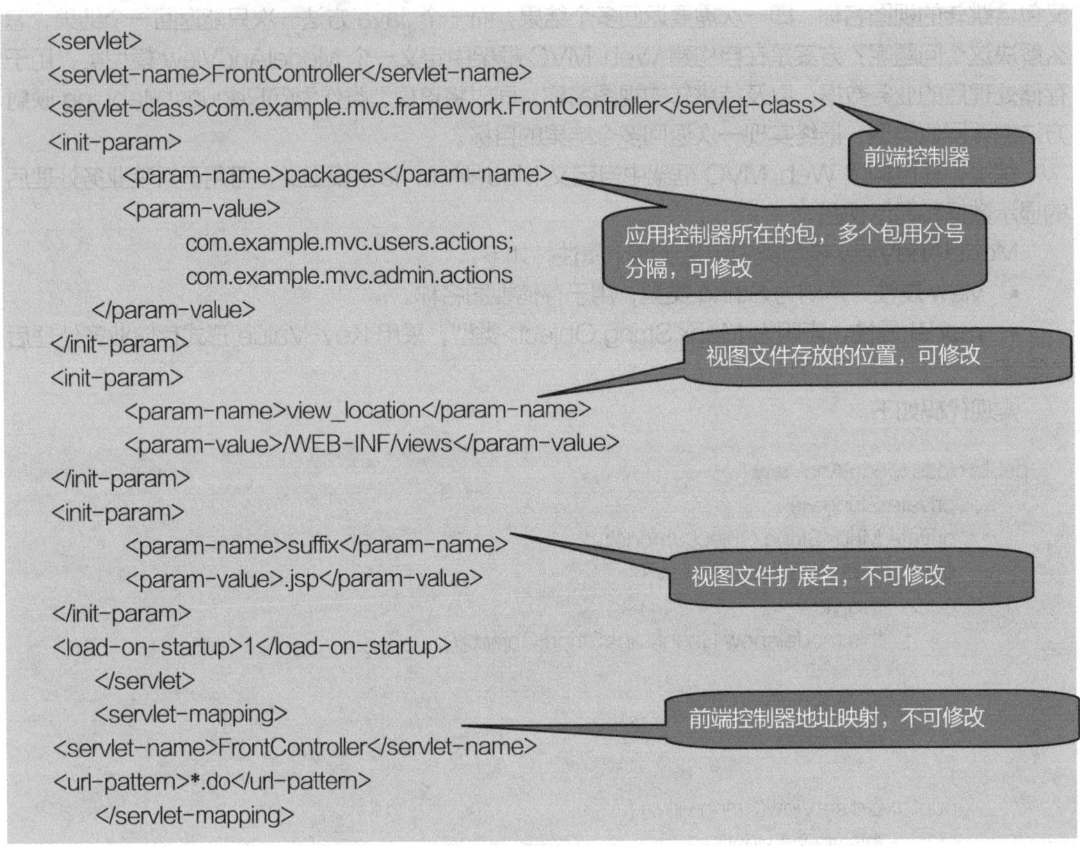

```
<servlet>
<servlet-name>FrontController</servlet-name>
<servlet-class>com.example.mvc.framework.FrontController</servlet-class>
<init-param>
        <param-name>packages</param-name>
        <param-value>
                com.example.mvc.users.actions;
                com.example.mvc.admin.actions
    </param-value>
</init-param>
<init-param>
        <param-name>view_location</param-name>
        <param-value>/WEB-INF/views</param-value>
</init-param>
<init-param>
        <param-name>suffix</param-name>
        <param-value>.jsp</param-value>
</init-param>
<load-on-startup>1</load-on-startup>
    </servlet>
    <servlet-mapping>
<servlet-name>FrontController</servlet-name>
<url-pattern>*.do</url-pattern>
    </servlet-mapping>
```


（7）框架核心——前端控制器（FrontController）源码编写

前端控制器 FrontController 类是自构建 Web MVC 框架编程实现的核心代码，底层以 Servlet 为基础，通过继承 HttpServlet 父类重写 Servlet 中的 init()和 service()方法，并以加载 web.xml 的方式初始化视图存放位置、可支持的视图扩展名、前端控制器地址映射及应用控制器所在包路径等，达到 MVC 框架初始化和业务控制流转的目的。FrontController 类结构如下。

```
public class FrontController extends HttpServlet {
        /*重写 HttpServlet 的 init()方法*/
        public void init() throws ServletException {
          …
        }
        /*重写 HttpServlet 的 service()方法*/
        protected void service(HttpServletRequest request, HttpServletResponse response){
          …
        }
        /*扫描@Controller 注解标注的应用控制器类*/
        private void scanComponent() {
```

```
        ...
    }
    /*解析@RequestMapping 注解标注的请求路径*/
    private void processMapping(Object target, Class<?> clazz) {
        ...
    }
    /*建立请求路径到@Controller 实例中处理方法之间的映射*/
    private void mappingItem(String path, Object target, Method method) {
        ...
    }
    /*提取业务请求数据，并按照请求方法参数列表将它们顺序组织成数组*/
    private Object[] populateData(HttpServletRequest request, HttpServletResponse
response, Method method) {
        ...
    }
    /*指定实体类的 class 格式读取业务请求中 JSON 格式数据*/
    private <T> T populateJSONData(HttpServletRequest request, Class<T> type) {
        ...
    }
    /*以指定实体类的 class 格式读取业务请求中的非 JSON 格式数据*/
    private <T> T populateFormData(HttpServletRequest request, Class<T> clazz) {
        ...
    }
}
```

① 重写 HttpServlet 的 init()方法，FrontController 在初次创建时被调用，代码如下。

```
public class FrontController extends HttpServlet {
    private static final long serialVersionUID = 1L;
    private String[] packages = null;
    private String viewLocation = "";
    private String suffix = ".jsp";
    private Map<String, Handler> mapping = new HashMap<String, Handler>();
    private DateFormat dateFormat = null;
    private String encoding="utf-8";
```

需要初始化的 Servlet 属性

```
    public void init() throws ServletException {
        this.packages = this.getInitParameter("packages").split(";");
        this.viewLocation = this.getInitParameter("view_location");
        this.suffix = this.getInitParameter("suffix");
        ResourceBundle bundle = ResourceBundle.getBundle("setting");
        String format = bundle.getString("dateFormat");
        encoding=bundle.getString("encoding");
        if (format != null) {
            dateFormat = new SimpleDateFormat(format);
        } else {
            dateFormat = new SimpleDateFormat("yyyy-mm-dd");
        }
```

```
            this.scanComponent();
            System.out.println(this.mapping);
        }
        //省略其他代码
        ...
}
```

Servlet 初始化，通过 scanComponent()方法扫描指定包下的@Controller 类，建立请求地址与请求方法之间的映射

② 重写 HttpServlet 的 service()方法，客户端每次向服务器发出请求时，服务器都会调用这个方法，代码如下。

```
public class FrontController extends HttpServlet {
  //省略其他代码
...
  @Override
  protected void service(HttpServletRequest request, HttpServletResponse response)
                        throws ServletException, IOException {
        request.setCharacterEncoding(this.encoding);
        response.setCharacterEncoding(this.encoding);
        String URI = request.getRequestURI();
        URI=URI.substring(URI.indexOf(this.getServletContext().getContextPath()) –
        + this.getServletContext().getContextPath().length(),URI.lastIndexOf("."));
       String method = request.getMethod().toLowerCase();
        // key 为请求路径
        String key = method + URI;
        Handler handler = this.mapping.get(key);
        if (handler == null) {
        handler = this.mapping.get(URI);
        }
        if (handler == null) {
        throw new RuntimeException("请求地址错误，无法正常处理");
        } else {
        //提取请求数据，并按照方法参数列表将它们顺序组织成数组
        Object[ ] parameterObjects = this.populateData(request,response,handler.getMethod());
        try {
                //执行业务逻辑方法
                Object result = handler.getMethod().invoke(handler.getTarget(),parameterObjects);

        //如果处理方法标注@ResponseBody,则返回值输出为 JSON 格式
        if (handler.getMethod().getAnnotation(ResponseBody.class) != null) {
                ObjectMapper mapper = new ObjectMapper();
                response.setContentType("application/json;charset=utf-8");
                mapper.writeValue(response.getWriter(), result);
        }else if(result instanceof ModelAndView){
        //如果返回值类型为 ModelAndView，则将数据放置到 reqeust 属性中，并转发到相应页面
                ModelAndView mv=(ModelAndView)result;
                String view=mv.getView();
```

请求处理方法，此部分代码根据用户请求路径查找前端控制中的处理程序

填充请求数据

调用请求处理方法

处理@ResponseBody 标注的方法

处理返回值类型为 ModelAndView 的方法

```
                Map<String,Object> model=(Map<String,Object>)mv.getModel();
                model.forEach((k,v)->{
                        request.setAttribute(k, v);
                });
                RequestDispatcher rd = request.getRequestDispatcher(this.viewLocation +"/"+ view
+ this.suffix);
                rd.forward(request, response);
        } else {
                //返回值为字符串，用于表示要显示的视图页面，如果字符串以 redirect:开头，则以重
                //定向的方式跳转；否则进行转发
                String page = (String) result;
                int index = page.indexOf(":");
                if (index > 0) {
                String way = page.substring(0, index);
                page = page.substring(index + 1);
                if ("redirect".equals(way)) {
                        response.sendRedirect(page);
                } else {
                        RequestDispatcher rd = request.getRequestDispatcher(
                                        this.viewLocation +"/"+ page + this.suffix);
                        rd.forward(request, response);
                }
                 } else {
                        RequestDispatcher rd = request.getRequestDispatcher(
                                        his.viewLocation+"/" + page + this.suffix);
                      rd.forward(request, response);
                }
        }
        } catch (IllegalAccessException | IllegalArgumentException | InvocationTargetException e) {
                e. printStackTrace ();
                throw new RuntimeException("框架调用错误，无法正常处理");
        }
      }
    }
    //省略其他代码
  …
  }
```

返回值为 String 类型，拼接返回值指定的显示视图

③ FrontController 前端控制器类设计中还包含了 scanComponent()、processMapping()、mappingItem()、populateData()、populateJSONData()和 populateFormData()等多个自定义方法，它们的作用如下。

- scanComponent()方法：通过定义 scanComponent()方法，扫描@Controller 注解标注的应用控制器类，代码如下。

```
public class FrontController extends HttpServlet {
  //省略其他代码
…
  private void scanComponent() {
```

```
    String classPath = this.getClass().getResource("/").getPath();
    for (int i = 0; i < this.packages.length; i++) {
    String packagePath = this.packages[i].replace(".", "\\");
    File folder = new File(classPath + packagePath);
    if (folder.exists()) {
        String[ ] files = folder.list();
        for (int j = 0; j < files.length; j++) {
        String file = files[j].substring(0, files[j].lastIndexOf("."));
        try {
            Class<?> clazz = Class.forName(this.packages[i] + "." + file);
            Annotation ann = clazz.getAnnotation(Controller.class);
            if (ann != null) {
        this.processMapping(clazz.newInstance(), clazz);
            }
            } catch (ClassNotFoundException | IllegalAccessException
                | InstantiationException e) {
                    e.printStackTrace();
            }

    }
    }
  }
  //省略其他代码
...
}
```

用于扫描指定包下@Controller 的类

- processMapping()方法：通过定义 processMapping()方法，解析@RequestMapping 注解标注的请求路径，代码如下。

```
public class FrontController extends HttpServlet {
  //省略其他代码
...
  private void processMapping(Object target, Class<?> clazz) {
    RequestMapping clazzAnnotation = clazz.getAnnotation(RequestMapping.class);
    String[ ] parentMapping = null;
    if (clazzAnnotation != null) {
      parentMapping = clazzAnnotation.value();
    }
    Method[ ] methods = clazz.getMethods();
    for (int i = 0; i < methods.length; i++) {
      Method method = methods[i];
      RequestMapping methodAnnotation = method.getAnnotation(RequestMapping.class);
      if (methodAnnotation != null) {
            String[ ] childMapping = methodAnnotation.value();
            for (int j = 0; j < childMapping.length; j++) {
            if (parentMapping != null) {
            for (int k = 0; k < parentMapping.length; k++) {
            if (!parentMapping[k].startsWith("/") ||
!childMapping[j].startsWith("/")) {
```

处理@Controller 类中经@RequestMapping 注解的请求路径

```
                        throw new RuntimeException(clazz.getName() + "路径配置错误");
                    } else {
                    String path = parentMapping[k] + childMapping[j];
                    this.mappingItem(path, target, method);
                    }
                }
            } else {
                    if (!childMapping[j].startsWith("/")) {
                        throw new RuntimeException(clazz.getName() + "路径配置错误");
                    } else {
                    this.mappingItem(childMapping[j], target, method);
                    }
                }
            }
        }
        }
    }
    //省略其他代码
    ...
}
```

- mappingItem()方法：通过定义 mappingItem()方法，建立请求路径到@Controller 实例中处理方法之间的映射，代码如下。

```
public class FrontController extends HttpServlet {
    //省略其他代码
...
    private void mappingItem(String path, Object target, Method method) {
        RequestMethod[ ] requestMethods = method.getAnnotation(
        RequestMapping.class).requestMethods();
        Handler handler = new Handler(target, method);
        System.out.println("请求类型：requestMethods= "+requestMethods.toString());
        if (requestMethods.length == 0) {
            String key = path;
            if (this.mapping.get(key) != null) {
                throw new RuntimeException(method.getDeclaringClass().getName() + " " +
path + "路径已经映射");
            } else {
                this.mapping.put(key, handler);
            }
} else {
        for (int l = 0; l < requestMethods.length; l++) {
                String key = "";
                key = requestMethods[l].getMethod() + path;
                if (this.mapping.get(path) != null) {
                    throw new RuntimeException(method.getDeclaringClass().getName() + " " +
path + "路径已经映射");
                } else {
```

建立请求路径到@Controller实例中处理方法之间的映射

```
            this.mapping.put(key, handler);
          }
        }
      }
    }
    //省略其他代码
  ...
}
```

- populateData()方法：通过定义 populateData()方法，提取业务请求数据，并按照请求方法参数列表将它们顺序组织成数组，代码如下。

```
public class FrontController extends HttpServlet {
  //省略其他代码
  ...
  private Object[ ] populateData(HttpServletRequest request, HttpServletResponse response,
  Method method) {
    List<Object> parameterObject = new ArrayList<Object>();
    Parameter[ ] parameters = method.getParameters();
    for (Parameter parameter : parameters) {
        RequestParam paramAnotation=parameter.getAnnotation(RequestParam.class);
        RequestHeader headerAnotation=parameter.getAnnotation(RequestHeader.class);
        String paramName=parameter.getName();
          //处理 RequestParam 注解出现的情况
        if(paramAnotation!=null){
                paramName=paramAnotation.value();
        }
          //处理 RequestHeader 注解出现的情况
        if(headerAnotation!=null){
                paramName=headerAnotation.value();
        }
  String value=null;
          //处理 RequestHeader 注解出现的情况
          if(headerAnotation!=null){
                    value = request.getHeader(paramName);
          }else{
                    value = request.getParameter(paramName);
          }
          if (parameter.getType().isAssignableFrom(HttpServletRequest.class)) {
                    parameterObject.add(request);
          } else if (parameter.getType().isAssignableFrom(HttpServletResponse.class)) {
                    parameterObject.add(response);
          } else if (parameter.getType().isAssignableFrom(HttpSession.class)) {
                    parameterObject.add(request.getSession());
          } else if (parameter.getType().isAssignableFrom(ServletContext.class)) {
                    parameterObject.add(this.getServletContext());
          } else if (parameter.getType().isAssignableFrom(byte.class)
                              || parameter.getType().isAssignableFrom(Byte.class)) {
                    parameterObject.add(Byte.valueOf(value));
```

为请求处理方法，获取用户的请求参数

处理方法参数名

RequestParam 注解名称

RequestHeader 注解

优先级：RequestHeader 注解 > RequestParam 注解 > 处理方法参数名

```
} else if (parameter.getType().isAssignableFrom(short.class)
                || parameter.getType().isAssignableFrom(Short.class)) {
        parameterObject.add(Short.valueOf(value));
} else if (parameter.getType().isAssignableFrom(int.class)
                || parameter.getType().isAssignableFrom(Integer.class)) {
        parameterObject.add(Integer.valueOf(value));
} else if (parameter.getType().isAssignableFrom(long.class)
                || parameter.getType().isAssignableFrom(Long.class)) {
        parameterObject.add(Long.valueOf(value));
} else if (parameter.getType().isAssignableFrom(float.class)
                || parameter.getType().isAssignableFrom(Float.class)) {
        parameterObject.add(Float.valueOf(value));
} else if (parameter.getType().isAssignableFrom(double.class)
                || parameter.getType().isAssignableFrom(Double.class)) {
        parameterObject.add(Double.valueOf(value));
} else if (parameter.getType().isAssignableFrom(String.class)) {
        parameterObject.add(value);
} else if (parameter.getType().isAssignableFrom(String[ ].class)) {
        String[ ] values=null;
        if(headerAnotation!=null){
                Enumeration<String> headers=request.getHeaders(paramName);
                List<String> headerValues=new ArrayList<String>();
                while(headers.hasMoreElements()){
                        headerValues.add(headers.nextElement());
                }
                values=headerValues.toArray(new String[0]);
        }else{
                values= request.getParameterValues(paramName);
        }
        parameterObject.add(values);
  } else if (parameter.getType().isAssignableFrom(Map.class)) {
        parameterObject.add(request.getParameterMap());
} else if (parameter.getType().isAssignableFrom(Date.class)) {
        try {
                Date date = dateFormat.parse(value);
                parameterObject.add(date);
        } catch (Exception e) {
                parameterObject.add(null);
        }
} else if (!parameter.getType().isInterface()) {
        String contentType = request.getContentType();
        if (contentType!=null && contentType.contains("application/json")) {
        parameterObject.add(populateJSONData(request, parameter.getType()));
        } else {
        parameterObject.add(populateFormData(request, parameter.getType()));
        }
} else {
        parameterObject.add(null);
```

将用户请求参数转化为相应的数据类型

处理方法的参数的格式为字符串数组格式

用于处理一个参数名对应多个值的情况

参数为自定义的 POJO 类型，且请求体为 JSON 格式数据

参数为自定义的 POJO 类型，且请求体为普通表单格式数据

```
            }
        }
    return parameterObject.toArray();
  }
  //省略其他代码
...
}
```

- populateJSONData()方法：通过定义 populateJSONData()方法，以指定实体类的 class 格式读取业务请求中的 JSON 格式数据，class 的属性名称必须与表单字段名称一致，即将前端控制器提交的 JSON 格式 Form 表单数据解析为自定义 class 对象，代码如下。

```
public class FrontController extends HttpServlet {
  //省略其他代码
...
  private <T> T populateJSONData(HttpServletRequest request, Class<T> type) {
        ObjectMapper mapper = new ObjectMapper();
        T obj = null;
        try {
              obj = mapper.readValue(request.getInputStream(), type);
        } catch (IOException e) {
              obj = null;
        }
        return obj;
  }
  //省略其他代码
...
}
```

将请求体数据解析为自定义的 POJO 对象数据

- populateFormData()方法：通过定义 populateFormData()方法，以指定实体类的 class 格式读取业务请求中非 JSON 格式数据，class 的属性名称必须与表单字段名称一致，即将前端控制器提交的非 JSON 格式 Form 表单数据解析为自定义 class 对象，代码如下。

```
public class FrontController extends HttpServlet {
  //省略其他代码
...
  private <T> T populateFormData(HttpServletRequest request, Class<T> clazz) {
    T bean = null;
    try {
      bean = clazz.newInstance();
      Field[ ] fields = clazz.getDeclaredFields();
      for (int i = 0; i < fields.length; i++) {
        Field field = fields[i];
        field.setAccessible(true);
        String value = request.getParameter(field.getName());
        if (value != null) {
        if (field.getType().isAssignableFrom(int.class) ||
                    field.getType().isAssignableFrom(Integer.class)){
          field.setInt(bean, Integer.valueOf(value));
```

实例化自定义的 POJO 对象

为用户请求的表单数据填充 POJO 对象属性

```
                } else if (field.getType().isAssignableFrom(byte.class) ||
                                    field.getType().isAssignableFrom(Byte.class)) {
                    field.setByte(bean, Byte.valueOf(value));
                } else if (field.getType().isAssignableFrom(short.class) ||
                                    field.getType().isAssignableFrom(Short.class)) {
                    field.setShort(bean, Short.valueOf(value));
                } else if (field.getType().isAssignableFrom(long.class) ||
                                    field.getType().isAssignableFrom(Long.class)) {
                        field.setLong(bean, Long.valueOf(value));
                } else if (field.getType().isAssignableFrom(float.class) ||
                                          field.getType().isAssignableFrom(Float.class)) {
                    field.setFloat(bean, Float.valueOf(value));
                } else if (field.getType().isAssignableFrom(double.class) ||
                                    field.getType().isAssignableFrom(Double.class)) {
                    field.setDouble(bean, Double.valueOf(value));
                } else if (field.getType().isAssignableFrom(String[ ].class)) {
                    String[ ] values = request.getParameterValues(field.getName());
                    field.set(bean, values);
                } else if (field.getType().isAssignableFrom(String.class)) {
                    field.set(bean, value);
                }else if (field.getType().isAssignableFrom(Date.class)) {
                    try {
                        Date date = dateFormat.parse(value);
                        field.set(bean, date);
                    } catch (Exception e) {
                        field.set(bean, null);
                    }
                }
                }
            }
            } catch (InstantiationException | IllegalAccessException e) {
            bean = null;
            }
            return bean;
        }
        //省略其他代码
    ...
    }
```

（8）框架核心——前端控制器（FrontController）的请求路径映射

在 Web 项目开发中，一般采用浏览器作为客户端，Tomcat 作为应用程序服务器端，那么，通过浏览器提交的页面表单，Web 后台应用程序是如何从 Tomcat 中获取正确的表单请求路径，然后跳转到对应的请求页面的呢？经过前面章节的学习，我们知道，Web 项目原始的表单请求路径通过配置 web.xml 的“<url-pattern>Servlet 路径</url-pattern>”方式进行路径请求映射，并且有多少个请求就配置多少个映射。而在自构建 Web MVC 框架中，为了更加方便和直观地配置请求路径映射，定义@RequestMapping 注解方法代替 web.xml 中原始的“<url-pattern>

Servlet 路径</url-pattern>”配置方式，优化了配置过程。那么，在 Web 项目中，如何使用自构建 Web MVC 框架来映射表单请求路径呢？

① 请求路径映射配置

采用自构建 Web MVC 框架的@Controller 注解，创建应用控制器类，然后在控制器类中创建表单处理方法，并通过注解@requestMapping 分别标注出请求路径的父映射和子映射。父映射可以不配置，子映射必须配置，父映射与子映射合并就构建了完整的映射路径，代码如下。

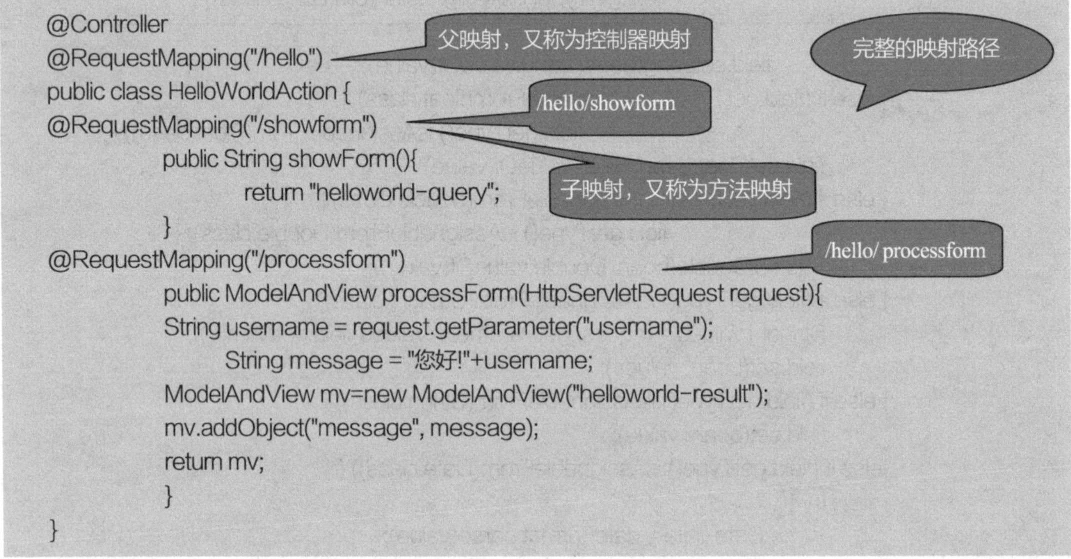


```
@Controller
@RequestMapping("/hello")
public class HelloWorldAction {
@RequestMapping("/showform")
        public String showForm(){
            return "helloworld-query";
        }
@RequestMapping("/processform")
        public ModelAndView processForm(HttpServletRequest request){
        String username = request.getParameter("username");
            String message = "您好!"+username;
        ModelAndView mv=new ModelAndView("helloworld-result");
        mv.addObject("message", message);
        return mv;
        }
}
```

② 请求路径映射的简单应用

经过以上步骤，自构建 Web MVC 框架就搭建好了。接下来，我们在 Web 项目 Demo 中，以创建应用控制器类 HomeAction 流程为例，基于请求路径映射配置方法讲解 Web MVC 框架的简单应用。

- 在 Web 项目 demo 中引用自构建 Web MVC 框架文件，项目结构参照图 7-12，重新配置 web.xml 文件，代码如下。

```
<servlet>
<servlet-name>FrontController</servlet-name>
<servlet-class>com.example.mvc.framework.FrontController</servlet-class>
<init-param>
        <param-name>packages</param-name>
        <param-value>com.example.mvc.users.actions</param-value>
</init-param>
<init-param>
        <param-name>view_location</param-name>
        <param-value>/WEB-INF/views</param-value>
</init-param>
<init-param>
        <param-name>suffix</param-name>
        <param-value>.jsp</param-value>
</init-param>
```

前端控制器

应用控制器所在包路径

```
<load-on-startup>1</load-on-startup>
</servlet>
<servlet-mapping>
<servlet-name>FrontController</servlet-name>
<url-pattern>*.do</url-pattern>
</servlet-mapping>
```

- 创建 Web 项目应用控制器。

第一步，在指定的 Web 项目包下，使用@Controller 注解创建应用控制器类 HomeAction。

第二步，在应用控制器类 HomeAction 中，使用@RequestMapping 标注表单请求路径对应的应用控制器处理方法，以及支持的 HTTP 请求方法。

第三步，在应用控制器处理方法上，以参数形式获取前端请求参数。

第四步，在应用控制器处理方法内部创建 ModelAndView 模型对象，指定待显示视图名称和待显示的数据。

第五步，通过应用控制器处理方法，返回 ModelAndView 模型对象。

代码如下。

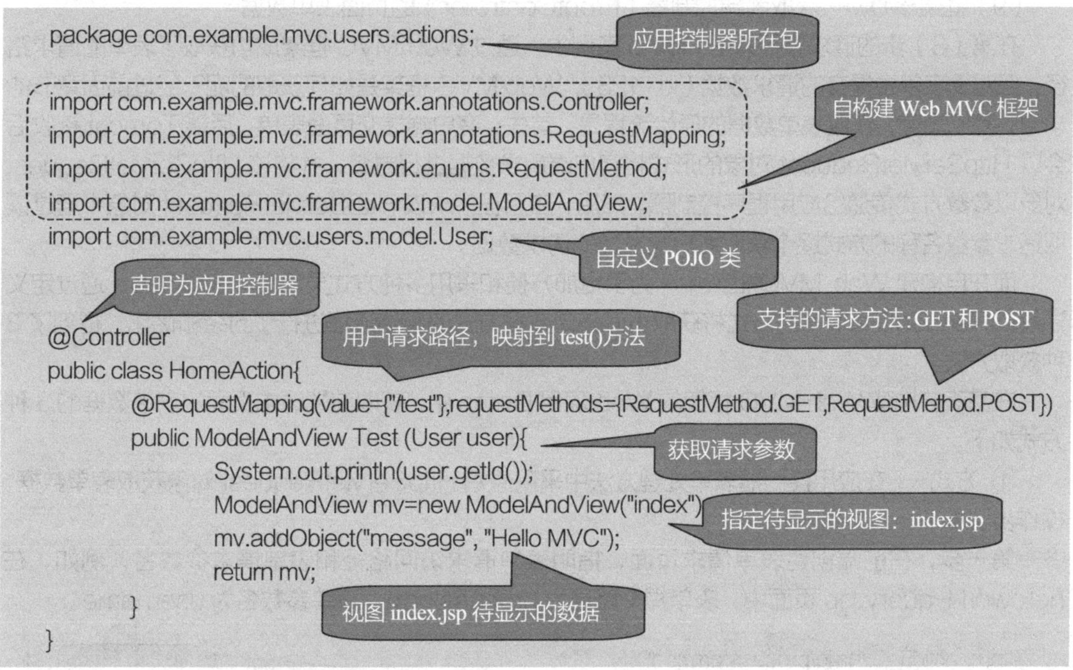

```
package com.example.mvc.users.actions;

import com.example.mvc.framework.annotations.Controller;
import com.example.mvc.framework.annotations.RequestMapping;
import com.example.mvc.framework.enums.RequestMethod;
import com.example.mvc.framework.model.ModelAndView;
import com.example.mvc.users.model.User;

@Controller
public class HomeAction{
    @RequestMapping(value={"/test"},requestMethods={RequestMethod.GET,RequestMethod.POST})
    public ModelAndView Test (User user){
        System.out.println(user.getId());
        ModelAndView mv=new ModelAndView("index");
        mv.addObject("message", "Hello MVC");
        return mv;
    }
}
```


- 创建 Web 项目的 JSP 前端页面。

创建与应用控制器返回的视图名称对应的 JSP 前端页面，代码如下。

```
<%@ page language="java" contentType="text/html; charset=utf-8" pageEncoding="utf-8"%>
<html>
<head>
    <meta http-equiv="Content-Type" content="text/html; charset=utf-8">
    <title>Insert title here</title>
</head>
<body>
```

在/WEB-INF/views/目录下创建的 index.jsp 页面

```
        ${message}
</body>
</html>
```

数据来自方法：mv.addObject(“message”,”Hello MVC”);

- 在浏览器地址栏中输入请求地址

```
http://localhost:8080/demo/test.do?id=123
```

运行结果如图 7-13 所示。

图 7-13　运行结果

（9）框架核心——获取前端控制器（FrontController）的页面表单数据

在第（8）步的请求路径映射 Demo 案例中，通过 Web MVC 框架成功获取了表单的请求路径，但对于表单中提交的请求数据（id=123），Web MVC 框架是如何获取的呢？经过前面章节的学习，我们知道，获取表单数据的原始流程是：首先，客户端提交页面表单，后端 Tomcat 接收后会以 HttpServletRequest 对象的形式将客户端请求数据进行封装，并将该 HttpServletRequest 对象以参数方式传递给应用程序控制器，然后，应用程序从该 HttpServletRequest 对象中通过读取请求参数名称的方式逐个获取客户端发送的请求数据。

而在自构建 Web MVC 框架中，为了更加方便和采用多种方式灵活获取表单数据，通过定义注解@RequestParam 的方式将获取页面表单数据方式的原始流程进行了封装和优化，得到了 3 种获取方法。

在基于自构建 Web MVC 框架的 Web 项目 Demo 中，获取前端请求页面的表单数据的 3 种方式如下。

① 方式一，在应用控制器表单处理方法中采用原始 HttpServletRequest 对象获取表单数据。操作步骤如下。

第一步，在前端创建表单请求页面，指明表单请求访问路径和表单请求参数名，例如，在 helloworld-query.jsp 页面中，表单提交路径为 processform，表单参数名为 username。

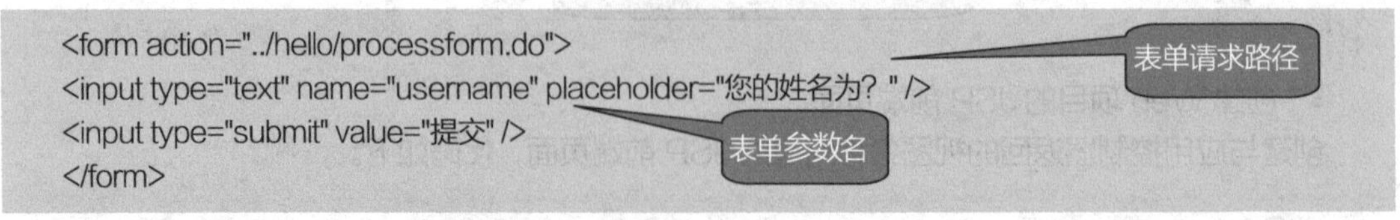

```
<form action="../hello/processform.do">
<input type="text" name="username" placeholder="您的姓名为？" />
<input type="submit" value="提交" />
</form>
```


第二步，在后端应用程序中创建应用控制器，并在控制器中创建处理方法，同时，在该方法中使用@RequestMapping 注解进行标注。例如，方法名称为 processForm，注解名称为 processform，通过该注解将第一步中表单请求路径 processform 映射到方法 processForm()上。

第三步，在处理方法中，通过 request.getParameter("xxx")方式，从 HttpServletRequest 对象中获取表单数据。例如，request.getParameter("username")获取第一步中表单参数

username 的值。

第四步，在处理方法中，将处理后的数据放置到 ModelAndView 模型中，并将该模型对象返给 MVC 前端控制器。代码实现如下。

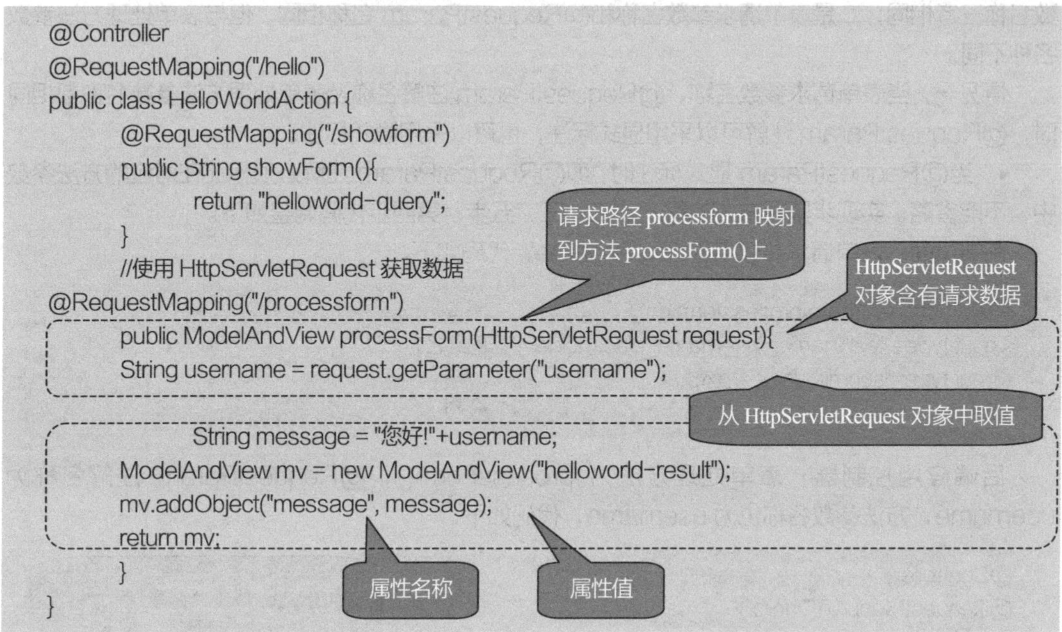

```
@Controller
@RequestMapping("/hello")
public class HelloWorldAction {
        @RequestMapping("/showform")
        public String showForm(){
                return "helloworld-query";
        }
        //使用 HttpServletRequest 获取数据
@RequestMapping("/processform")
        public ModelAndView processForm(HttpServletRequest request){
        String username = request.getParameter("username");

                String message = "您好!"+username;
        ModelAndView mv = new ModelAndView("helloworld-result");
        mv.addObject("message", message);
        return mv;
        }
}
```


第五步，在前端创建显示页面，如 helloworld-result.jsp，该页面为 Web MVC 前端控制器解析 ModelAndView 对象后指定的跳转页面，并在页面中通过 EL 表达式${"xxx"}方式获取 ModelAndView 模型中的对应数据。代码实现如下。

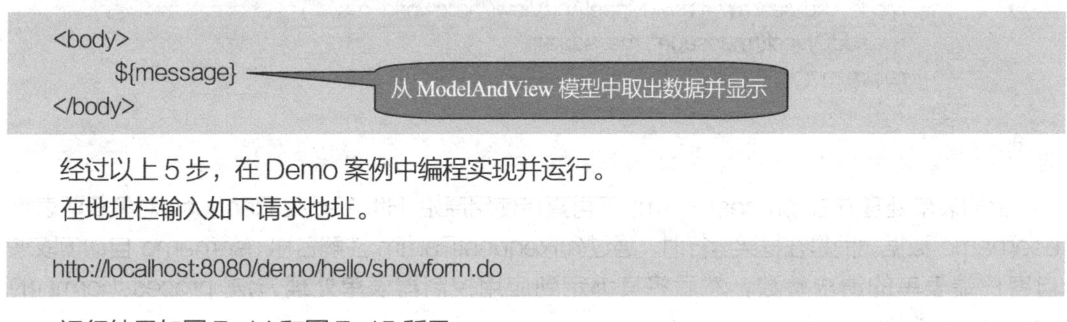

```
<body>
        ${message}
</body>
```


经过以上 5 步，在 Demo 案例中编程实现并运行。

在地址栏输入如下请求地址。

```
http://localhost:8080/demo/hello/showform.do
```

运行结果如图 7-14 和图 7-15 所示。

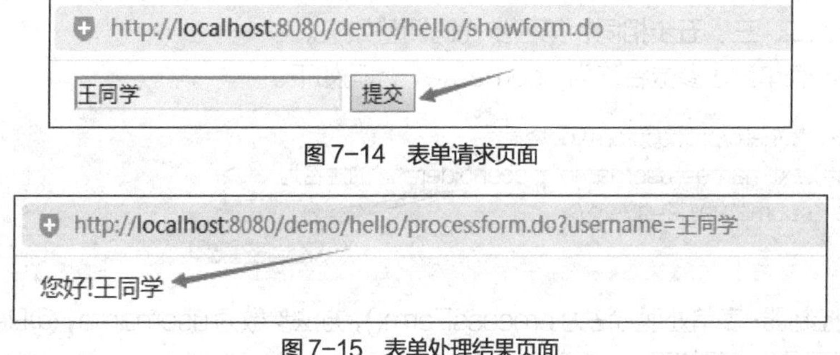

图 7-14　表单请求页面

图 7-15　表单处理结果页面

② 方式二，在应用控制器表单处理方法中，采用 Web MVC 框架的@RequestParam 注解功能获取表单请求数据。

该方式有两种情况：一是表单请求参数名称、@RequestParam 注解名称及表单处理方法参数名称三者相同；二是表单请求参数名称和@RequestParam 名称相同，但与表单处理方法参数名称不同。

情况一，当表单请求参数名称、@RequestParam 注解名称及表单处理方法参数名称都相同时，@RequestParam 注解可以采用显式标注，也可以采用隐式标注。

- 当@RequestParam 显式标注时，即@RequestParam 注解必须标注在对应的方法参数中，不能省略。实现步骤同方式的第一、二、三、五步，第四步代码调整如下。

前端页面：表单请求参数名称为 username，代码如下。

```
<form action="../hello/processform.do">
<input type="text" name="username" placeholder="您的姓名为？" />
<input type="submit" value="提交" />
</form>
```

表单参数名

后端应用控制器：表单处理方法为 processForm()，@RequestParam 注解名称为 username，方法参数名称也为 username，代码如下。

```
@Controller
@RequestMapping("/hello")
public class HelloWorldAction {
@RequestMapping("/processform")
        public ModelAndView processForm(@RequestParam("username") String username){
                String message = "您好"+username;
        ModelAndView mv = new ModelAndView("helloworld-result");
        mv.addObject("message", message);
        return mv;
        }
}
```

@RequestParam 显式标注，注解名称与方法名称相同，都为 username

此时表单处理方法 processForm()不再直接使用原始 HttpServletRequest 对象获取表单 username 数据，而是在框架运行时，通过@RequestParam 注解名称 username 自动读取来自客户端表单的请求参数，然后将其绑定到应用控制器表单处理方法 processForm()的 username 参数中。

- 当@RequestParam 隐式标注时，即@RequestParam 注解可以省略不写。实现步骤与方式一的第一、二、三、五步相同，第四步代码调整如下。

前端页面：表单请求参数名称为 username，代码如下。

```
<form action="../hello/processform.do">
<input type="text" name="username" placeholder="您的姓名为？" />
<input type="submit" value="提交" />
</form>
```

表单参数名

后端应用控制器：表单处理方法为 processForm()，方法参数为 username，@RequestParam 注解可以省略不写，代码如下。

```
@Controller
@RequestMapping("/hello")
public class HelloWorldAction {
...
@RequestMapping("/processform")
        public ModelAndView processForm(String username){
            String message = "您好"+username;
        ModelAndView mv = new ModelAndView("helloworld-result");
        mv.addObject("message", message);
        return mv;
        }
}
```

@RequestParam 隐式标注，注解名称与方法名称相同，都为 username，此时注解可以省略

此时表单处理方法 processForm()也不再直接使用原始 HttpServletRequest 对象获取表单 username 数据，而是在框架运行时，直接通过方法参数 username 自动读取来自客户端表单的请求参数。

情况二，当表单请求参数名称和@RequestParam 注解名称相同，但与表单处理方法参数名称不同时，此时@RequestParam 注解必须显式标注。实现步骤同方式一的第一、二、三、五步，第四步代码调整如下。

前端页面：表单请求参数名称为 username，代码如下。

```
<form action="../hello/processform.do">
<input type="text" name="username" placeholder="您的姓名为？" />
<input type="submit" value="提交" />
</form>
```

表单参数名

后端应用控制器：表单处理方法为 processForm()，@RequestParam 注解名称为 username，但方法参数名称为 name。

```
@Controller
@RequestMapping("/hello")
public class HelloWorldAction {
...
@RequestMapping("/processform")
        public ModelAndView processForm(@RequestParam("username") String name){
            String message = "您好"+username;
        ModelAndView mv = new ModelAndView("helloworld-result");
        mv.addObject("message", message);
        return mv;
        }
}
```

@RequestParam 显式标注，注解名称与方法名称不同，此时注解不能省略

此时表单处理方法 processForm()不再直接使用原始 HttpServletRequest 对象获取表单 username 数据，而是在框架运行时，通过@RequestParam 注解名称 username 自动读取来自客户端表单的请求参数，然后将其绑定到应用控制器表单处理方法 processForm()的 name 参数中。

③ 方式三，在应用控制器表单处理方法中，采用 JavaBean 数据模型的实例（自定义的 class 对象）作为表单处理方法参数来获取表单请求数据。

当前端页面请求中包含多个字段时，如果按方式一、方式二一个一个地获取页面请求参数，则代码显得不够优雅，若在应用控制器的表单处理方法中能够直接使用 JavaBean 数据模型的实例（自定义的 class 对象）批量接收请求数据，则可以简化代码、降低前后端代码耦合度。自构建的 Web MVC 框架就可以通过 JavaBean 数据模型方式接收请求数据。例如，

- 前端页面：请求表单中包含多个请求数据，分别是用户的 name、email、sex、favs、city 及 intro，代码如下。

```
<form action="../forms/processform.do">
  <table>
        <tr>
        <td>用户名</td>
        <td><input type="text" name="name" /></td>
        </tr>
        <tr>
        <td>邮箱</td>
        <td><input type="text" name="email" /></td>
        </tr>
        <tr>
        <td>性别:</td>
        <td>男: <input type="radio" name="sex"  value="M" /> <br/>
                女: <input type="radio" name="sex"  value="F" />
</td>
        </tr>
        <tr>
        <td>您喜好的运动有:</td>
        <td>爬山: <input type="checkbox" name="favs" value="climbing" /> <br/>
                游泳: <input type="checkbox" name="favs" value="swiming" />
</td>
        </tr>
        <tr>
        <td>城市</td>
        <td><select name="city">
                <option value="沈阳">沈阳</option>
                <option value="大连">大连</option>
                <option value="鞍山">鞍山</option>
                <option value="抚顺">抚顺</option>
                </select>
</td>
        </tr>
        <tr>
        <td>自我介绍</td>
        <td><textarea name="intro" cols="30" rows="10"></textarea></td>
        </tr>
        <tr>
        <td colspan="2"><input type="submit" value="提交" /></td>
```

表单中包含多个请求数据：name、email、sex、favs、city 及 intro

```
		</tr>
	</table>
	</form>
```

- 后端应用控制器：表单处理方法为 processForm()，方法参数采用实例 User 类对象批量接收用户请求数据，代码如下。

```
@Controller
@RequestMapping("/forms")
public class FormAction {
…
	@RequestMapping("/processform")
	public ModelAndView processForm(User user){
		ModelAndView mv=new ModelAndView("forms/processform");
		mv.addObject("user", user);
		return mv;
	}
}
```


- 在后端定义 JavaBean 数据模型：User 属性名称必须和前端页面请求参数名称一致，代码如下。

```
public class User {
	//属性名称必须与前端用户请求参数名相同
	private String name，email，sex，city，intro;
	private String[ ] favs;
	//Getter 和 Setter 方法
	public String getName() {
		return name;
	}
	public void setName(String name) {
		this.name = name;
	}
	public String[ ] getFavs() {
		return favs;
	}
	public void setFavs(String[ ] favs) {
		if(favs==null){
		this.favs=new String[ ]{};
	}else{
	this.favs = favs;
	}
	}
	…
}
```


此时表单处理方法 processForm()不再直接使用原始 HttpServletRequest 对象获取表单中的 name、email、sex、favs 及 city 数据，而是在框架运行时直接将表单中多个请求数据经解析后批量赋值给 User 对象中的属性。

【梳理回顾】

在 Web MVC 知识储备学习阶段，主要介绍了 MVC 思想、MVC 分层思想的演化过程，以及MVC分层思想的优势；在应用案例学习阶段，主要介绍了如何基于MVC思想自构建Web MVC框架，并使用自构建框架获取前端请求路径、表单请求数据，以及如何在 Web 项目中简单使用该框架。通过学习 MVC 编程思想和 Web MVC 框架搭建过程，读者能够很好地理解框架底层实现机制和原理，有利于将来顺利过渡到更复杂的框架学习。

7.2 实战——基于 Web MVC 框架的学生信息管理系统

在 7.1 节，我们已经了解了 MVC 编程思想、自构建 Web MVC 框架的方法，基于自构建 Web MVC 框架的请求路径映射和表单数据获取方法，以及如何简单使用自构建 Web MVC 框架，那么，本节将通过功能简单的实战项目——学生信息管理系统，采用 MVC 分层思想，综合讲解基于自构建 Web MVC 框架项目编程。

本项目是一个综合性项目，在实践过程中建议采用小组分工合作的方式进行。在编码过程中自我要求、互相督促，自觉践行软件工程师的职业道德规范。

7.2.1 项目背景

学生信息主要包括学生姓名、性别、班级、学号、联系电话、邮箱、籍贯等基本信息，以及学生的选课、考勤、作业、获奖、资助、竞赛、社团活动等业务信息，且每个学生的信息差异很大。随着学校办学规模的扩大，学生数量急剧增加，有关学生的各种信息量也成倍增加，面对庞大的信息量，学校需要通过学生信息管理系统来科学规范管理，优化数据共享，提高学生管理工作的效率。

学生信息管理系统对学生各种信息进行日常管理，主要功能涉及信息的查询、修改、增加、删除等。为方便采用自构建 Web MVC 框架进行项目讲解，本系统我们只抽取学生基础信息中的姓名、班级、电话以及邮箱 4 个字段，对其进行简单的信息化管理。

7.2.2 项目功能

对项目需求进行分析和归纳整理，这是一个只涵盖学生姓名、班级、电话及邮箱 4 个字段的简单学生信息管理系统，功能及用户界面（UI）设计如下。

1. 项目功能描述

（1）查询功能：通过系统的查询接口，可实现在学生信息列表页面显示所有学生信息。

（2）添加功能：在学生信息列表页面，单击“添加”按钮，跳转到“学生信息添加页面”，然后编辑姓名、班级、联系电话及邮箱 4 个字段，可实现学生信息的新增。

（3）修改功能：在学生信息列表页面，单击操作栏中的“编辑”按钮，将会跳转到“学生信息修改页面”，可实现学生信息的修改。

（4）删除功能：在学生信息列表页面，单击操作栏中的“删除”按钮，可实现学生信息的删除。

2. 项目运行 UI 设计图

（1）学生信息列表页面

运行效果如图 7-16 所示。

学生信息管理系统
添加
姓名 班级 联系电话 邮箱 操作
1 孙雨萌 软件技术19001 136******** ***@sohu.com 编辑 删除
2 张镐任 软件技术19002 181******** ***@qq.com 编辑 删除
3 袁书声 软件技术19003 135******** ***@qq.com 编辑 删除

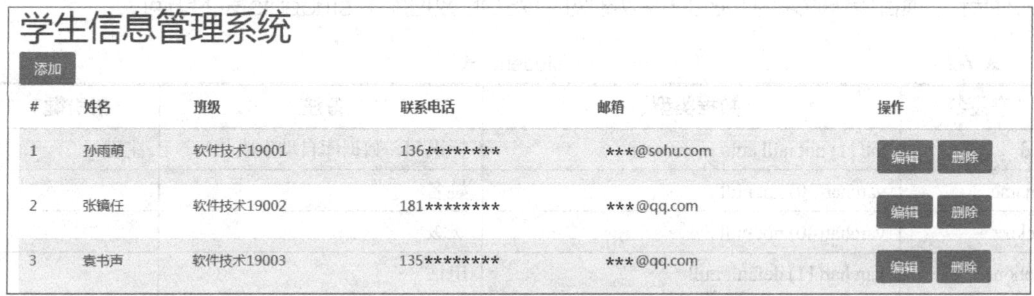

图 7-16 学生信息列表页面

（2）学生信息添加页面

运行效果如图 7-17 所示。

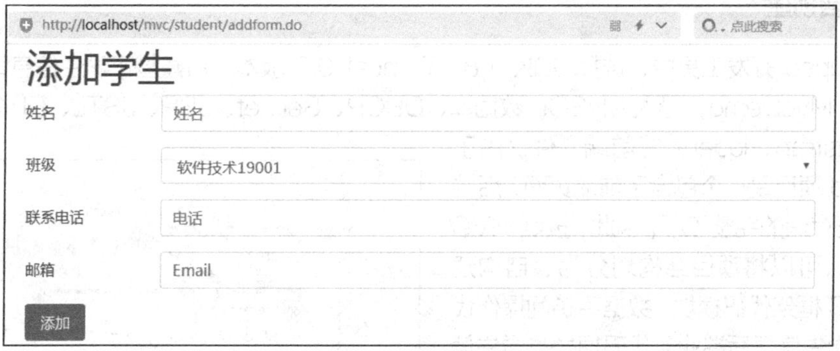

http://localhost/mvc/student/addform.do
点此搜索
添加学生
姓名
姓名
班级
软件技术19001
联系电话
电话
邮箱
Email
添加

图 7-17 学生信息添加页面

（3）学生信息修改页面

运行效果如图 7-18 所示。

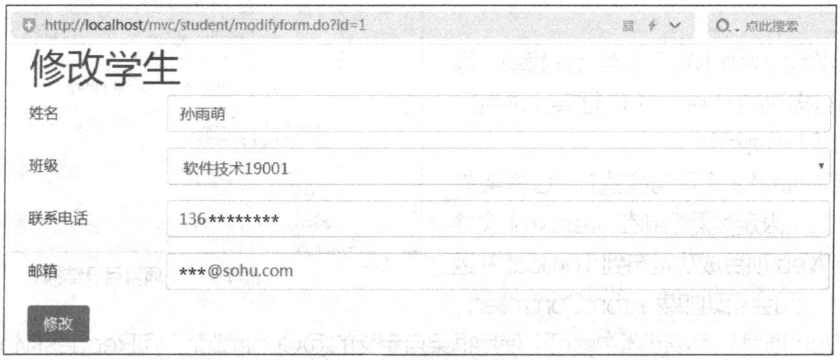

http://localhost/mvc/student/modifyform.do?id=1
点此搜索
修改学生
姓名
孙雨萌
班级
软件技术19001
联系电话
136********
邮箱
***@sohu.com
修改

图 7-18 学生信息修改页面

7.2.3 项目数据库设计

根据项目需求，结合第 5 章已学习的 JDBC 数据库操作技术及数据库连接池操作方法，该项目数据库管理系统选择 MySQL，项目数据库名为 stusys，学生信息表 students 结构设计如表 7-2 所示，项目操作时采用 DBCP 来实现对 MySQL 数据库中 students 表的访问。

表 7-2　　students 表

字段名	数据类型	备注	索引键
id	int(11) not null auto increment	标识 id，数据库自动生成	主键
name	varchar(30) not null	姓名	
clazz	varchar(40) not null	班级	
phone	varchar(11) default null	电话	
email	varchar(40) default null	邮箱	

7.2.4 项目编程实现

1. 项目创建

在 Eclipse 开发工具中，选择 JDK 1.8、Tomcat 9.0 版本，新建基于学生信息管理系统的 Web 项目 MvcDemo，导入 MySQL 数据库、DBCP、Servlet、JSP、JSTL、EL 等 jar 包，添加 bootstrap、jquery 等前端文件。由于 MvcDemo 项目是一个包含了前端页面、后端业务、数据存储的完整工程，因此，按照 MVC 编程思想，可以将项目结构划分为、自构建 Web MVC 框架代码模块、数据库访问操作代码模块、学生信息后端业务代码模块、学生信息前端显示代码模块，另外，按照自构建 Web MVC 框架的 web.xml 格式完善项目 web.xml 配置文件。

MvcDemo 项目主要目录结构及 web.xml 配置如下。

（1）自构建 Web MVC 框架代码模块：导入 7.1.4 节自构建的 Web MVC 框架，项目目录结构如图 7-19 所示。

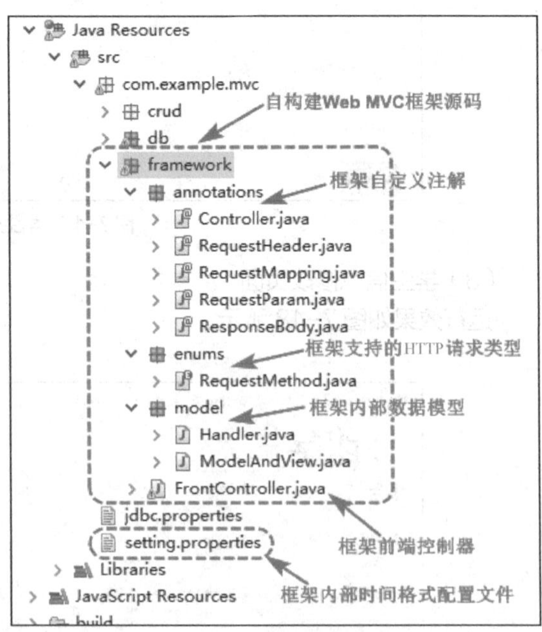

图 7-19　项目目录结构

FrontController 表示自构建 MVC 框架前端控制器，其全限定类需强制在 web.xml 文件中配置，当 Web 项目成功发布到 Tomcat 并运行后，Web 项目会自动加载 FrontController，然后，在 Web 项目应用控制器中就可以使用框架自定义的@Controller、@RequestMapping 等注解，ModelAndView 数据处理模型，以及 RequestMethod 前端 HTTP 请求类型等功能。

（2）数据库访问操作代码模块：创建基于 DBCP 的数据库访问代码，项目数据库操作模板如图 7-20 所示。

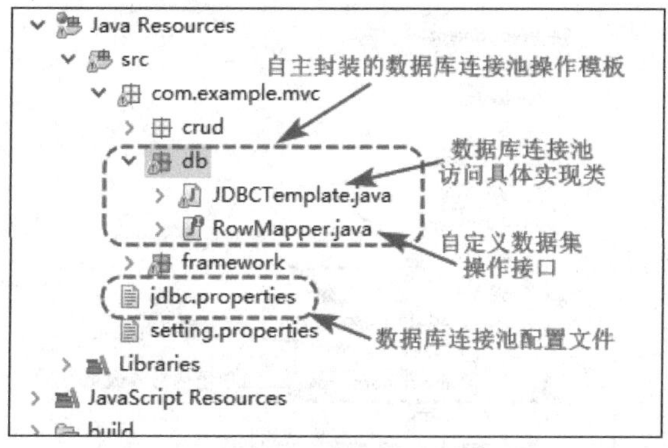

图 7-20 项目数据库操作模板

JDBCTemplate 为进一步封装 DBCP 的数据库操作模板类，即数据库操作 API，供 StudentDAO 数据库访问层调用。

（3）学生信息后端业务代码模块：创建基于 MVC 思想的项目业务代码，项目业务模块操作类如图 7-21 所示。

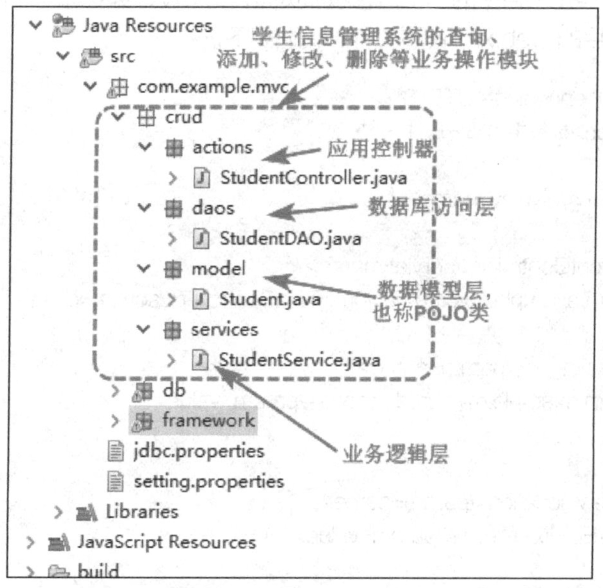

图 7-21 项目业务模块操作类

其中，

① StudentController 表示学生信息管理系统中的应用控制器，即 MVC 编程思想中的 Controller。

② StudentService 表示学生信息管理系统中的业务逻辑操作。

③ StudentDAO 表示学生信息管理系统中的数据库访问操作。

④ Student 为抽象出来的 POJO 类，即 MVC 编程思想中的 Model 数据模型。

四者之间的关系：StudentController 调用 StudentService，而 StudentService 又调用

StudentDAO，Student 则是它们之间的数据存储对象。

（4）学生信息前端显示代码模块：创建项目前端页面代码，项目前端页面如图 7-22 所示。

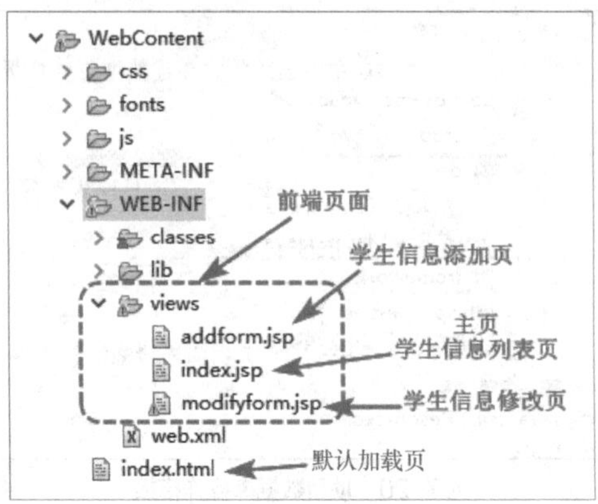

图 7-22　项目前端页面

① index.html 表示项目运行时的默认加载页面，会在 web.xml 的欢迎页中进行配置。

② index.jsp 表示项目中的学生信息列表页面，为 MVC 编程思想中的 View（视图）层。

③ modifyform.jsp 表示项目的学生信息修改页面，为 MVC 编程思想中的 View 层。

④ addform.jsp 表示项目中的学生信息添加页面，为 MVC 编程思想中的 View 层。

（5）完善当前项目的 web.xml 配置文件，代码如下。

```
<?xml version="1.0" encoding="UTF-8"?>
<!-- 省略<web-app>标签中的部分属性 -->
<web-app>
<display-name>mvc</display-name>
<servlet>
<servlet-name>FrontController</servlet-name>
<servlet-class>com.example.mvc.framework.FrontController</servlet-class>
<init-param>
<param-name>packages</param-name>
<param-value>com.example.mvc.crud.actions</param-value>
</init-param>
<init-param>
<param-name>view_location</param-name>
<param-value>/WEB-INF/views</param-value>
</init-param>
<init-param>
<param-name>suffix</param-name>
<param-value>.jsp</param-value>
</init-param>
<load-on-startup>1</load-on-startup>
</servlet>
<servlet-mapping>
<servlet-name>FrontController</servlet-name>
<url-pattern>*.do</url-pattern>
</servlet-mapping>
```

```
<welcome-file-list>
<welcome-file>index.html</welcome-file>
</welcome-file-list>
</web-app>
```

web.xml 为项目的启动配置文件，Tomcat 加载运行 Web 项目时会自动解析该文件。

2. 项目各模块代码结构设计

（1）数据库访问操作代码模块设计如下。

① DBCP 的配置文件 jdbc.properties。代码实现如下。

```
#MySQL 数据库驱动
driverClassName=com.mysql.cj.jdbc.Driver
#MySQL 数据库连接方式
url=jdbc:mysql://localhost:3306/stusys?serverTimezone=GMT%2B8&useSSL=false
#数据库用户名
username=root
#数据库密码
password=root
#初始化数据库连接池拥有的连接数
initialSize=5
#数据库连接池中最大连接数
maxTotal=10
#数据库连接池中最大空闲等待连接数
maxIdle=10
```

该配置文件信息用于 JDBCTemplate 类初始化操作。

② 基于 DBCP 的数据库操作的 API 设计：JDBCTemplate 类。

```
public class JDBCTemplate {
    private static DataSource dataSource=null;
    /*加载 DBCP 配置：jdbc.properties */
    static{
        ResourceBundle bundle=ResourceBundle.getBundle("jdbc");
        BasicDataSource ds=new BasicDataSource();
        ds.setDriverClassName(bundle.getString("driverClassName"));
        ds.setUrl(bundle.getString("url"));
        ds.setUsername(bundle.getString("username"));
        ds.setPassword(bundle.getString("password"));
        ds.setInitialSize(Integer.parseInt(bundle.getString("initialSize")));
        ds.setMaxTotal(Integer.parseInt(bundle.getString("maxTotal")));
        ds.setMaxIdle(Integer.parseInt(bundle.getString("maxIdle")));
        dataSource=ds;
    }
    /*从 DBCP 中获取连接*/
    private static Connection getConnection() throws SQLException{
        Connection conn=dataSource.getConnection();
```

```
        return conn;
    }
    /*查询返回一个对象的方法*/
    public static <T> T queryForObject(String sql,RowMapper<T>
rowMapper,Object... args) throws Exception{
        Connection conn=null;
        T result=null;
...
        return result;
    }
    /*查询返回一个集合的方法*/
    public static <T>   List<T> query(String sql,RowMapper<T> rowMapper,Object ... args){
        Connection conn=null;
        List list=new ArrayList();
...
        return list;
    }
    /*更新（增、删、改）的封装方法*/
    public static boolean update(String sql,Object ... args){
        Connection conn=null;
        int count=-1;
...
        if(count>=0){
            return true;
        }else{
            return false;
        }
    }
}
```

该类直接与 MySQL 数据库交互，实现对数据库表的查询和更新操作，代码实现请参考第5章。

（2）学生信息后端业务代码模块，设计如下。

① 学生信息数据模型层：Student 类。代码实现如下。

```
public class Student {
   /*学生属性信息*/
    private int id;
    private String name,clazz,phone,email;
   /*所有属性的 getXxx,setXxx 方法*/
    public int getId() {
        return id;
    }
    public void setId(int id) {
        this.id = id;
    }
...
}
```

② 学生信息数据库访问操作层：StudentDAO 类。代码实现如下。

```
public class StudentDAO {
    /*从数据库返回集 ResultSet 中获取学生信息*/
    private class StudentRowMapper implements RowMapper<Student> {...}
    /*查询所有学生信息*/
    public List<Student> getAllStudent(){...}
    /*添加学生信息*/
    public boolean addStudent(Student student) {...}
    /*通过 id 查询学生信息*/
    public Student getStudentById(Integer id) {...}
    /*修改学生信息*/
    public boolean updateStudent(Student student) {...}
    /*通过 id 删除学生信息*/
    public boolean deleteStudent(int id){...}
}
```

该层负责 JDBCTemplate 中数据库访问操作，实现对学生信息的查询、添加、修改或删除操作。在后续查询、添加、修改、删除功能分步实现时对代码进行具体讲解。

③ 学生信息业务逻辑操作层：StudentService 类。代码实现如下。

```
public class StudentService {
    /*实例化数据库访问层对象*/
    StudentDAO studentDAO=new StudentDAO();
    /*查询所有学生信息*/
    public List<Student> getAllStudent() {...}
    /*添加学生信息*/
    public boolean addStudent(Student student) {...}
    /*通过 id 查询学生信息*/
    public Student getStudentById(Integer id) {...}
    /*修改学生信息*/
    public boolean updateStudent(Student student) {...}
    /*通过 id 删除学生信息*/
    public boolean deleteStudent(int id){...}
}
```

该层负责学生信息业务模块的逻辑应用处理，并调用数据访问操作层 StudentDAO 完成业务数据的查询、添加、修改或删除操作。在后续查询、添加、修改、删除功能分步实现时对代码进行具体讲解。

④ 学生信息应用控制器：StudentController 类。代码实现如下。

```
@Controller
@RequestMapping("/student")
public class StudentController {
    /*实例化业务逻辑操作层*/
    StudentService studentService=new StudentService();
    /*查询功能:前端请求,以列表页形式显示所有学生信息*/
```

```
    @RequestMapping("/index")
    public ModelAndView list(){…}
    /*添加功能第一步:前端请求,跳转到学生信息添加页面*/
    @RequestMapping("/addform")
    public String addform(){…}
    /*添加功能第二步:前端请求,在数据库中添加学生信息*/
    @RequestMapping("/add")
    public String add(HttpServletRequest request,Student student){ …}
    /*修改功能第一步:前端请求,跳转到学生信息修改页面*/
    @RequestMapping("/modifyform")
    public ModelAndView modifyform(@RequestParam("id") int id){ …}
    /*修改功能第二步:前端请求,在数据库中修改学生信息*/
    @RequestMapping("/modify")
    public String modify(HttpServletRequest request,Student student){ …}
    /*删除功能:前端请求,通过 id 删除学生信息*/
    @RequestMapping("/delete")
    public String deleteStudent(HttpServletRequest request,@RequestParam("id")int id){ …}
}
```

StudentController 类负责前端请求业务流程的控制和表单数据的获取，通过调用 StudentService 中的 public()方法来实现业务流转。在后续查询、添加、修改、删除功能分步实现时对代码进行具体讲解。

3. 项目功能实现——业务模块编程

（1）查询功能：通过查询接口，在学生信息列表页面显示所有学生信息。

① 实现步骤

- 编写应用控制器 StudentController 的 list()方法。
- 编写业务逻辑层 StudentService 的 getAllStudent()方法。
- 编写数据访问层 StudentDAO 的 getAllStudent()方法。
- 定义学生信息显示页面 index.jsp。

② 实现过程

- 编写应用控制器 StudentController 的 list()方法，代码如下。

```
@Controller
@RequestMapping("/student")
public class StudentController {
        StudentService studentService = new StudentService();
        //省略其他代码
        …
        @RequestMapping("/index")
        public ModelAndView list(){
                ModelAndView mv = new ModelAndView("index");
                List<Student> students = studentService.getAllStudent();
                mv.addObject("students", students);
```

```
                return mv;
        }
        //省略其他代码
        …
}
```

- 编写业务逻辑层 StudentService 的 getAllStudent()方法，调用数据层相应方法，代码如下。

```
public class StudentService {
        StudentDAO studentDAO = new StudentDAO();
        //省略其他代码
        …
        public List<Student> getAllStudent() {
                return studentDAO.getAllStudent();
        }
        //省略其他代码
        …
}
```

- 编写数据访问层 StudentDAO 的 getAllStudent()方法，代码如下。

```
public class StudentDAO {
 private class StudentRowMapper implements RowMapper<Student>{
                @Override
                public Student mapRow(ResultSet rs, int rowNum) throws SQLException {
                        Student student = new Student();
                        student.setId(rs.getInt("id"));
                        student.setName(rs.getString("name"));
                        student.setClazz(rs.getString("clazz"));
                        student.setPhone(rs.getString("phone"));
                        student.setEmail(rs.getString("email"));
                        return student;
                }
        }
        public List<Student> getAllStudent() {
        return JDBCTemplate.query("select * from students",new StudentRowMapper());
        }
        //省略其他代码
        …
}
```

此处，StudentRowMapper 类中 mapRow(ResultSet rs, int rowNum)方法的作用是将查询结果集 resultSet 中的数据库字段值封装成 student 对象的属性值，得到对应的 student 对象。

- 定义学生信息显示页面 index.jsp，获取从应用控制器返回的数据集合并在页面中循环显示。

```
<%@ page contentType="text/html; charset=UTF-8" pageEncoding="UTF-8"%>
<%@ taglib prefix="c" uri="http://java.sun.com/jsp/jstl/core" %>
...
<table class="table table-striped">
<thead>
     <tr><th>#</th><th>姓名</th><th>班级</th><th>联系电话</th><th>邮箱</th>
<th>操作</th></tr>
</thead>
<tbody>
     <c:forEach items = "${students}" var = "student">
        <tr>
          <td>${student.id}</td>
          <td>${student.name}</td>
          <td>${student.clazz}</td>
          <td>${student.phone}</td>
          <td>${student.email}</td>
          <td>
<a class="btn btn-primary" href ="../student/modifyform.do?id=${student.getId()}">编辑</a>
<a class="btn btn-primary" href ="../student/delete.do?id=${student.getId()}">删除</a><br/>
</td>
     </tr>
   </c:forEach>
</tbody>
</table>
...
</html>
```

（2）添加功能：在学生信息列表页面，单击“添加”按钮，跳转到学生信息添加页面，然后编辑姓名、班级、联系电话及邮箱 4 个字段，可实现学生信息的新增。

① 实现步骤

- 编写应用控制器 StudentController 的 addForm()方法。
- 定义学生信息添加页面 addform.jsp。
- 编写应用控制器 StudentController 的 addStudent()方法。
- 编写业务逻辑层 StudentService 的 addStudent()方法。
- 编写数据访问层 StudentDAO 的 addStudent()方法。

② 实现过程

- 编写应用控制器 StudentController 的 addForm()方法，跳转到添加页面 addform.jsp，代码如下。

```
@Controller
@RequestMapping("/student")
public class StudentController {
      StudentService studentService = new StudentService();
      //省略其他代码
...
      @RequestMapping("/addform")
      public String addform(){
```

```
            return "addform";
        }
//省略其他代码
...
}
```

- 定义学生信息添加页面 addform.jsp。

页面运行效果如图 7-17 所示，页面表单代码如下。

```
...
<div class="col-md-8">
    <h1>添加学生</h1>
    <form action = "./student/add.do" method="post">
        <div class="form-group row">
        <label for="name" class="col-sm-2 col-form-label">姓名</label>
        <div class="col-sm-10">
                <input type="text" name="name" class="form-control" id="name"
                        placeholder="姓名">
        </div>
        </div>
        <div class="form-group row">
        <label for="clazz" class="col-sm-2 col-form-label">班级</label>
        <div class="col-sm-10">
                <select id="clazz" name="clazz" class="form-control">
                                <option>软件技术 19001</option>
                                <option>软件技术 19002</option>
                                <option>软件技术 19003</option>
                                <option>软件技术 19004</option>
                                <option>软件技术 19005</option>
                        </select>
        </div>
        </div>
        <div class="form-group row">
                <label for="phone" class="col-sm-2 col-form-label">联系电话</label>
                <div class="col-sm-10">
                        <input type="text"  name="phone" class="form-control" id="phone"
                                placeholder="联系电话">
                </div>
        </div>
         <div class="form-group row">
                <label for="email" class="col-sm-2 col-form-label">邮箱</label>
                <div class="col-sm-10">
                        <input type="email"  name="email" class="form-control" id="name"
                                placeholder="Email">
                </div>
        </div>
        <div class="form-group row">
                <div class="col-sm-10">
```

添加表单请求路径

```
                    <button type="submit" class="btn btn-primary">添加</button>
                </div>
            </div>
            </form>
    </div>
    ...
</html>
```

- 编写应用控制器 StudentController 的 add()方法，代码如下。

```
@Controller
@RequestMapping("/student")
public class StudentController {
        StudentService studentService = new StudentService();
        //省略其他代码
        ...
        @RequestMapping("/add")
        public String add(HttpServletRequest request,Student student){
                boolean result = studentService.addStudent(student);
                if(result == true){
                        return "redirect:index.do";
                }else{
                        request.setAttribute("error", "数据添加失败");
                        return "error";
                }
        }
        //省略其他代码
        ...
}
```

此处 redirect:index.do 的作用是当添加信息成功时，将结果重定向到查询功能，显示添加后的学生信息列表。

- 编写业务逻辑层 StudentService 的 addStudent()方法，调用数据层相应方法，代码如下。

```
public class StudentService {
        StudentDAO studentDAO = new StudentDAO();
        //省略其他代码
...
        public boolean addStudent(Student student) {
                return studentDAO.addStudent(student);
        }
        //省略其他代码
...
}
```

- 编写数据访问层 StudentDAO 的 addStudent()方法，代码如下。

```
public class StudentDAO {
```

```
        //省略其他代码
        ...
        public boolean addStudent(Student student) {
                return JDBCTemplate.update("insert into students(name,clazz,phone,email)
values(?,?,?,?)",student.getName(),student.getClazz(),student.getPhone(),
                student.getEmail());
        }
        //省略其他代码
        ...
}
```

（3）修改功能：在学生信息列表页面，单击操作栏中的“编辑”按钮跳转到学生信息修改页面，可实现学生信息的修改。

① 实现步骤

第一步，获取要修改的学生信息。

- 在 index.jsp 页面中编写修改功能的链接路径。
- 编写应用控制器 StudentController 的 modifyForm()方法。
- 编写业务逻辑层 StudentService 的 getStudentById()方法。
- 编写数据访问层 StudentDAO 的 getStudentById()方法。
- 定义学生信息修改页面 modifyform.jsp。

第二步，执行修改操作。

- 编写应用控制器 StudentController 的 modify()方法。
- 编写业务逻辑层 StudentService 的 updateStudent()方法。
- 编写数据访问层 StudentDAO 的 updateStudent()方法。

② 实现过程

- 在 index.jsp 页面中，编写修改功能的链接路径。代码如下。

```
<%@ page contentType="text/html; charset=UTF-8" pageEncoding="UTF-8"%>
<%@ taglib prefix="c" uri="http://java.sun.com/jsp/jstl/core" %>
...
<table class="table table-striped">
<thead>
    <tr><th>#</th><th>姓名</th><th>班级</th><th>联系电话</th><th>邮箱</th>
<th>操作</th></tr>
</thead>
<tbody>
    <c:forEach items = "${students}" var = "student">
        <tr>
          <td>${student.id}</td>
          <td>${student.name)}</td>
          <td>${student.clazz}</td>
          <td>${student.phone}</td>
          <td>${student.email }</td>
          <td>
<a class="btn btn-primary"
href ="../student/modifyform.do?id=${student.id}">编辑</a>
```

```
<a class="btn btn-primary"
href ="../student/delete.do?id=${student.getId()}">删除</a><br/>
</td>
        </tr>
      </c:forEach>
</tbody>
</table>
...
</html>
```

- 编写应用控制器 StudentController 的 modifyForm()方法，代码如下。

```
@Controller
@RequestMapping("/student")
public class StudentController {
        StudentService studentService = new StudentService();
        //省略其他代码
...
        @RequestMapping("/modifyform")
        public ModelAndView modifyform(@RequestParam("id") int id){
                System.out.println(id);
                Student student = studentService.getStudentById(id);
                ModelAndView mv = new ModelAndView("modifyform");
                mv.addObject("student", student);
                return mv;
        }
        //省略其他代码
...
}
```

- 编写业务逻辑层 StudentService 的 getStudentById()方法,调用数据层相应方法，代码如下。

```
public class StudentService {
        StudentDAO studentDAO = new StudentDAO();
        //省略其他代码
...
        public Student getStudentById(int id) {
                return studentDAO.getStudentById(id);
        }
        //省略其他代码
...
}
```

- 编写数据访问层 StudentDAO 的 getStudentById()方法，代码如下。

```
public class StudentDAO {
        //省略其他代码
...
```

```
        public Student getStudentById(Integer id) {
                try {
                        System.out.println(id);
                        return JDBCTemplate.queryForObject("select * from students where
 id=?", new StudentRowMapper(),id);
                } catch (Exception e) {
                        e.printStackTrace();
                        throw new RuntimeException("学生信息不存在");
                }
        }
        //省略其他代码
        ...
}
```

- 定义学生信息修改页面 modifyform.jsp。

页面运行效果（通过 id 查询学生信息，查询结果在页面原值显示）如图 7-18 所示，页面代码如下。

```
<%@ page contentType="text/html; charset=UTF-8" pageEncoding="UTF-8"%>
<%@ taglib prefix="c" uri="http://java.sun.com/jsp/jstl/core" %>
...
<div class="col-md-8">
<h1>修改学生</h1>
    <form action="../student/modify.do" method="post">
        <input type="hidden" name="id" value = ${student.id} />
        <div class="form-group row">
            <label for="name" class="col-sm-2 col-form-label">姓名</label>
            <div class="col-sm-10">
                <input type="text" name="name" value="${student.name)}"
class="form-control" id="name"   placeholder="姓名">
            </div>
        </div>
      <div class="form-group row">
            <label for="clazz" class="col-sm-2 col-form-label">班级</label>
            <div class="col-sm-10">
                  <select id="clazz" name="clazz" class="form-control">
                  <option>软件技术 19001</option>
                      <option>软件技术 19002</option>
                      <option>软件技术 19003</option>
                      <option>软件技术 19004</option>
                      <option>软件技术 19005</option>
                  </select>
            </div>
       </div>
       <div class="form-group row">
            <label for="phone" class="col-sm-2 col-form-label">联系电话</label>
            <div class="col-sm-10">
                <input type="text"   name="phone" class="form-control" id="phone"
```

```
value="${student.phone}" placeholder="联系电话">
                </div>
            </div>
            <div class="form-group row">
                <label for="name" class="col-sm-2 col-form-label">邮箱</label>
                <div class="col-sm-10">
                    <input type="email" name="email" class="form-control" id="email"
Value="${student.email}" placeholder="Email">
                </div>
            </div>
            <div class="form-group row">
                <div class="col-sm-10">
                    <button type="submit" class="btn btn-primary">修改</button>
                </div>
            </div>
        </form>
</div>
...
</html>
```

- 编写应用控制器 StudentController 的 modify()方法。代码如下。

```
@Controller
@RequestMapping("/student")
public class StudentController {
        StudentService studentService = new StudentService();
        //省略其他代码
        ...
        @RequestMapping("/modify")
        public String modify(HttpServletRequest request,Student student){
                boolean result = studentService.updateStudent(student);
                if(result==true){
                        return "redirect:index.do";
                }else{
                        request.setAttribute("error", "数据修改失败");
                        return "error";
                }
        }
        //省略其他代码
        ...
}
```

此处 redirect:index.do 的作用是当修改信息成功时，将结果重定向到查询功能，显示修改后的学生信息列表。

- 编写业务逻辑层 StudentService 的 updateStudent()方法，调用数据层相应方法，代码如下。

```
public class StudentService {
        StudentDAO studentDAO = new StudentDAO();
```

```
        //省略其他代码
...
        public boolean updateStudent(Student student) {
                return studentDAO.updateStudent(student);
        }
        //省略其他代码
......
}
```

- 编写数据访问层 StudentDAO 的 updateStudent()方法。代码如下。

```
public class StudentDAO {
        //省略其他代码
        ...
        public boolean updateStudent(Student student) {
                return JDBCTemplate.update("update students set name =?,clazz =?,phone =?,email = ? where
id= ?",student.getName(),student.getClazz(),student.getPhone(),student.getEmail(),student.getId());
        }
        //省略其他代码
        ...
}
```

（4）删除功能：在学生信息列表页面，单击操作栏中的“删除”按钮，可实现学生信息的删除。

① 实现步骤

- 在 index.jsp 页面中编写删除功能的链接路径。
- 编写应用控制器 StudentController 的 deleteStudent()方法。
- 编写业务逻辑层 StudentService 的 deleteStudent()方法。
- 编写数据访问层 StudentDAO 的 deleteStudent()方法。

② 实现过程

- 在 index.jsp 页面中，编写删除功能的链接路径。代码如下。

```
<%@ page contentType="text/html; charset=UTF-8" pageEncoding="UTF-8"%>
<%@ taglib prefix="C" uri="http://java.sun.com/jsp/jstl/core" %>
...
<table class="table table-striped">
<thead>
        <tr><th>#</th><th>姓名</th><th>班级</th><th>联系电话</th><th>邮箱</th> <th>操作</th></tr>
</thead>
<tbody>
        <C:forEach items = "${students}" var = "student">
        <tr>
        <td>${student.getId()}</td>
        <td>${student.getName()}</td>
        <td>${student.getClazz()}</td>
        <td>${student.getPhone()}</td>
        <td>${student.getEmail()}</td>
        <td>
```

```
                <a class="btn btn-primary" href ="../student/modifyform.do?id=${student.getId()}">编辑</a>
                <a class="btn btn-primary" href ="../student/delete.do?id=${student.getId()}">删除</a><br/>
            </td>
        </tr>
        </C:forEach>
</tbody>
</table>
...
</html>
```

删除的链接路径

- 编写应用控制器 StudentController 的 deleteStudent()方法。代码如下。

```
@Controller
@RequestMapping("/student")
public class StudentController {
    StudentService studentService = new StudentService();
    //省略其他代码
...
    @RequestMapping("/delete")
    public String deleteStudent(HttpServletRequest request,@RequestParam("id")int id){
        boolean result = studentService.deleteStudent(id);
        if(result == true){
            return "redirect:index.do";
        }else{
            request.setAttribute("error", "数据删除失败");
            return "error";
        }
    }
//省略其他代码
...
}
```

此处 redirect:index.do 的作用是当删除信息成功时，将结果重定向到查询功能，显示删除后的学生信息列表。

- 编写业务逻辑层 StudentService 的 deleteStudent()方法，调用数据层相应方法。代码如下。

```
public class StudentService {
    StudentDAO studentDAO = new StudentDAO();
    //省略其他代码
...
    public boolean deleteStudent(int id) {
        return studentDAO.deleteStudent(id);
    }
    //省略其他代码
...
}
```

- 编写数据访问层 StudentDAO 的 deleteStudent()方法。代码如下。

```
public class StudentDAO {
    //省略其他代码
    …
    public boolean deleteStudent(int id) {
        return JDBCTemplate.update("delete from students where id = ?",id);
    }
    //省略其他代码
    …
}
```

7.3 本章小结

本章采用 MVC 分层思想，主要介绍了基于 Web MVC 框架实现学生信息的增、删、改、查的功能，从控制器层、业务逻辑层和数据访问层展开设计和编程实现，读者要深入掌握 Web MVC 分层思想和各层之间的关系，为后续更复杂框架的学习打下良好的基础。